精品
系列教材

Ai

Photoshop 2020 | 微课版 | AI助学

Photoshop 图像处理立体化教程

刘信杰 张学金◎主编
李艳 张艳萍 金永亮◎副主编

人民邮电出版社
北京

图书在版编目（CIP）数据

Photoshop图像处理立体化教程 : Photoshop 2020 : 微课版 : AI助学 / 刘信杰, 张学金主编. -- 北京 : 人民邮电出版社, 2025. -- (新形态立体化精品系列教材).
ISBN 978-7-115-60473-6

Ⅰ. TP391.413

中国国家版本馆CIP数据核字第2025BW1111号

内 容 提 要

Photoshop是目前主流的图像处理软件，常用于平面设计、网页制作等领域。本书以Photoshop 2020为蓝本，介绍Photoshop的功能和工具的使用方法，并结合AIGC高效设计，介绍各类AI工具的用法。

本书采用项目任务方式讲解，由浅入深、循序渐进。每个项目下设若干个任务，每个任务由任务描述、相关知识和任务实施3个部分组成，并采用情景导入任务的方式介绍Photoshop 2020的相应功能。项目一至项目九均在最后安排了项目实训、课后练习、技巧提升和AIGC高效设计板块，帮助学生进一步巩固所学内容，拓宽学生知识面，锻炼学生的高效设计能力。本书着重于对学生实际应用能力的培养，将职业场景引入课堂教学，让学生提前进入工作角色。

本书可作为高等院校、职业院校Photoshop相关课程的教材，也可作为各类社会培训学校相关专业的教材，还可供Photoshop初学者自学参考。

◆ 主　　编　刘信杰　张学金
副 主 编　李　艳　张艳萍　金永亮
责任编辑　马　媛
责任印制　王　郁　周昇亮

◆ 人民邮电出版社出版发行　　北京市丰台区成寿寺路11号
邮编　100164　　电子邮件　315@ptpress.com.cn
网址　https://www.ptpress.com.cn
北京隆昌伟业印刷有限公司印刷

◆ 开本：787×1092　1/16
印张：14.5　　2025年7月第1版
字数：391千字　　2025年9月北京第2次印刷

定价：59.80元

读者服务热线：(010)81055256　印装质量热线：(010)81055316
反盗版热线：(010)81055315

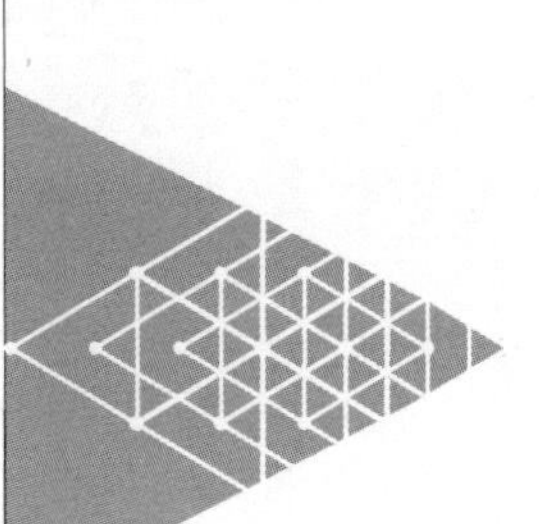

前言

根据现代教学的需要，我们组织了一批优秀的、具有丰富教学经验和实践经验的老师组成作者团队，编写了本套“新形态立体化精品系列教材”。

教材进入学校已有 3 年多的时间。在这段时间里，我们很庆幸这套教材能够帮助老师授课，得到广大老师的认可；同时我们非常感谢很多老师给我们提出了宝贵的建议。为了让本套教材更好地服务于广大老师和同学，我们全面学习党的二十大精神，深刻领悟“实施科教兴国战略，强化现代化建设人才支撑”的重大意义与重要内涵，并根据一线老师的建议，开始着手教材的改版工作。改版后的教材拥有“案例更多”“行业知识更全”“练习更多”“结合 AIGC”等优点，在教学方法、教学内容和教学资源 3 个方面体现出自己的特色，更能满足现代教学需求。

教学方法

本书采用“情景导入→课堂任务→项目实训→课后练习→技巧提升→AIGC 高效设计”6 段教学法，将职业场景、软件知识、行业知识进行有机整合，各个环节环环相扣，浑然一体。

- **情景导入：**本书以日常办公中的场景展开，以主人公的实习情景引入项目教学主题，并贯穿于课堂案例的讲解中，让学生了解相关知识点在实际工作中的应用情况。教材中设置的主人公如下。

  米拉：职场新进人员，设计助理，昵称“小米”。

  洪钧威：资深设计师，米拉的顶头上司和职场的引导者，人称“老洪”。
- **课堂任务：**以职场和实际工作中的任务为主线，将米拉的职场之路引入每一个课堂任务，通过实例、操作的形式将理论知识展示出来，应用性非常强；在讲解过程中，不仅讲解任务涉及的软件知识，还讲解与任务相关的行业知识，在其中还穿插“知识补充”小栏目，可以提升学生的软件操作技能，拓宽学生的知识面。
- **项目实训：**结合课堂任务讲解的知识点和实际工作需要进行综合训练的内容设计，综合训练注重学生的动手能力和学习能力，因此，在项目实训中，只提供适当的实训思路及步骤提示以供参考，要求学生独立完成操作，充分训练学生的动手能力和学习能力。
- **课后练习：**结合项目内容给出难度适中的课后练习，让学生强化和巩固所学知识。
- **技巧提升：**以项目涉及的知识为主线，深入讲解软件的相关知识，让学生可以更便捷地操作软件，学到软件的更多高级功能。
- **AIGC 高效设计：**以常用的人工智能生成内容（Artificial Intelligence Generated Content，AIGC）工具为主线，讲解使用这些工具进行高效设计的方法，提升学生的设计效率和设计创意能力。

知识准备

AIGC 工具介绍

前言

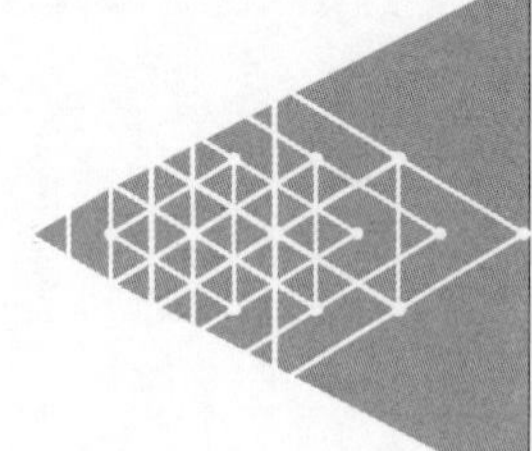

教材特色

本书旨在帮助学生循序渐进掌握 Photoshop 2020 与 AIGC 的相关应用，并能在完成案例的过程中融会贯通，具体特点如下。

（1）立德树人，融入素质教育

本书依据专业课程的特点采取恰当方式自然融入中华传统文化、科学精神和爱国情怀等元素，注重挖掘其中的素质教育要素，弘扬精益求精的专业精神、职业精神和工匠精神，培养学生的创新意识，将“为学”和“为人”相结合。

（2）校企合作，双元开发

本书由学校教师和企业工程师共同开发。由山东师创软件实训公司提供真实项目案例，由常年深耕教学一线、有丰富教学经验的教师执笔，将项目实践与理论知识相结合，体现了“做中学，做中教”等职业教育理念，保证了教材的职教特色。

（3）项目驱动，产教融合

本书精选企业真实案例，将实际工作过程真实再现到本书中，在教学过程中培养学生的项目开发能力。以项目驱动的方式展开知识介绍，提升学生学习的热情。

（4）创新形式，配备微课

本书为新形态立体化教材，针对重点、难点，录制了微课视频，可以利用计算机和移动终端学习，实现了线上线下混合式教学。

（5）高效设计，快速上手 AIGC

本书引入 AIGC 技术，结合理论基础和案例实战，帮助学生掌握 AIGC 的基本应用，并能够举一反三，实现更加精准、高效的图像处理，从而挖掘更丰富的设计创意与风格。

平台支撑

人民邮电出版社充分发挥在线教育方面的技术优势、内容优势、人才优势，潜心研究，为读者提供“纸质图书+在线课程”配套，读者可根据个人需求，利用图书和“微课云课堂”平台上的在线课程进行碎片化、移动化的学习，以便全面地掌握 Photoshop 及与之相关的其他软件。

扫描封面上的二维码或者直接访问“微课云课堂”（www.ryweike.com）→用手机号码注册登录→在用户中心输入本书激活码（2906fe7b），将本书包含的微课资源添加到个人账户，即可获取永久在线观看本课程微课视频的权限。

此外，购买本书的读者还将获得一年期价值 168 元的 VIP 会员资格，可免费学习 50000 个微课视频。

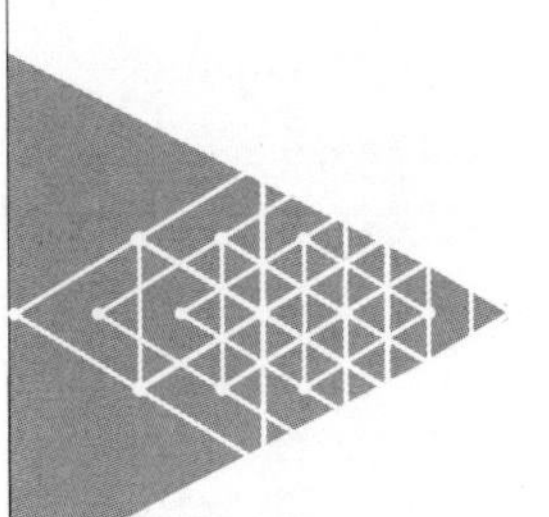

教学资源

本书的教学资源包括：素材文件与效果文件、考试题库、PPT 课件和教学教案，以及图片设计素材、笔刷素材、形状样式素材、Photoshop 图像处理技巧等拓展资源。

特别提醒：上述教学资源可访问人民邮电出版社人邮教育社区搜索书名下载。

本书涉及的所有案例、实训、讲解的重要知识点都提供了二维码，学生只需要用手机扫描即可查看对应的操作演示，以及知识点的讲解，方便学生灵活运用碎片时间即时学习。

本书由刘信杰、张学金担任主编，李艳、张艳萍、金永亮担任副主编。虽然编者在编写本书的过程中倾注了大量心血，但恐百密之中仍有疏漏，敬请广大读者批评指正。

编　者

2025 年 2 月

目 录

目 录

项目一

初识Photoshop图像处理

情景导入

临近毕业，大学生米拉找到了一份设计助理的实习工作，公司派资深设计师洪钧威带领她开展设计工作。

实习第一天，洪钧威向米拉介绍了一些公司业务和岗位职责："米拉你好，以后你叫我老洪就行。我们公司是集设计、策划、制作于一体的 4A 广告设计传媒公司，设计项目除了广告设计，还包括海报、网页、品牌标志、UI、包装等多种类型设计，因此需要设计师掌握各种设计知识和软件操作技巧。因为你是新来的设计助理，所以这段时间会先考查一下你的图像处理基础是否扎实。"

米拉被老洪安排到工位上，打开计算机登录工作账号，她发现计算机上已经安装好了 Illustrator、Photoshop 等常用的图像处理软件。老洪告诉米拉："我们设计中最常用的软件是 Photoshop，你先熟悉一下这个软件的操作，了解一些图像处理基础知识，再进行后续的具体工作任务。"

学习目标

- 熟悉位图、矢量图、图像分辨率等基础知识
- 熟悉 Photoshop 的基本操作
- 能够运用网格、标尺、参考线、图框等进行网页布局
- 能够熟练使用画笔、铅笔等工具制作节气海报
- 能够运用 AIGC 工具快速生成证件照和绘制节气插画

素养目标

- 激发对图像处理的学习兴趣
- 培养设计网页的能力
- 了解传统文化，培养绘制宣传传统文化海报的能力
- 保持学习积极性，不断了解和探索图像处理的新技术

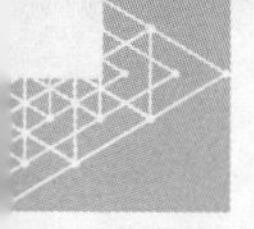

任务一　制作旅行网站首页

米拉了解到，Photoshop 2020（以下简称为 Photoshop）是一款常用的图像处理软件。为了更好地学习该软件的基本操作方法，米拉决定使用 Photoshop 制作一个旅行网站首页。制作的旅行网站首页参考效果如图 1-1 所示。

素材所在位置：素材文件\项目一\任务一\首页素材.psd、首图.jpg、店招.jpg

效果所在位置：效果文件\项目一\任务一\旅行网站首页.psd、旅行网站首页.jpg

图1-1　旅行网站首页参考效果

一、任务描述

（一）任务背景

网站首页一般由导航栏（标志、菜单、搜索框等）、网站内容（图像、文本）及页尾构成。本任务将为旅行网站制作首页，在首页中需要展示网站标志、旅行服务、热门景点等内容。首页尺寸要求为 1 920 像素 × 2 830 像素，分辨率为 72 像素/英寸（1 英寸≈2.54 厘米）。

（二）任务目标

- 熟悉 Photoshop 的基础知识。
- 了解并掌握网站首页的构成，提升网站首页的制作能力。
- 灵活运用网格、标尺、参考线、图框等工具，提升排版能力。

二、相关知识

Photoshop 是优秀的图像处理软件，其应用范围十分广泛。下面先对处理图像需要了解的基础知识进行介绍，再讲解 Photoshop 的基本操作。

（一）位图与矢量图

位图与矢量图是使用 Photoshop 绘制图像前需要了解的内容，理解两者的区别，有助于绘制出符合要求的图像。

1. 位图

位图也称像素图或点阵图，由多个像素点组成。将位图尽量放大后，可以发现图像是由大量的正方形色块构成的，不同的色块显示不同的颜色和亮度。图 1-2 所示为位图正常显示和放大 10 倍后的效果。

图1-2　位图放大前后的对比效果

2. 矢量图

矢量图又称向量图，是以计算几何为理论基础、以向量方式记录的图像，主要以线条和色块为主。矢量图与分辨率无关，无论将矢量图放大多少倍，图像都具有平滑的边缘和清晰的视觉效果，不会出现锯齿状的边缘；而且矢量图文件通常较小，只占用少量空间。矢量图一般色彩简单，也不便于在各种软件之间转换，因此矢量图多用于标志设计、插图设计及工程绘图。图 1-3 所示为矢量图放大前后的对比效果。

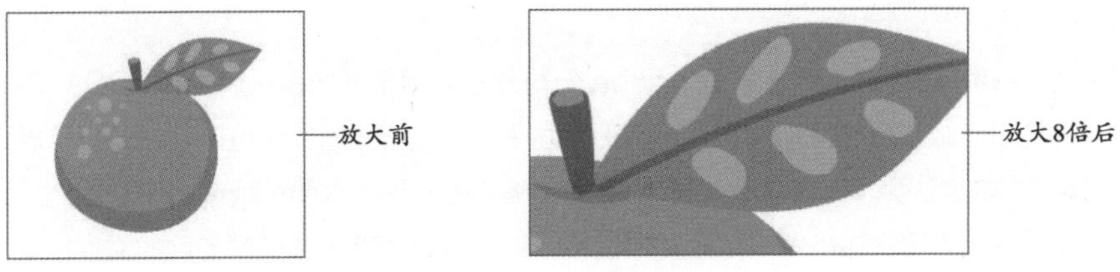

图1-3　矢量图放大前后的对比效果

（二）图像分辨率

图像分辨率通常用“像素/英寸”或“像素/厘米”表示，是指单位长度中的像素数量，像素数量越多，分辨率越高，图像就越清晰。图像分辨率过低会导致图像品质粗糙，在排版显示或打印时图像将变得模糊不清；而图像分辨率较高会增加图像文件的大小，并降低图像的打印速度。

（三）常用的图像文件格式

Photoshop 支持 20 多种格式的图像文件，用户可对不同格式的图像文件进行编辑和保存，在使用时可以根据需要选择不同的图像文件格式，以获得理想的效果。下面介绍常用的图像文件格式。

- **PSD（*.psd）格式：** PSD 格式是 Photoshop 软件自身生成的文件格式，是唯一支持全部图像颜色模式的格式。以 PSD 格式保存的图像文件包含图层、通道、颜色模式等信息。
- **TIFF（*.tif、*.tiff）格式：** TIFF 格式是一种无损压缩格式，可用于在应用程序与计算机平台之间交换图像数据。TIFF 格式是一种应用非常广泛的图像格式，可以在许多图像软件之间转换。TIFF 格式既支持带 Alpha 通道的 CMYK、RGB 和灰度模式图像，又支持不带 Alpha 通道的 Lab、索引和位图模式图像。另外，它还支持 LZW 压缩文件。
- **BMP（*.bmp）格式：** BMP 格式是一种与硬件设备无关的图像文件格式，它采用位映射存储格式，除了图像深度可选以外，不采用其他任何压缩方式。因此，BMP 格式的图像文件较大。
- **JPEG（*.jpg）格式：** JPEG 格式是一种有损压缩格式，支持真彩色，其生成的图像文件较小，也是常用的图像文件格式。JPEG 格式支持 CMYK、RGB 和灰度颜色模式，但不支持 Alpha 通道。在生成 JPEG 格式的图像文件时，可以设置压缩的类型，产生不同大小和质量的图像文件。压缩程度越高，图像文件越小，图像质量越差。
- **GIF（*.gif）格式：** GIF 格式最多存储 256 种颜色，不支持 Alpha 通道。GIF 格式的图像文件较小，常用于网页显示与网络传输。GIF 格式与 JPEG 格式相比，其优势在于可以保存动画效果。
- **PNG（*.png）格式：** PNG 格式主要用于替代 GIF 格式。GIF 格式的图像文件虽小，但图像的颜色和质量较差。PNG 格式可以使用无损压缩方式压缩图像文件，从而保证图像的质量，并且可以为图像定义 256 个透明层次，使图像的边缘与背景平滑地融合在一起，从而得到透明的、没有锯齿边缘的高质量图像效果。
- **EPS（*.eps）格式：** EPS 格式最大的优点是可以在排版软件中以低分辨率预览，而在打印时以高分辨率输出。EPS 格式不支持 Alpha 通道，但支持裁切路径，支持 Photoshop 的所有颜色模式，可用于存储矢量图和位图。EPS 格式在存储位图时，可以将图像的白色像素设置为透明效果。
- **PCX（*.pcx）格式：** PCX 格式支持 24 位真彩色，并可以用游程编码（Run-Length Encoding，RLE）的压缩方式保存图像文件。PCX 格式支持 RGB、索引、灰度和位图模式，但不支持 Alpha 通道。
- **PDF（*.pdf）格式：** PDF 格式是 Adobe 公司开发的用于 Windows、Mac OS、UNIX 和 DOS 的一种电子出版软件的文档格式，适用于不同平台。该格式的文件可以存储多页信息，其中包含图形和文件的查找和导航功能。因此，使用该格式的文件不需要排版或图像软件处理即可获得图文混排的效果。由于该格式支持超文本链接，所以也是网络下载经常使用的文件格式。

（四）认识 Photoshop 2020 的操作界面

启动 Photoshop 2020 后，即可看到图 1-4 所示的操作界面。其中主要包括菜单栏、工具箱、工具属性栏、状态栏、标题栏、图像窗口、浮动面板等部分，下面分别进行介绍。

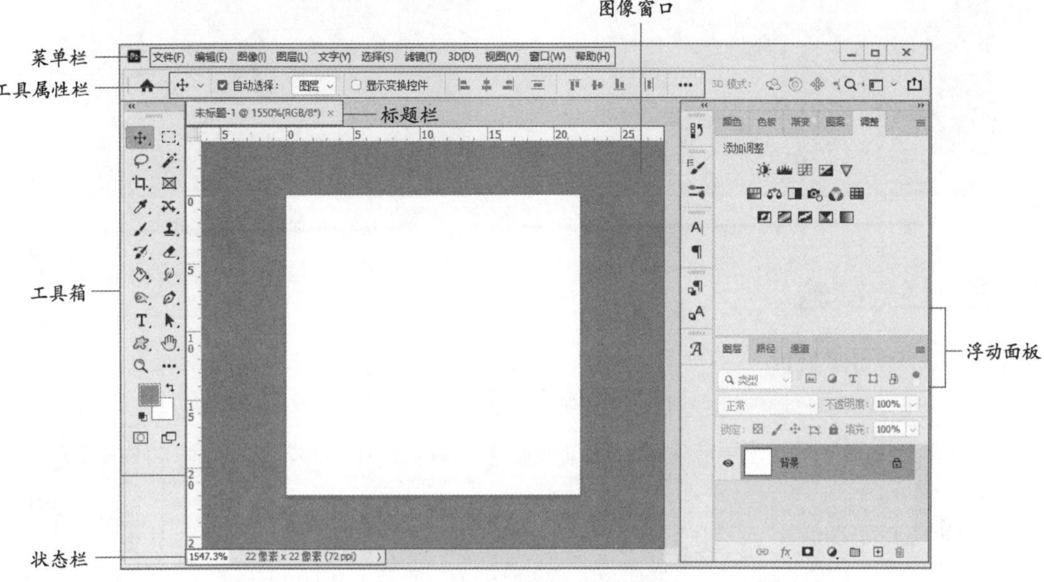

图1-4 Photoshop 2020的操作界面

- **菜单栏：**菜单栏主要包括“文件”“编辑”“图像”“图层”“文字”“选择”“滤镜”“3D”“视图”“窗口”“帮助”11 个菜单。单击其中任何一个菜单都会弹出相应的菜单命令，利用这些菜单命令可以完成大部分图像处理工作。若其中某些菜单命令呈灰色显示，则表示该菜单命令在当前状态下不可用。
- **工具箱：**工具箱中集合了各种图形绘制、图像处理和编辑的工具。单击工具箱顶部的折叠按钮，可将工具箱切换成单栏排列。将鼠标指针移动到工具箱顶部，可将其拖曳到操作界面的其他位置。单击某个工具右下角的三角形，可以查看该工具组中隐藏的工具。
- **工具属性栏：**在工具箱中选择工具后，工具属性栏中会出现对应的参数。
- **状态栏：**状态栏用于显示当前的文档信息。左侧文本框用于调整图像的显示比例，右侧区域用于显示当前图像文件的宽度、高度和分辨率。
- **标题栏：**标题栏用于显示图像文件的名称、当前显示比例和颜色模式。
- **图像窗口：**图像窗口用于显示当前正在编辑的图像，所有的图像处理操作都在图像窗口中进行。
- **浮动面板：**浮动面板为图像处理提供了各种各样的辅助功能，可以被隐藏和移动。在“窗口”菜单中选择某个面板菜单命令后，该面板将被添加到浮动面板中以缩略按钮的形式显示。

（五）认识“导航器”面板

选择【窗口】/【导航器】菜单命令，打开“导航器”面板，将显示当前图像的预览效果，预览区中的红色矩形线框表示当前视图中所能观察到的图像的显示区域，如图 1-5 所示。按住鼠标左键左右拖动“导航器”面板底部的滑块，可减小与增大图像的显示比例。鼠标指针移动到预览区变成形状时，拖曳红色矩形线框可调整图像的显示区域，如图 1-6 所示。

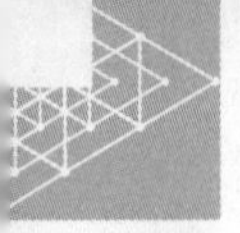

图1-5 “导航器”面板的预览区

图1-6 调整图像的显示区域

三、任务实施

（一）新建图像文件

使用 Photoshop 制作旅行网站首页前必须新建图像文件，其具体操作如下。

微课视频

新建图像文件

（1）选择【文件】/【新建】菜单命令或按【Ctrl+N】组合键，打开“新建文档”对话框。

（2）在右侧“预设详细信息”下方的文本框中输入名称“旅行网站首页”，在“宽度”和“高度”文本框中分别输入“1920”和“2830”，在“宽度”文本框右侧的下拉列表框中选择“像素”选项，在“分辨率”文本框中输入“72”，在“分辨率”文本框右侧的下拉列表框中选择“像素/英寸”选项。

（3）在“颜色模式”下拉列表框中选择“RGB 颜色”选项，在其右侧的下拉列表框中选择“8 位”选项，在“背景内容”下拉列表框中选择“白色”选项，完成后单击创建按钮，新建一个图像文件，如图 1-7 所示。

图1-7 新建图像文件

（二）设置标尺、网格和参考线

Photoshop 提供了多种辅助工具，如标尺、网格和参考线。使用这些工具可更精确地布局网站首页。

1．设置标尺

标尺一般用于辅助确定图像文件中各元素的位置。当不需要使用标尺时，可以隐藏标尺。在“旅行网站首页.psd”图像文件中设置标尺的具体操作如下。

（1）选择【视图】/【标尺】菜单命令或按【Ctrl+R】组合键，可以在图像窗口中显示或隐藏标尺，显示标尺的效果如图 1-8 所示。

（2）在标尺上单击鼠标右键，在弹出的快捷菜单中选择“像素”命令，可以将标尺单位更改为像素，如图 1-9 所示。

图1-8　显示标尺

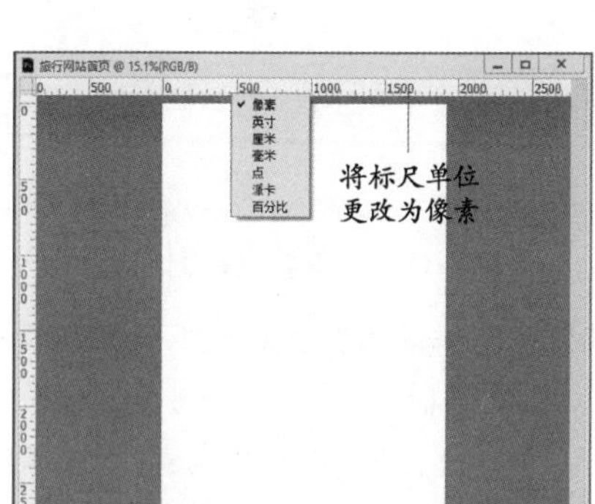

图1-9　更改标尺单位

2．设置网格

网格主要用于辅助设计图像。下面在“旅行网站首页.psd”图像文件中设置网格，以便后期设置参考线，其具体操作如下。

（1）选择【视图】/【显示】/【网格】菜单命令或按【Ctrl+'】组合键，可以在图像窗口中显示或隐藏网格线，显示网格线的效果如图 1-10 所示。

（2）按【Ctrl+K】组合键，打开“首选项”对话框，单击“参考线、网格和切片”选项卡，在右侧的“网格”栏中可以设置网格的颜色、样式、网格线间隔和子网格数量，如图 1-11 所示。

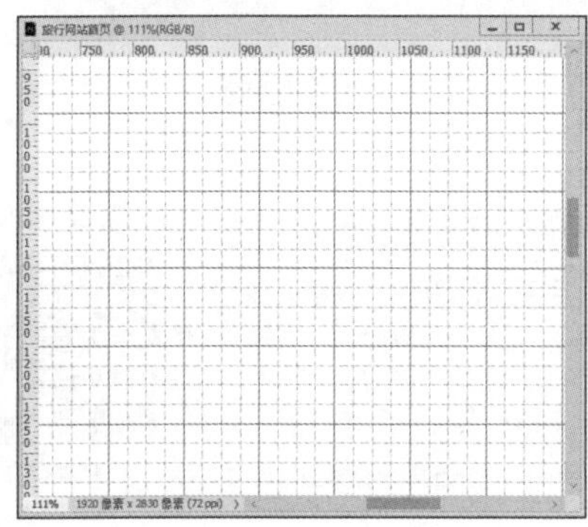

图1-10　显示网格线

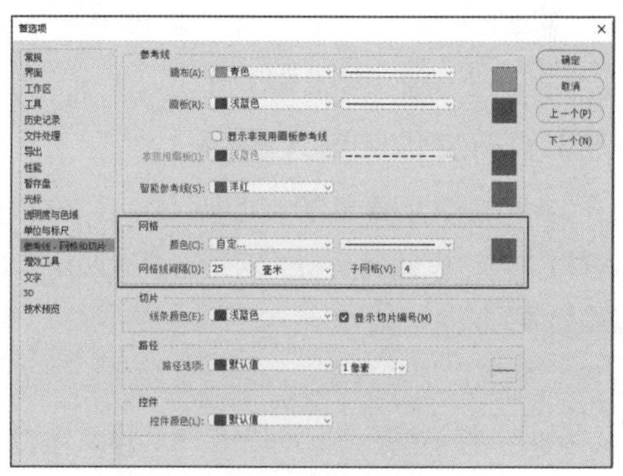

图1-11　设置网格

3．设置参考线

参考线是浮动在图像上的线段，用于提供参考位置，不会被打印出来。下面为“旅行网站首页.psd”图像文件创建参考线，用于划分版面，其具体操作如下。

（1）选择【视图】/【新建参考线】菜单命令，打开“新建参考线”对话框，在“取向”栏中选中“垂直”单选项，设置参考线的方向，在“位置”文本框中输入“960 像素”，设置参考线的位置，单击【确定】按钮，如图 1-12 所示。

（2）新建一条垂直参考线，效果如图 1-13 所示。

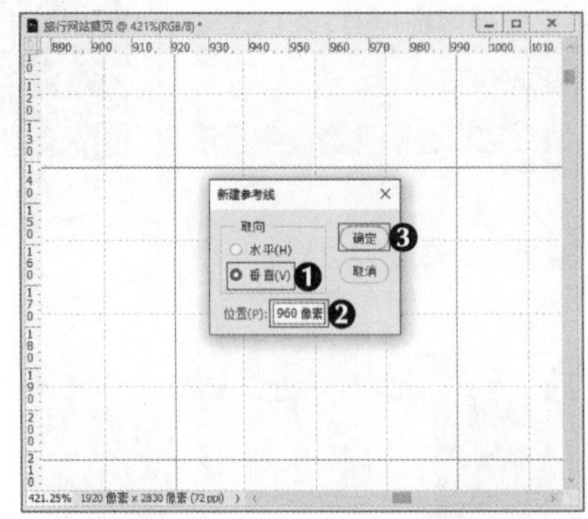

图1-12 “新建参考线”对话框

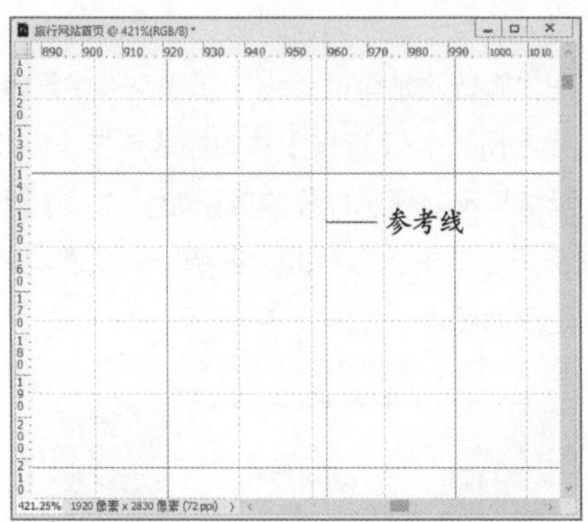

图1-13 创建垂直参考线

（3）将鼠标指针移动到水平标尺上，按住鼠标左键向下拖曳到目标位置后释放鼠标左键，创建水平参考线，如图 1-14 所示。

（4）使用相同的方法为网站首页创建其他参考线，然后按【Ctrl+'】组合键隐藏网格，完成首页版面的划分，如图 1-15 所示。

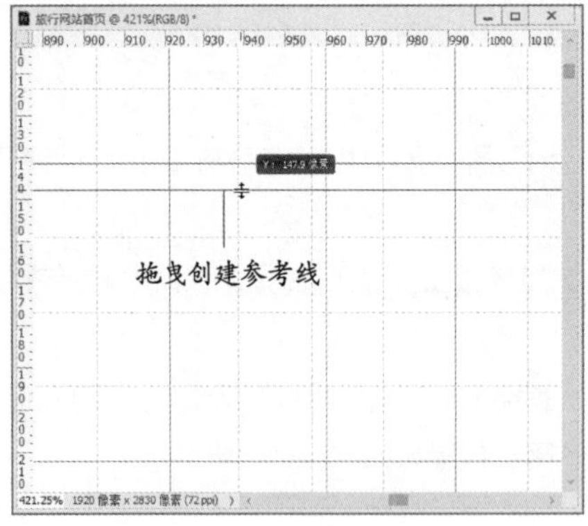

图1-14 创建水平参考线

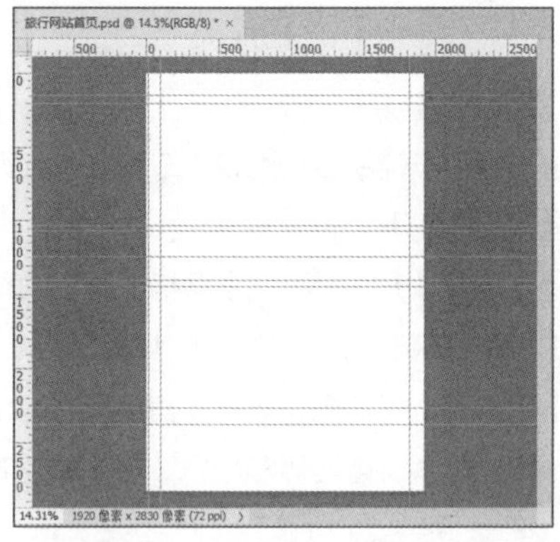

图1-15 参考线效果

（三）打开文件和置入图像

打开文件和置入图像是图像处理中必不可少的操作。在制作旅行网站首页时，需先打开素材文件，以便后面制作网站首页时调用素材内容，然后置入需要的图像，其具体操作如下。

微课视频

打开文件和置入图像

（1）选择【文件】/【打开】菜单命令或按【Ctrl+O】组合键，打开“打开”对话框。

（2）在“打开”对话框左侧的列表框中选择文件的保存位置，在右侧的列表框中选择“首页素材.psd”图像文件，单击打开(O)按钮，如图 1-16 所示。在图像窗口中即可看到打开的素材文件。

（3）切换到“旅行网站首页.psd”图像文件，选择【文件】/【置入嵌入对象】菜单命令，打开“置入嵌入的对象”对话框，在左侧列表框中选择图像的保存位置，在右侧的列表框中选择“首图.jpg”图像文件，单击置入(P)按钮，如图 1-17 所示，将图像置入“旅行网站首页.psd”图像文件中。

（4）在图像窗口中，可以看到置入图像的显示效果。将鼠标指针移动到置入图像的任意一角，当其呈↘形状时，拖曳鼠标以等比例放大图像。放大后的图像要与左、右两侧的边线对齐，移动图像至上方第一条水平参考线处，如图 1-18 所示，单击上方的✓按钮完成置入。

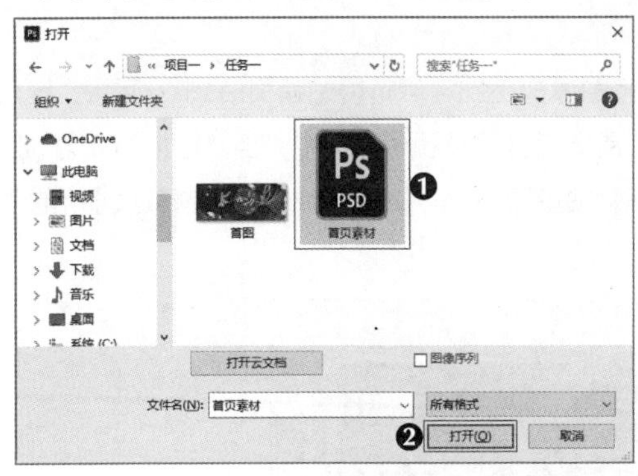

图1-16 打开图像文件

图1-17 置入图像

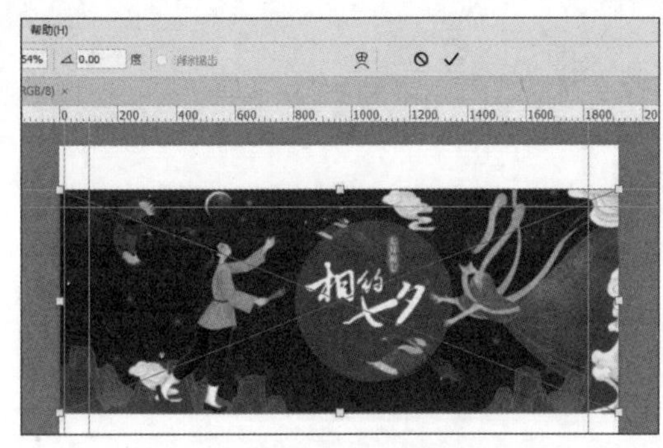

图1-18 调整并移动图像

（5）在“图层”面板中选择“首图”图层并在其上单击鼠标右键，在弹出的快捷菜单中选择“栅格化图层”命令，将图层栅格化，以便后期对图像进行调整和编辑。

（四）编辑并排版图像

在制作旅行网站首页的过程中，需要先对素材进行基本的编辑操作，如裁剪、移动、变换等，然后使用图框工具⊠进行排版并调整细节，使网站首页更加美观，其具体操作如下。

微课视频

编辑并排版图像

（1）打开“店招.jpg”图像文件，选择裁剪工具，在工具属性栏的“比例”下拉列表框中选择“宽×高×分辨率”选项，设置“宽度”“高度”分别为“1920 像素”“150 像素”，按【Enter】键确认裁剪，如图 1-19 所示。

图1-19 裁剪图像

（2）在“图层”面板中单击“背景”图层右侧的按钮，解锁图层。双击“背景”文字，在文本框中修改图层名称为“店招”。

（3）选择移动工具，将鼠标指针移动到图像上方，将图像拖曳到“旅行网站首页.psd”标题栏上，此时自动切换到“旅行网站首页.psd”图像文件。将鼠标指针移至图像窗口中，当鼠标指针变为形状后释放鼠标左键，可以看到图像已经移动到“旅行网站首页.psd”图像文件中，调整其大小和位置，如图 1-20 所示。

图1-20　移动图像

（4）切换到“首页素材.psd”图像文件，在“图层”面板中单击“组 1”图层组，按【Ctrl+C】组合键复制图层组。切换到“旅行网站首页.psd”图像文件，按【Ctrl+V】组合键粘贴图层组，根据参考线调整其大小和位置，如图 1-21 所示。

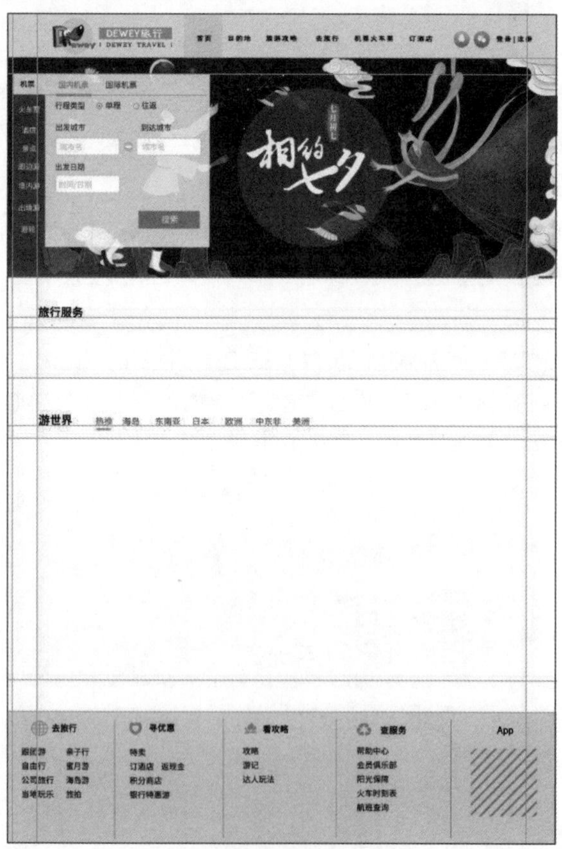

图1-21　复制并粘贴图层组

（5）将“首页素材.psd”图像/文件中的“组 2”图层组复制到“旅行网站首页.psd”图像文件中，并调整其大小和位置，如图 1-22 所示。

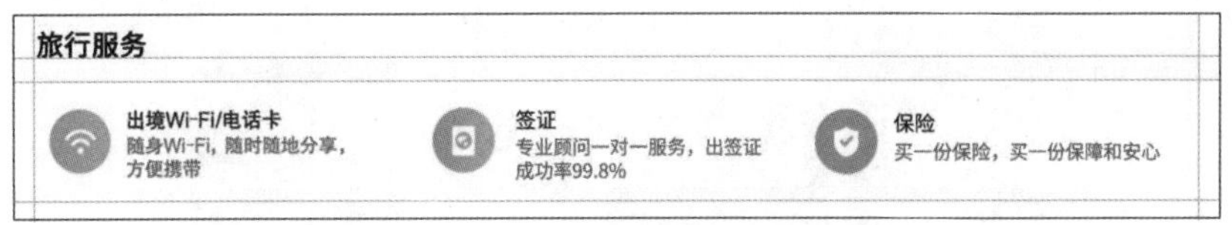

图1-22 制作“旅行服务”板块

（6）选择图框工具，在“出境 Wi-Fi/电话卡”图像上拖曳鼠标绘制图框，此时“图层”面板中的“Wi-Fi画框”图层也会发生相应的变化，如图 1-23 所示。

（7）单击“Wi-Fi 画框”图层前的图框缩览图，在“属性”面板中调整图框的参数，如图 1-24 所示。

图1-23 绘制图框

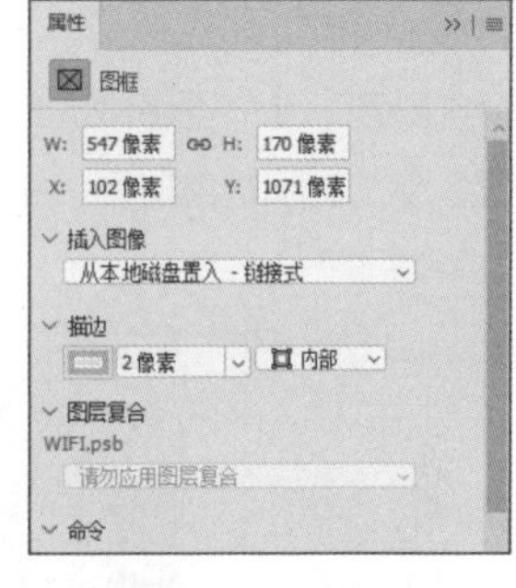

图1-24 调整图框参数

（8）用相同的方法为“签证”“保险”图像创建图框，如图 1-25 所示。

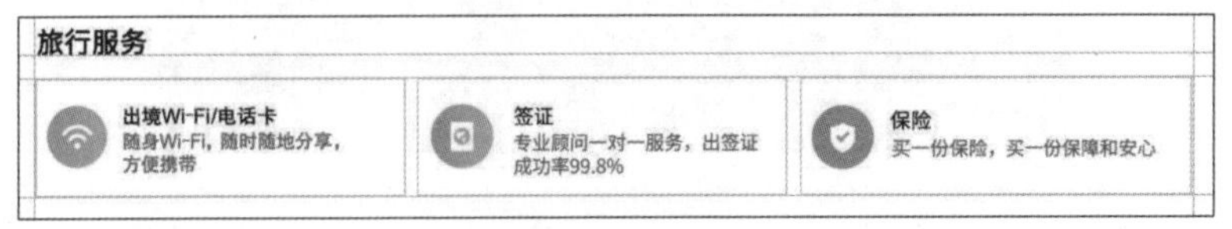

图1-25 创建图框

（9）将“首页素材.psd”图像文件中的“组 3”图层组复制到“旅行网站首页.psd”图像文件中，并调整其大小和位置，如图 1-26 所示。

图1-26 制作“游世界”板块

（10）选择图框工具，依次在“法国”“芽庄”“意大利”“新加坡”“挪威”图像上创建图框，如图 1-27 所示。

图1-27 创建图框

（11）可以看到，此时图像中的部分文字被遮挡，需要调整图框中图像的位置。在“图层”面板中单击图层名称前的图框缩览图，将鼠标指针移至图像窗口中对应图像上方，拖曳图框中的图像，调整后的效果如图 1-28 所示。

图1-28 调整图框中图像的位置

（五）存储图像文件

完成首页的制作后，还需要存储图像文件，在存储时需要选择合适的格式，其具体操作如下。

（1）选择【文件】/【存储】菜单命令，或按【Ctrl+S】组合键保存 PSD 格式的图像文件。

（2）除了保存 PSD 格式的图像文件外，有时还需要保存 JPEG、PNG、TIFF 等格式的图像文件，以方便快速传播和预览。此时，可选择【文件】/【存储为】菜单命令，或按【Ctrl+Shift+S】组合键，打开“保存在您的计算机上或保存到云文档”提示框，单击保存在您的计算机上按钮。

（3）打开“另存为”对话框，选择文件保存路径后，在“文件名”文本框中输入文件名称“旅行网站首页”，在“保存类型”下拉列表框中选择“JPEG（*.JPG；*JPEG；*JPE）”选项，单击保存(S)按钮，如图 1-29 所示。

（4）打开“JPEG 选项”对话框，在“品质”右侧的文本框中输入“12”，单击确定按钮保存文件，如图 1-30 所示。

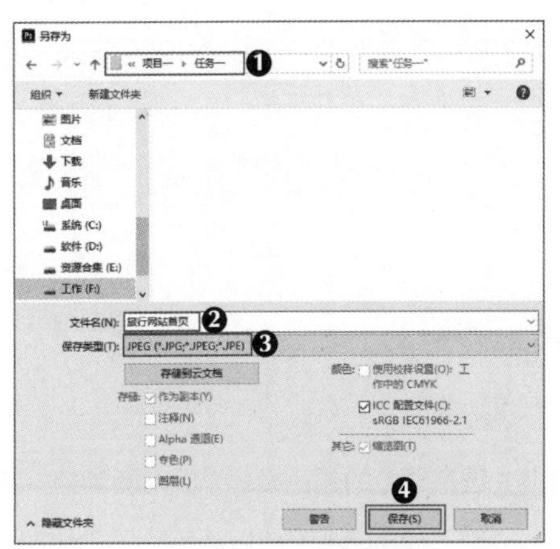

图1-29 “另存为”对话框

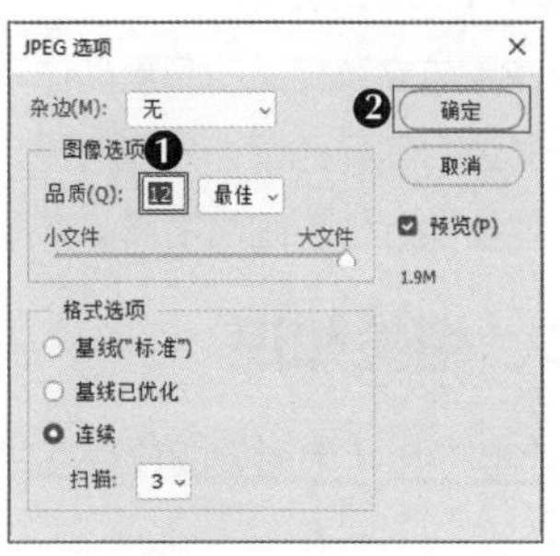

图1-30 保存文件

任务二 制作立秋节气海报

临近立秋，米拉决定制作一张立秋节气海报，既能宣传我国传统节气，又能提高自己的设计能力和审美水平。制作的立秋节气海报参考效果如图 1-31 所示。

素材所在位置： 素材文件\项目一\任务二\枫叶.abr、树木.abr

效果所在位置： 效果文件\项目一\任务二\立秋节气海报.psd

图1-31 立秋节气海报参考效果

一、任务描述

（一）任务背景

立秋是我国传统二十四节气之一，表示暑去秋来，到了收获的时节。本任务将制作立秋节气海报，用于线上宣传与传播。在制作时，可用枫叶、树木元素来表现秋季的特征，并添加关于立秋的古诗词，增加

海报的韵味，使海报最终效果美观、大方。海报图片的尺寸要求为 21 厘米×29.7 厘米，分辨率为 300 像素/英寸。

（二）任务目标

- 使用与立秋相关的元素创作海报。
- 通过合理配色营造海报氛围。
- 能够熟练使用画笔工具和铅笔工具绘制图形元素。

二、相关知识

Photoshop 中有多种颜色模式，在设计图像前需要先选择适合的颜色模式，并对画笔相关工具有一定的了解。

（一）图像的颜色模式

图像的颜色模式可以决定图像中颜色的显示效果，在 Photoshop 中选择【图像】/【模式】菜单命令，在弹出的子菜单中可以查看所有的颜色模式，选择相应的菜单命令可在不同的颜色模式之间转换。常用的颜色模式有 RGB 模式、CMYK 模式、Lab 模式、灰度模式、位图模式、双色调模式、索引模式、多通道模式等。

颜色模式还决定图像通道的数量和图像文件的大小，每个图像都有一个或多个通道，每个通道都存放着图像中的颜色信息。

1. RGB 模式

RGB 模式是由红、绿、蓝 3 种颜色按不同的比例混合而成的，也称为真彩色模式，是 Photoshop 默认的模式，也是最为常见的一种颜色模式。图 1-32 所示为该颜色模式在“颜色”和“通道”面板中显示的颜色和通道效果。

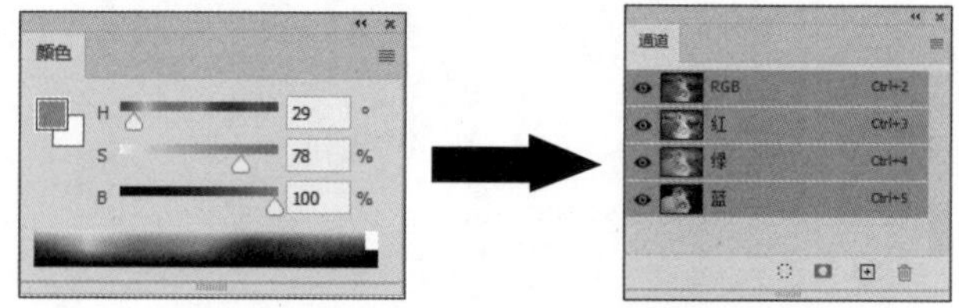

图1-32 RGB模式对应的“颜色”和“通道”面板

2. CMYK 模式

CMYK 模式是印刷时使用的一种颜色模式，由青色、洋红色、黄色和黑色 4 种颜色构成。为了避免和 RGB 模式中的蓝色混淆，CMYK 模式中的黑色用 K 表示。若在 Photoshop 中设计的图像需要印刷，则在印刷前需要先将其转换为 CMYK 模式。图 1-33 所示为该颜色模式在“颜色”和“通道”面板中显示的颜色和通道效果。

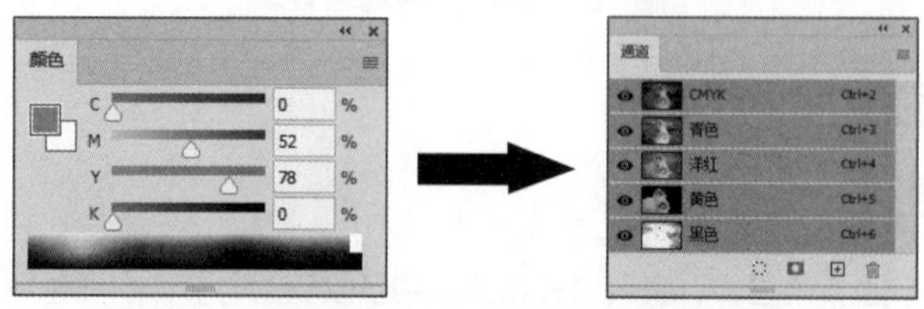

图1-33 CMYK模式对应的“颜色”和“通道”面板

3. Lab 模式

Lab 模式是 Photoshop 在不同颜色模式之间转换时使用的内部颜色模式，能毫无偏差地在不同系统和平台间转换。该颜色模式有 3 个颜色通道，L 代表亮度，a、b 代表颜色范围，其中 a 通道包含的颜色从深绿色（低亮度值）到灰色（中亮度值）再到亮粉红色（高亮度值），b 通道包含的颜色从深蓝色（低亮度值）到灰色（中亮度值）再到焦黄色（高亮度值）。图 1-34 所示为该颜色模式在“颜色”和“通道”面板中显示的颜色和通道效果。

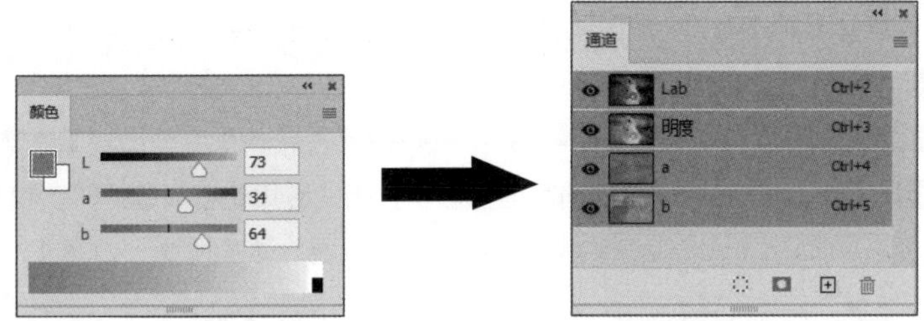

图1-34 Lab模式对应的“颜色”和“通道”面板

4. 灰度模式

灰度模式只有灰度颜色而没有彩色。在灰度模式图像中，每个像素都有一个 0（黑色）~255（白色）的亮度值。将一个彩色图像转换为灰度模式图像后，图像中的色相和饱和度等有关色彩的信息将消失，只留下亮度。图 1-35 所示为灰度模式在“颜色”和“通道”面板中显示的颜色和通道效果。

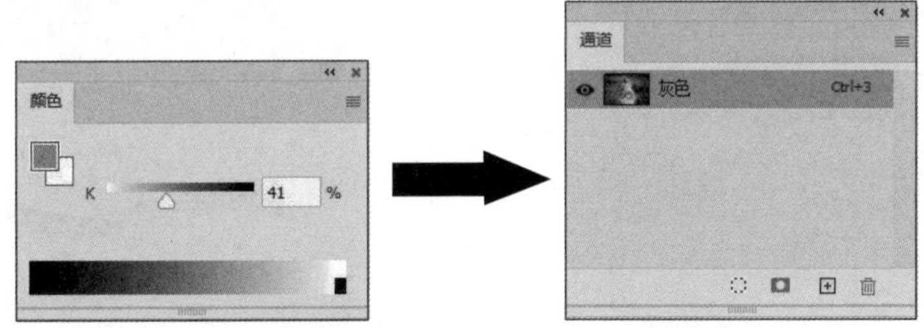

图1-35 灰度模式对应的“颜色”和“通道”面板

5. 位图模式

位图模式使用两种颜色（黑、白）来表示图像中的像素。位图模式的图像也叫作黑白图像，其中的每一个像素都用 8 位二进制数来记录，因此位图模式的图像所需的磁盘空间较小。但需注意，只有处于灰度模式或多通道模式下的图像才能转化为位图模式。

6. 双色调模式

双色调模式用灰度油墨或彩色油墨来渲染灰度模式的图像。双色调模式采用 2~4 种彩色油墨来创建双色调、三色调和四色调的图像。在此模式中，最多可向灰度模式图像添加 4 种颜色。

7. 索引模式

索引模式是系统预先定义好的一种含有 256 种典型颜色的颜色对照表模式。当图像转换为索引模式时，系统会将图像的所有色彩映射到颜色对照表中，图像中的所有颜色都将在图像文件中定义。当打开该文件时，构成该图像的具体颜色的索引值都将被装载，设计师可根据颜色对照表找到最终的颜色索引值。

8. 多通道模式

多通道模式包含了多种灰阶通道。将图像的颜色模式转换为多通道模式后，系统将根据原图像生成相同数目的新通道，每个通道均由 256 级灰阶组成，常用于特殊打印。

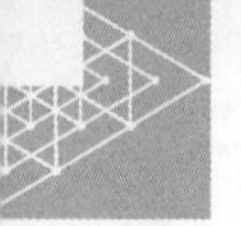

删除 RGB 模式或 CMYK 模式中的任何一个通道时，图像的颜色模式将自动转换为多通道模式。

（二）认识“画笔”面板和“画笔设置”面板

在 Photoshop 中，画笔工具不仅可用于绘制图像，还能用于抠图、修图、调整图像细节等。下面介绍“画笔”面板和“画笔设置”面板，以便于更好地使用画笔工具。

1.“画笔”面板

选择【窗口】/【画笔】菜单命令即可打开“画笔”面板，如图 1-36 所示。在“画笔”面板中，可以设置画笔的大小和选择画笔的样式，也可以对已选画笔的形状进行更改。

2.“画笔设置”面板

“画笔设置”面板与“画笔”面板默认同属一组，选择画笔工具后，单击其工具属性栏中的按钮，即可打开“画笔设置”面板。在其中可设置画笔笔尖形状，如“形状动态”“散布”“纹理”等，在面板左侧勾选某复选框后，右侧即可显示对应的参数，在其中可进行更具体的设置，如图 1-37 所示。

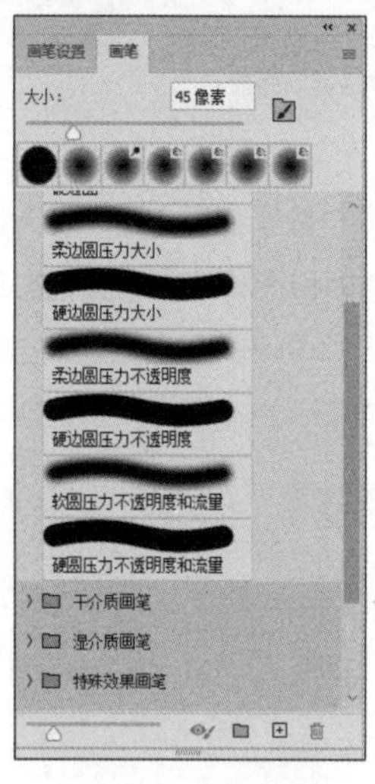

图1-36 “画笔”面板

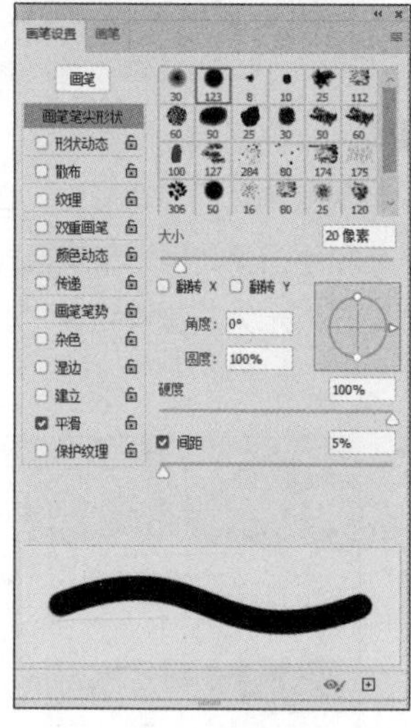

图1-37 “画笔设置”面板

- **“形状动态”复选框：**可在画笔绘制出的线中产生自然的笔触变化效果，如笔尖大小变化、笔尖形状角度变化等。
- **“散布”复选框：**可在画笔绘制出的线条上、下两个方向产生不同范围和密度的发散效果。
- **“纹理”复选框：**可在其中选择一个纹理图案，与画笔笔尖形状产生混合效果。
- **“双重画笔”复选框：**可叠加设置，与另一种画笔笔尖形状进行双重混合。
- **“颜色动态”复选框：**可将前景色和背景色进行不同程度的混合，并调整混合颜色的色相、饱和度、亮度和纯度。
- **“传递”复选框：**可设置画笔绘制时颜色的不透明度和流量变化效果。
- **“画笔笔势”复选框：**可设置画笔笔尖在 x 轴、y 轴的倾斜程度，以及不同的旋转角度和压力大小。
- **“杂色”复选框：**可使画笔产生杂色边缘，画笔硬度越小，杂色边缘的效果越明显。
- **“湿边”复选框：**可降低画笔笔尖中心的透明度，产生画笔边缘加深的效果。
- **“建立”复选框：**可使画笔在绘制时产生喷枪效果，按住鼠标左键，使画笔在图像某处停留，该处会被画笔持续涂抹。
- **“平滑”复选框：**可使画笔在快速移动时绘制出较为平滑的线条。

- **"保护纹理"复选框：**可保护"纹理"复选框中已经选好的纹理图案，使其不被选择的带纹理预设的画笔中的纹理所替代，从而起到保护作用。

三、任务实施

（一）填充图像颜色

在绘制与立秋相关的设计元素前，需要先设置前景色和背景色。其中，前景色用于显示当前图像的颜色，背景色用于显示当前图像的底色。设置前景色和背景色可通过拾色器、"颜色"面板、"色板"面板、吸管工具来完成。

微课视频

填充图像颜色

1. 使用拾色器设置颜色

使用拾色器设置颜色是 Photoshop 中较为常用的设置颜色的方法，在本任务中可以使用拾色器设置图像的背景色，其具体操作如下。

（1）新建大小为 21 厘米×29.7 厘米，分辨率为 300 像素/英寸，名为"'立秋'节气海报"的图像文件。

（2）单击工具箱底部的背景色色块，打开"拾色器（背景色）"对话框，在右下角处输入颜色值"ffe3c4"，单击 确定 按钮，如图 1-38 所示。

（3）按【Ctrl+Delete】组合键填充背景色，查看填充背景色后的效果，如图 1-39 所示。

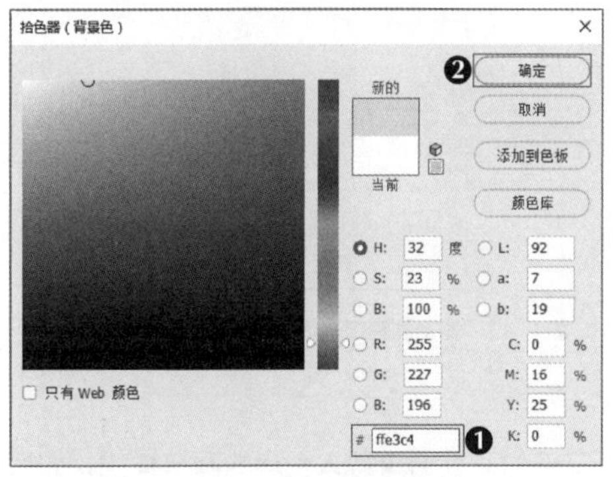

图1-38 设置背景色

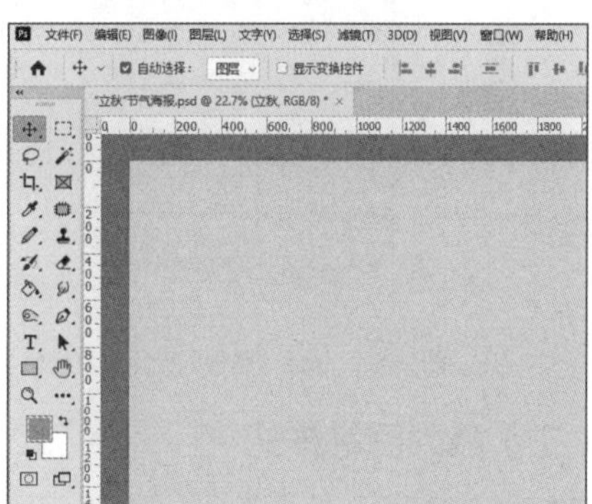

图1-39 填充背景色

认识拾色器

知识补充

拾色器左侧的彩色方框称为色彩区域，用于选择颜色；中部的竖直长条为颜色滑块，用于选择不同的颜色；右上方矩形窗口的上半部分显示当前新选择的颜色，下半部分显示原来设置的颜色。

2. 使用"颜色"面板和"色板"面板设置颜色

使用画笔进行绘制之前，可以使用"颜色"面板和"色板"面板设置颜色，其具体操作如下。

（1）选择【窗口】/【颜色】菜单命令，打开"颜色"面板，面板的左上角有两个颜色色块，上面的色块表示前景色，下面的色块表示背景色，这里单击前景色色块。将鼠标指针移动到下方的颜色框中，当鼠标指针变为形状时，单击所需设置的颜色，即可设置新的颜色。或在滑块右侧的文本框中输入数值也可设置新的颜色，这里输入"255""255""255"，如图 1-40 所示。

（2）选择画笔工具，设置画笔"大小"为"1000 像素"，画笔"硬度"为"0%"，涂抹图像的中间及下方区域，效果如图 1-41 所示。

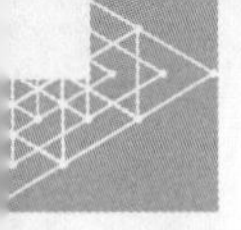

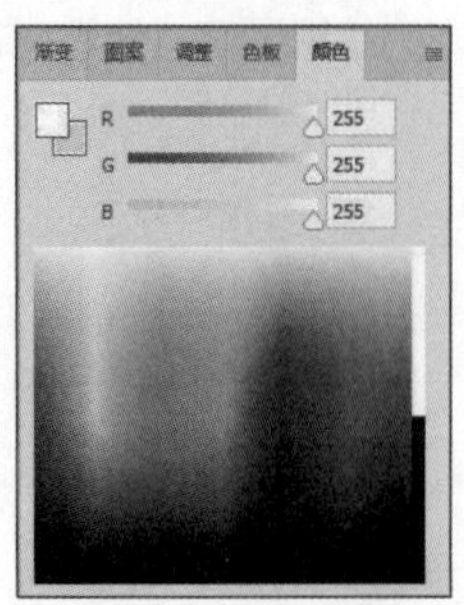

图1-40 使用“颜色”面板设置颜色

图1-41 使用画笔工具涂抹图像

（3）单击“颜色”面板左侧的“色板”选项卡，切换到“色板”面板。将鼠标指针移至“色板”面板的色样方格中，此时鼠标指针变为形状，选择所需的颜色方格，即可设置前景色。此处在“浅色”文件夹中选择“浅黄橙”颜色，如图 1-42 所示。

（4）选择画笔工具，设置画笔“大小”为“125 像素”，画笔“硬度”为“50%”，“不透明度”为“10%”，涂抹图像下方区域，添加叠加的颜色效果，如图 1-43 所示。

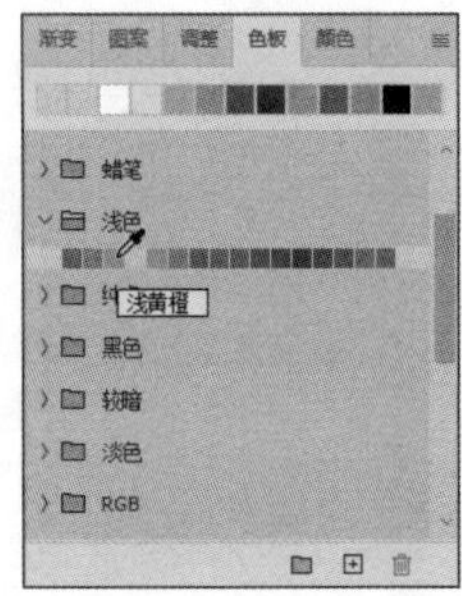

图1-42 使用“色板”面板设置颜色

图1-43 使用画笔工具添加叠加的颜色效果

（二）载入画笔样式

树木的枝叶较大，如果使用普通的画笔绘制，既复杂又费时，此时可载入合适的画笔样式，如枫叶、树木样式，其具体操作如下。

（1）选择画笔工具，在工具属性栏中单击“画笔预设”后的下拉按钮，打开“画笔预设”下拉列表，如图 1-44 所示。

（2）单击“画笔预设”下拉列表中的按钮，在打开的下拉列表中选择“导入画笔”选项，打开“载入”对话框，选择“枫叶.abr”画笔样式文件，单击载入(L)按钮，如图 1-45 所示。使用相同的方法载入“树木.abr”画笔样式文件。

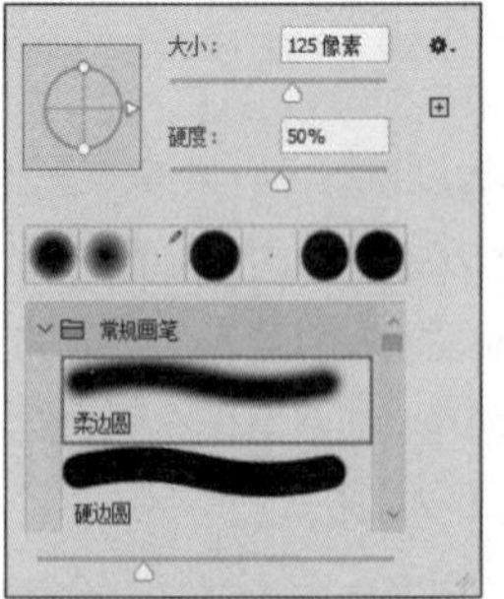

图1-44 打开“画笔预设”下拉列表

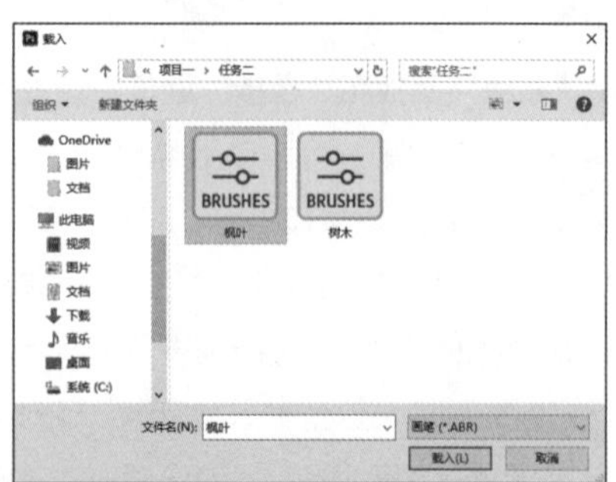

图1-45 打开“载入”对话框

（3）此时在“画笔预设”下拉列表中显示载入的画笔样式，如图 1-46 所示。

（4）在“图层”面板的右下角单击“创建新图层”按钮新建图层，选择画笔工具，设置前景色为“#ff7633”，选择“2253”画笔样式，设置画笔“大小”为“1600 像素”，在图像窗口中绘制大树。将前景色设置为“#ffe600”，画笔“大小”设置为“1500 像素”，在原大树上绘制另一棵大树，效果如图 1-47 所示。

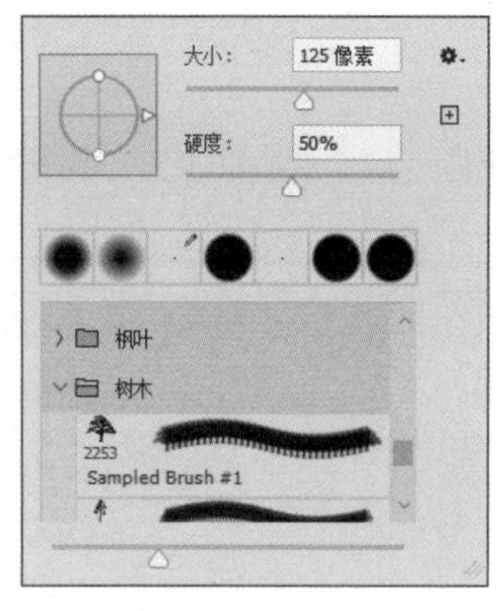

图1-46　画笔样式

图1-47　绘制大树

（5）新建图层，设置前景色为“#ff7633”，选择“2260”画笔样式，设置画笔“大小”为“700 像素”，在大树旁边绘制另一棵树，效果如图 1-48 所示。

（6）新建图层，选择“748”笔刷样式，在图像窗口中随机绘制枫叶。在“画笔预设”下拉列表中设置画笔的大小和角度，更改枫叶的大小和方向，效果如图 1-49 所示。

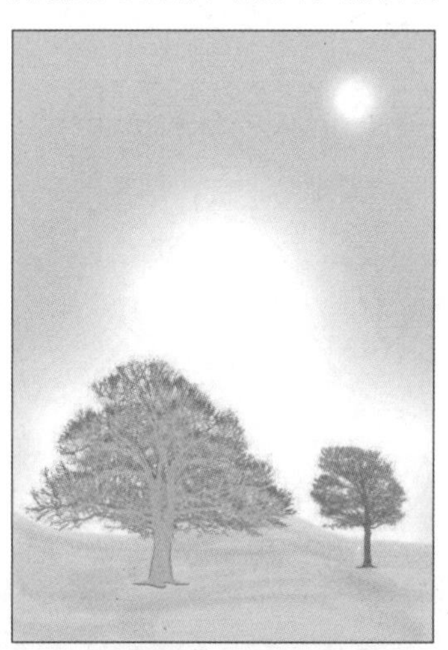

图1-48　绘制另一棵树

图1-49　绘制枫叶

知识补充

快速更改画笔大小

在使用画笔工具绘制图像的过程中，有时需要频繁更改画笔的大小，但一次次输入画笔大小值比较耗时，此时可通过快捷键快速更改画笔大小。其方法为：将输入法切换到英文状态或退出输入状态后，按【[】或【]】键缩小或放大画笔，按键次数越多，缩小或放大画笔的程度就越大。

（三）使用铅笔工具

绘制完立秋节气海报的背景后，需要输入文字对海报进行说明，可以使用铅笔工具绘制线条装饰文字，提升海报的美观度，其具体操作如下。

（1）选择直排文字工具，在工具属性栏中设置字体为“方正行楷简体”，字体大小为“106 点”，“颜色”为“#ff7633”，在图像的空白处单击，输入“立秋”文字，按【Ctrl+Enter】组合键确认输入，效果如图 1-50 所示。

（2）选择直排文字工具，在工具属性栏中设置字体大小为“32 点”，在“立秋”文字的左侧空白处输入“枫落河梁野水秋 淡烟衰草接郊丘”文字，按【Ctrl+Enter】组合键确认输入，使用移动工具调整文字位置，效果如图 1-51 所示。

图1-50 输入“立秋”文字

图1-51 输入其他文字并调整位置

（3）新建图层，选择铅笔工具，在工具属性栏中单击“画笔预设”后的下拉按钮，在打开的下拉列表中设置“大小”为“2 像素”，按住【Shift】键在诗词文字的右侧绘制两条竖直线条，效果如图 1-52 所示。

（4）按【Ctrl+S】组合键保存文件，最终效果如图 1-53 所示。

图1-52 绘制竖直线条

图1-53 最终效果

实训一　制作证件照

【实训要求】

本实训要求将提供的照片制作成 1 英寸的证件照。通过本实训，读者可以了解证件照的制作规范，并熟悉 Photoshop 2020 的基本操作。证件照制作前后的对比效果如图 1-54 所示。

素材所在位置：素材文件\项目一\实训一\照片.jpg

效果所在位置：效果文件\项目一\实训一\证件照.psd

图1-54　证件照制作前后的对比效果

【实训思路】

证件照需为正脸，且需露出双耳与双眉，背景色为红色、蓝色或白色。证件照的尺寸一般以英寸为单位。为了方便使用，可将其换算成厘米。国际通用的证件照尺寸标准如下。

- 1 英寸证件照的尺寸为 2.5 厘米 × 3.5 厘米。
- 2 英寸证件照的尺寸为 3.5 厘米 × 4.9 厘米。
- 3 英寸证件照的尺寸为 5 厘米 × 7.2 厘米。
- 4 英寸证件照的尺寸为 7.2 厘米 × 9.9 厘米。
- 5 英寸证件照的尺寸为 8.5 厘米 × 12.5 厘米。
- 6 英寸证件照的尺寸为 10 厘米 × 15 厘米。

【步骤提示】

本实训主要使用裁剪工具来完成，只需按要求对照片进行裁剪和调整即可，其步骤如图 1-55 所示。

①打开素材

②设置裁剪区域

③完成裁剪

图1-55　制作证件照的步骤

（1）打开“照片.jpg”图像文件，在工具箱中选择裁剪工具。

（2）在其工具属性栏中设置 1 英寸照片对应的尺寸和像素。

（3）在图像窗口中拖曳鼠标确定裁剪区域。

（4）单击✓按钮确定裁剪，完成证件照的制作。

实训二　制作小雪节气日签

【实训要求】

本实训要求在“雪地.jpg”图像文件的基础上，使用画笔工具添加雪花效果，并搭配文案和装饰线

条，制作一张小雪节气日签。通过本实训，读者可以了解小雪这一传统节气，并熟悉画笔工具和铅笔工具的使用方法。小雪节气日签制作前后的对比效果如图 1-56 所示。

素材所在位置：素材文件\项目一\实训二\雪地.jpg、雪花.abr

效果所在位置：效果文件\项目一\实训二\小雪节气日签.psd

图1-56　小雪节气日签制作前后的对比效果

【实训思路】

为了使图片更加美观，可以使用画笔工具在图片上绘制一些装饰物，但 Photoshop 自带的画笔样式有限，不一定能满足需求。此时，可以通过互联网下载其他画笔样式，通过载入画笔的方法添加画笔样式，然后设置画笔“大小”和“硬度”等参数，绘制出需要的图案。

【步骤提示】

本实训需要先载入外部画笔，然后在素材图片的基础上绘制雪花、添加文字、绘制装饰线条，其步骤如图 1-57 所示。

①绘制雪花

②添加文字

③绘制装饰线条

图1-57　制作小雪节气日签的步骤

制作“小雪”节气日签

(1) 打开“雪地.jpg”图像文件，载入提供的“雪花.abr”画笔样式文件。

(2) 使用不同大小和类型的画笔绘制雪花，以增加雪花的层次感。

(3) 添加与“小雪”节气相关的文字。

(4) 使用画笔工具和铅笔工具绘制装饰线条，完成小雪节气日签的制作。

课后练习

本项目主要介绍了 Photoshop 2020 的基础，包括软件操作界面、图像处理的理论知识、辅助设计的工具、画笔工具与铅笔工具的使用方法等。认真学习本项目的内容，可以掌握 Photoshop 2020 的基本操作，为后续设计和处理图像打下坚实的基础。

练习 1：制作家居网站内页

本练习要求制作家居网站内页。该界面由店招、Banner、板块详情、页尾构成，可使用标尺、参考线、图框工具等进行网站内页的设计，参考效果如图 1-58 所示。

素材所在位置： 素材文件\项目一\课后练习\内页素材.psd

效果所在位置： 效果文件\项目一\课后练习\家居网站内页.psd、家居网站内页.jpg

图1-58 家居网站内页参考效果

操作提示如下。

（1）新建大小为 1 920 像素 × 2 830 像素，分辨率为 72 像素/英寸，名为“家居网站内页”的图像文件。

（2）使用网格和参考线布局页面。

（3）打开“内页素材.psd”图像文件，将其中的内容复制到“家居网站内页.psd”图像文件中。

（4）使用图框工具⊠调整图像的显示大小与位置，完成家居网站内页的制作。

练习 2：制作诗词装饰画

本练习要求制作诗词装饰画。该装饰画以月夜为背景，以载入的画笔样式绘制星光，然后添加符合图片氛围的诗词，参考效果如图 1-59 所示。

素材所在位置： 素材文件\项目一\课后练习\夜晚背景.jpg、星光.abr

效果所在位置： 效果文件\项目一\课后练习\诗词装饰画.psd

图1-59　诗词装饰画参考效果

高清彩图

操作提示如下。

（1）打开“夜晚背景.jpg”图像文件，载入“星光.abr”画笔样式文件。

（2）使用不同大小、硬度的画笔绘制星光，营造祥和、美好的月夜氛围。

（3）添加诗词文字和装饰元素，完成诗词装饰画的制作。

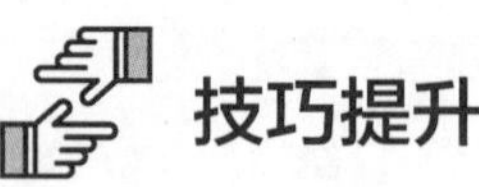

技巧提升

1. Photoshop 2020 新增功能

Photoshop 2020 新增功能包括 iPad 和云文档、预设改进、新增对象选择工具、转换行为一致、改进的“属性”面板、智能对象到图层、增强的转换变形功能。

扫一扫

查看详情

2. 打印输出图像

图像编辑完成后，有的图像需要打印输出，如海报、装饰画、证件照等，可以使用【文件】/【打印】菜单命令。

3. 还原图像操作

在编辑图像时常会有操作失误的情况出现，使用 Photoshop 的还原图像功能可以轻松将图像还原到失误前的状态，可以选择【编辑】/【还原】菜单命令，或按【Ctrl+Z】组合键，或使用“历史记录”面板。

4. 自定义画笔

在 Photoshop 中可以通过【编辑】/【定义画笔预设】菜单命令，根据自己的设计需要自定义画笔。

AIGC 高效设计

1. 生成证件照

利用人工智能技术快速生成标准的证件照非常简单，只需上传个人照片，待 AIGC 工具经过智能算法处理（如自动抠图、裁剪、修饰面部、调整光线和色彩等）后，即可生成符合证件照要求的证件照。此外，有些 AIGC 工具还可以选择背景、服装等，以满足不同场合和用途的需求。常见的生成证件照的 AIGC 工具有 IPensoul 绘魂、迅捷证件照、美图云修、美图设计室。

- **AIGC 工具：** IPensoul 绘魂。
- **照片尺寸：** 常规/一寸照。
- **照片底色：** 蓝色。
- **上传图片：** 上传如图 1-60 所示的个人照片。

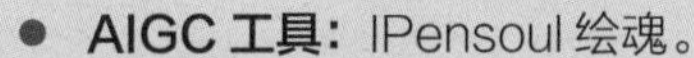

图1-60　上传个人照片

- **生成结果：** 单张照+排版照，生成效果如图 1-61 所示。

图1-61　生成证件照效果

2. 绘制节气插画

本项目讲解了使用 Photoshop 画笔工具绘制立秋、小雪节气的图像，使用 AIGC 工具同样可以高效地绘制多种风格的节气插画。

- **AIGC 工具：**文心一言。
- **提问语句：**帮我画一幅“立秋”节气插画，卡通风格，包含秋天的自然风景，以金黄色为主色。
- **生成结果：**生成效果如图 1-62 所示。

图1-62 “立秋”节气效果

- **AIGC 工具：**文心一言。
- **提问语句：**帮我画一幅“小雪”节气插画，水墨风格，中国画，冷色调，以白色、天蓝色为主色。
- **生成结果：**生成效果如图 1-63 所示。

图1-63 “小雪”节气效果

- **AIGC 工具：**Midjourney 中文站。
- **模式：**MJ 绘画。
- **模型：**NJ6.0 动漫质感。
- **生成尺寸：**9：16。
- **质量化/风格化/多样化：**60/800/0。
- **关键词：**“立春”节气插画，清新风格，自然风景，春天，田野新绿，燕子归来，鸟语花香，草长莺飞，色彩明亮。
- **生成结果：**生成效果如图 1-64 所示。

图1-64 “立春”节气效果

项目二

创建与编辑选区

情景导入

老洪了解了米拉的设计水平后，发现她的图像处理基础还不错，准备将一些抠取图像的辅助任务交给她完成。

老洪将客户提供的设计素材发送给米拉，让她试着运用选区对这些素材进行抠图处理，再尝试收集一些符合设计主题的背景和装饰元素，从而制作出完整的公众号封面和海报。老洪告诉米拉："Photoshop 中的选区操作简单，它在设计中应用很广泛，不仅可以抠图，还在绘制和编辑图像时经常用到。"

米拉欣然接受了这次任务。

学习目标

- 掌握使用套索工具组、快速选择工具组等抠图并制作公众号封面首图的方法
- 掌握使用以蒙版模式编辑选区、平滑和羽化选区、变换选区等操作制作海报的方法
- 熟练运用 AIGC 工具抠图、扩图

素养目标

- 提升判断与分析能力
- 培养搭配素材的创新能力
- 引导多读书，读好书，开卷有益

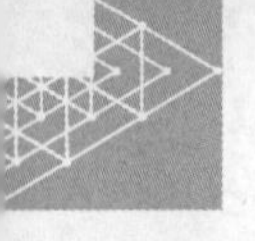

任务一　制作公众号封面首图

老洪希望米拉能够判断提供的素材是否适用于制作封面首图，并能根据需要认真细致地抠取商品图片，从而培养米拉对素材的处理能力，为封面首图的设计与制作做好准备。为了较好地完成该任务，米拉需要学习使用各种选择工具来创建选区，如快速选择工具、套索工具组和魔棒工具等。制作的公众号封面首图参考效果如图 2-1 所示。

素材所在位置： 素材文件\项目二\任务一\蛋糕.jpg、背景.jpg
效果所在位置： 效果文件\项目二\任务一\公众号封面首图.psd

图2-1　公众号封面首图参考效果

一、任务描述

（一）任务背景

一篇文章能否从众多公众号文章中脱颖而出，通常取决于其封面首图是否醒目、美观。本任务将为“吃货嘉年华”活动制作公众号封面首图。制作时，为了使封面首图的视觉效果更加美观，可先去掉蛋糕素材的原有背景，然后将蛋糕素材置入背景图中。封面首图的尺寸要求为 900 像素×383 像素，分辨率为 72 像素/英寸。

（二）任务目标

- 能够熟悉选区并掌握选区的基本操作。
- 能够综合运用多种抠图工具进行抠图操作，提升抠图能力。
- 能够根据封面首图要求处理素材，制作出美观的封面效果，提升素材的编辑与处理能力。

二、相关知识

在制作公众号封面首图时，需先选择素材，然后对素材进行处理，在处理时可结合选区、矩形选框工具组、套索工具组、快速选择工具、魔棒工具、对象选择工具等灵活处理。

（一）认识选区

选区是运用 Photoshop 中各种相关工具和命令在图像中选取的部分或全部区域。图 2-2 中虚线以内为选区，虚线为选区边缘。选区可以是任意形状的，但必须封闭，Photoshop 中不存在开放的选区。在选区中编辑图像时，编辑效果只会应用到选区，不会影响未被选择的区域。若要对图像整体进行编辑，必须先取消选择选区。

图2-2　选区

（二）选区的基本操作

在 Photoshop 中处理图像时，指定进行编辑操作的有效区域即创建选区。创建选区时，可通过选择相关菜单命令，或按组合键创建选区。创建选区后，可对选区进行编辑，使选区更加精准。

- **全部选择与反向选择：**选择【选择】/【全部】菜单命令，或按【Ctrl+A】组合键，可为整个图像创建选区；创建选区后，选择【选择】/【反选】菜单命令，或按【Shift+Ctrl+I】组合键，可反向选择选区。
- **取消选择与重新选择：**创建选区后，选择【选择】/【取消选择】菜单命令，或按【Ctrl+D】组合键，可取消选择选区；选择【选择】/【重新选择】菜单命令，或按【Shift+Ctrl+D】组合键，可重新选择刚才取消选择的选区。
- **移动选区：**按住【Space】键并拖曳选区，可移动选区；选区创建完毕，将鼠标指针移动到选区内，当鼠标指针呈形状时，可移动选区。
- **修改选区：**创建选区后，选择【选择】/【修改】菜单命令，在弹出的子菜单中可选择【边界】【平滑】【扩展】【收缩】【羽化】菜单命令修改选区，在打开的对话框中可以修改选区参数。
- **隐藏选区与显示选区：**创建选区后，选择【视图】/【显示】/【选区边缘】菜单命令，或按【Ctrl+H】组合键，可以隐藏选区边缘虚线；再次选择该菜单命令或按该组合键，可显示选区边缘虚线。
- **存储选区与载入选区：**创建选区后，选择【选择】/【存储选区】菜单命令，可以存储选区；选择【选择】/【载入选区】命令，可以载入存储的选区和所选图层的选区。

（三）矩形选框工具组

矩形选框工具组包括矩形选框工具、椭圆选框工具、单行选框工具、单列选框工具。使用矩形选框工具组可以自由地创建不同形状的选区。

其中，矩形选框工具用于创建规则的矩形选区，椭圆选框工具用于创建规则的椭圆形或圆形选区，单行选框工具用于创建 1 像素高的水平选区；单列选框工具用于创建 1 像素宽的垂直选区。这 4 种工具的工具属性栏十分相似，这里以矩形选框工具的工具属性栏为例，对各选项的作用进行介绍，如图 2-3 所示。

图2-3　矩形选框工具的工具属性栏

- **选区创建方式：**单击“新选区”按钮，可以创建一个新的选区；单击“添加到选区”按钮，可以在原选区中添加新创建的选区；单击“从选区减去”按钮，可以从原选区中减去新创建的选区；单击“与选区交叉”按钮，可得到原选区与新创建的选区相交的部分。
- **“羽化”数值框：**用于使选区边缘产生一种渐隐、过渡的虚化效果，数值越大，羽化效果越明显，如图 2-4 所示。

图2-4　羽化效果逐渐变强

- **“消除锯齿”复选框：**勾选“消除锯齿”复选框，可消除选区的锯齿边缘。
- **“样式”下拉列表框：**在“样式”下拉列表框中可设置选区的形状；选择“正常”选项，可以自由创建不同大小和形状的选区；选择“固定长宽比”选项或“固定大小”选项，根据需要，在下拉列表框右侧设置“宽度”和“高度”。

（四）套索工具组

套索工具组主要由套索工具、多边形套索工具和磁性套索工具组成。使用套索工具组能创建不规则的选区，还能较精确地抠取图像。

套索工具可用于在图像上的任意位置创建不规则的选区；多边形套索工具可用于选择边界为直线或折线的复杂图像；磁性套索工具可用于自动捕捉图像中对比度较大的区域，从而快速、准确地选择图像。下面以磁性套索工具的工具属性栏为例，对主要选项的作用进行介绍，如图 2-5 所示。

图2-5　磁性套索工具的工具属性栏

- **“宽度”数值框：** 用于设置套索线条能够探测的边缘宽度，选择图像的对比度越大，设置的宽度应越大，其探测范围也就越大。
- **“对比度”数值框：** 用于设置所选的图像边缘的对比度范围；数值越大，选择的边缘对比度越强；反之，选择的边缘对比度越弱。
- **“频率”数值框：** 用于设置选择图像时产生的固定节点数。

（五）快速选择工具组

快速选择工具组包括快速选择工具、魔棒工具和对象选择工具。使用快速选择工具组可快速创建一些具有特殊效果的选区，并将抠取后的选区添加到其他背景中。

1. 快速选择工具

使用快速选择工具可快速选择指定选择区域，它是一种较为常用的抠图工具。该工具的工具属性栏如图 2-6 所示，主要选项的作用如下。

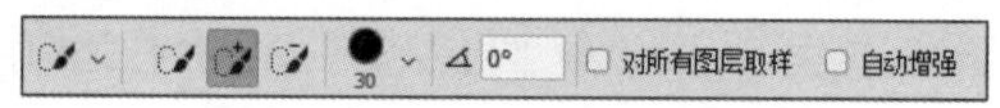

图2-6　快速选择工具的工具属性栏

- **“画笔”下拉列表框：** 用于设置快速选择工具的“大小”“硬度”“间距”等参数。
- **“对所有图层取样”复选框：** 勾选该复选框后，将选择所有图层颜色相近的区域。
- **“自动增强”复选框：** 勾选该复选框后，添加的选区边缘会减少锯齿，使边缘过渡更自然、平滑。

2. 魔棒工具

魔棒工具主要用于选择图像中颜色相同或颜色相近的区域。该工具对应的工具属性栏如图 2-7 所示，主要选项的作用如下。

图2-7　魔棒工具的工具属性栏

- **“取样大小”下拉列表框：** 用于设置魔棒工具取样的最大像素数目。
- **“容差”数值框：** 数值越大，颜色精度越小，可选择的颜色相近区域越大。
- **“连续”复选框：** 勾选该复选框后，只选择与单击处像素相近且相连的部分；取消勾选该复选框，可选择图像中所有与单击处像素相近的部分。

3. 对象选择工具

对象选择工具是 Photoshop 2020 的新增工具，主要用于自动识别所框选区域内的完整对象，从而实现智能抠图。该工具对应的工具属性栏如图 2-8 所示，主要选项的作用如下。

图2-8 对象选择工具的工具属性栏

- **“模式”下拉列表框：**用于设置框选的方式，有“矩形”和“套索”两种方式。
- **“减去对象”复选框：**勾选该复选框，可在框选区域内自动查找并减去对象。

三、任务实施

（一）创建选区

由于提供的蛋糕素材存在背景，若将素材直接应用到公众号封面背景图中会显得过于生硬，且效果不够美观，因此需要先对素材进行抠图处理，方便后期替换背景，其具体操作如下。

（1）打开“蛋糕.jpg”图像文件，经分析发现右侧的蛋糕轮廓多为直线线段。选择多边形套索工具，在蛋糕左侧的棱角处单击，确定起始点，如图 2-9 所示，按住鼠标左键，沿着轮廓移动鼠标指针。

（2）当鼠标指针移动到多边形的转折点时，松开鼠标左键，单击转折点确定多边形的顶点。使用同样的方法确定多边形的其他顶点，当回到起始点时，鼠标指针右下角出现一个小的圆圈，单击该圆圈闭合选区，完成右侧蛋糕选区的创建，如图 2-10 所示。

图2-9 确定选区的起始点

图2-10 为右侧蛋糕创建选区

（3）创建左侧的蛋糕选区。因其边缘不规则，所以这里选择对象选择工具，在工具属性栏中单击“添加到选区”按钮，设置“模式”为“矩形”。在图像窗口中的空白区域单击，拖曳鼠标完整地框选左侧的蛋糕，如图 2-11 所示。

（4）释放鼠标左键，Photoshop 将自动识别蛋糕为对象，并创建选区，如图 2-12 所示。

图2-11 框选左侧蛋糕

图2-12 为左侧蛋糕创建选区

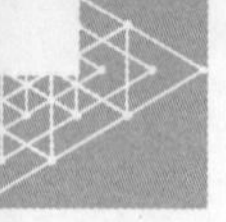

知识补充

快速切换选区相关工具

按【M】键可以快速选择矩形选框工具组，按【Shift+M】组合键可以在矩形选框工具、椭圆选框工具、单行选框工具、单列选框工具之间切换。

按【L】键可以快速选择套索工具组，按【Shift+L】组合键可以在套索工具、多边形套索工具、磁性套索工具之间切换。

按【W】键可以快速选择快速选择工具组，按【Shift+W】组合键可以在快速选择工具、魔棒工具、对象选择工具之间切换。

（二）完善选区细节

将创建的两个蛋糕选区放大，可发现仍有部分蛋糕未被选择，因此需要对选区细节进行调整，其具体操作如下。

微课视频

完善选区细节

（1）按住【Alt】键放大图像的中下区域，可发现有两处选区细节未被选择，如图2-13所示。

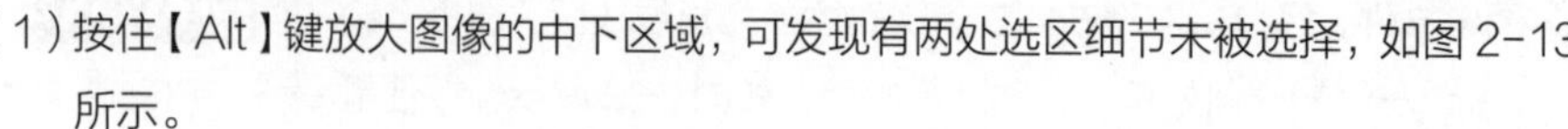

（2）选择魔棒工具，在工具属性栏中单击“添加到选区”按钮，设置“容差”为“20”，持续单击未被选择的蛋糕细节，直到全部选择。

（3）在选择过程中若出现多选或错选的情况，则可单击“从选区减去”按钮，减去多余的选区。完善后的选区细节效果如图2-14所示。

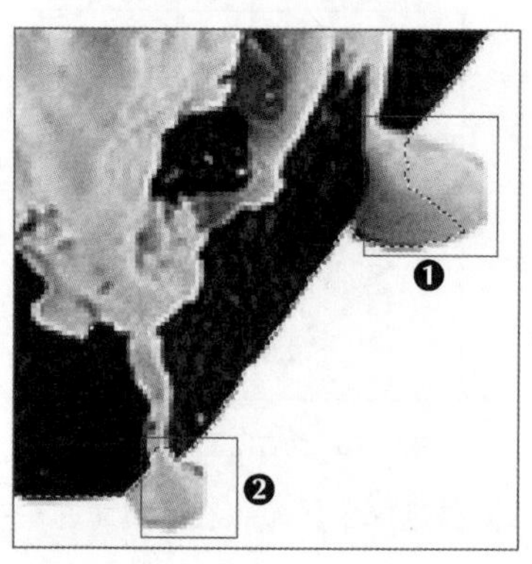

图2-13　放大局部图像

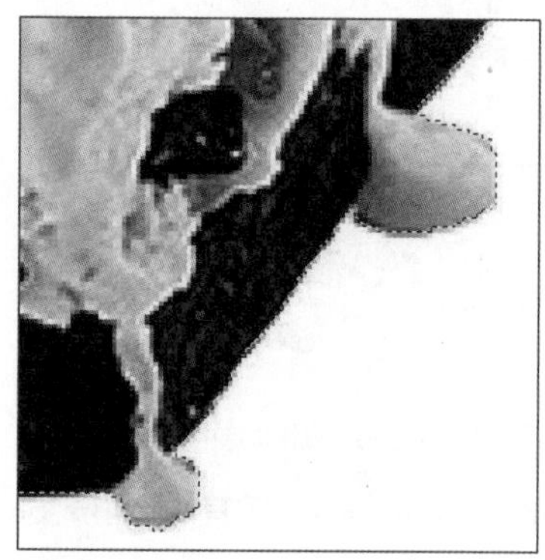

图2-14　完善细节

（三）制作封面效果

蛋糕图像被完整抠取后，将抠取后的图像移动到背景素材中进行封面制作，其具体操作如下。

微课视频

制作封面效果

（1）新建大小为900像素×383像素，分辨率为300像素/英寸，名为“公众号封面首图”的图像文件。

（2）选择【文件】/【置入嵌入对象】菜单命令，置入“背景.jpg”图像文件，将其作为公众号封面首图背景，并调整其大小和位置。

（3）切换到“蛋糕.jpg”图像文件中，按【Crtl+C】组合键复制选区中的图像。在“公众号封面首图.psd”图像文件中按【Ctrl+V】组合键粘贴，并调整其大小和位置，如图2-15所示。

（4）按【Ctrl+S】组合键保存文件，完成本任务的制作。

图2-15　粘贴图像效果

任务二　制作世界读书日海报

工作一段时间后，米拉已经能够熟练地创建图像选区了，老洪决定让米拉试着制作世界读书日海报，便于米拉熟悉快速蒙版的运用及选区的调整、变换、复制、移动等操作，从而提升对素材的整合和编辑能力。制作的世界读书日海报参考效果如图 2-16 所示。

素材所在位置： 素材文件\项目二\任务二\世界读书日.jpg

效果所在位置： 效果文件\项目二\任务二\世界读书日海报.psd

高清彩图

图2-16　世界读书日海报参考效果

一、任务描述

（一）任务背景

每年 4 月 23 日是世界读书日，其设立的目的是号召更多人去阅读和写作，希望更多人能尊重和感谢为人类文明做出巨大贡献的学者们，并保护知识产权。本任务将为世界读书日制作宣传海报，该海报以书本为主体，在书本上添加校园、学生等设计元素丰富海报画面，并在其中添加宣传标语，营造出阅读氛围。

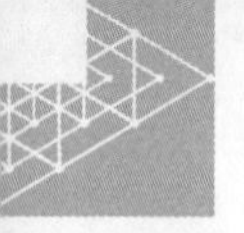

海报尺寸要求为 60 厘米 × 80 厘米，分辨率为 150 像素/英寸。

（二）任务目标

- 能够使用快速蒙版编辑选区。
- 能够掌握选区的各种变换操作，提升海报的美观度。
- 能够运用选区调整透视角度，掌握基本的透视原理。

 二、相关知识

（一）快速蒙版

快速蒙版是用于创建选区的临时蒙版，一般使用与绘画相关的工具来进行编辑和修改。在工具箱下方单击“以快速蒙版模式编辑”按钮，或按【Shift+Q】组合键可进入快速蒙版编辑模式，此时可使用画笔工具在图像中绘制出需要作为蒙版的区域，绘制的区域将呈红色显示。绘制完成后再次单击“以快速蒙版模式编辑”按钮，或按【Shift+Q】组合键可将蒙版以外的区域创建为选区，以便后续编辑和修改，如图 2-17 所示。由于画笔能变换不同的大小、样式、透明度、羽化边缘、图案或纹理，因此运用这种方式能更加灵活地创建选区。

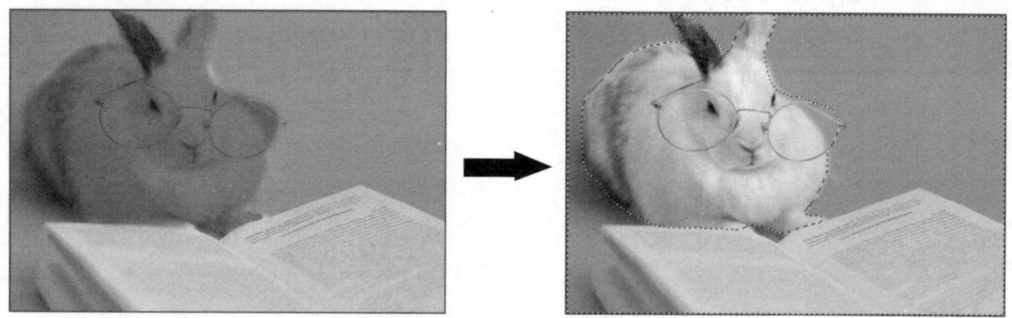

图2-17　快速蒙版

（二）边界框和控制点

不论是调整图像大小还是变换选区、路径、矢量形状等，图像周围都会出现一个边界框。在边界框内单击图像，拖曳鼠标可移动图像。边界框上有 8 个控制点，拖曳控制点可进行图像的变换操作，如图 2-18 所示。

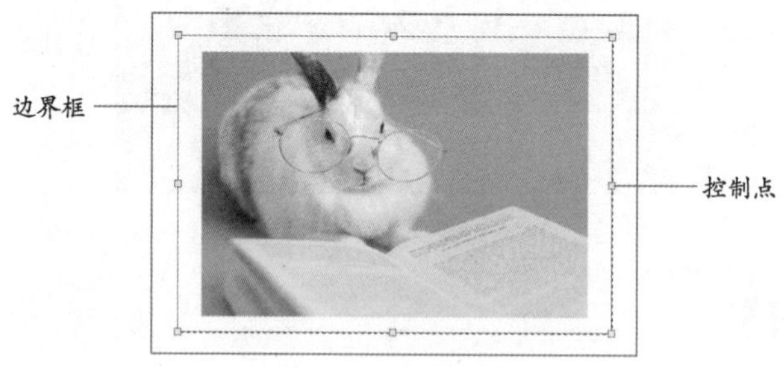

图2-18　边界框和控制点

（三）变换选区

若需要改变选区中图像的形态，可对选区进行变换操作，如调整选区的大小、形状和位置等。选择【编辑】/【变换】菜单命令，在打开的子菜单中选择相应的菜单命令，可对选区进行变换操作。

- **缩放：** 用于缩放图像，按住【Shift】键并拖曳控制点，可进行等比例缩放。
- **旋转：** 用于旋转图像，按住【Shift】键并拖曳控制点，可固定每次旋转角度增量为 15°；在工具属性栏中可输入旋转角度数值，正数表示顺时针旋转，负数表示逆时针旋转。
- **斜切：** 用于将图像以某一条边为基线进行斜切变换，如图 2-19 所示。
- **扭曲：** 用于朝任意方向移动图像的某一条边或某一个角，如图 2-20 所示。
- **透视：** 用于调整图像与周围画面间的透视关系，如图 2-21 所示。
- **变形：** 用于将图像拆分为不同大小的网格形状，拖曳网格上的锚点可改变图像形状；Photoshop 2020 升级了变形功能，网格拆分选项增多，且可以自定义拆分位置；同时在锚点上增加了调节手柄，可以更精准地操纵变形，如图 2-22 所示。

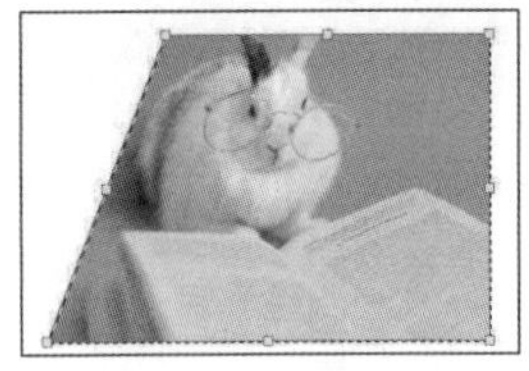
图2-19 斜切

图2-20 扭曲

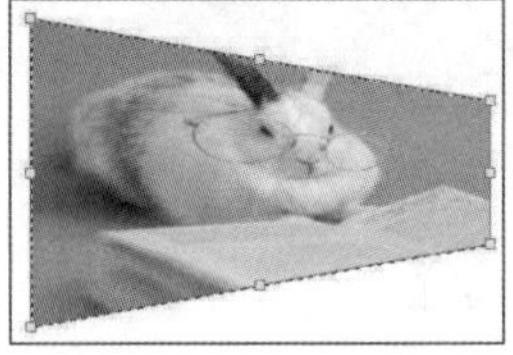
图2-21 透视

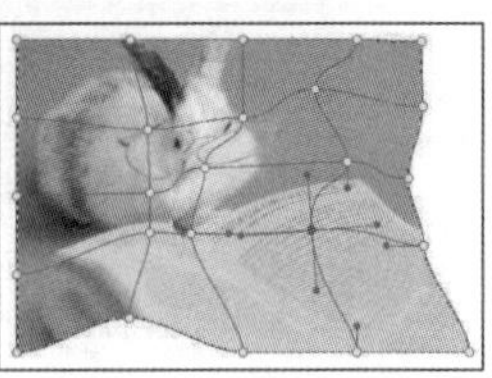
图2-22 变形

三、任务实施

（一）以快速蒙版编辑选区

微课视频
用快速蒙版编辑选区

由于“建筑.jpg”图像文件过于杂乱，若直接将其运用到海报中将会影响海报的美观度，因此可以用快速蒙版模式抠取局部建筑物，其具体操作如下。

（1）打开“建筑.jpg”图像文件，在“图层”面板的“背景”图层上双击，打开“新建图层”对话框，保持默认设置不变，单击【确定】按钮，如图 2-23 所示。

（2）设置前景色为黑色，在工具箱中单击“以快速蒙版模式编辑”按钮，选择画笔工具，拖曳鼠标涂抹中间大楼区域，在涂抹过程中可按【[】或【]】键调整画笔大小，如图 2-24 所示。

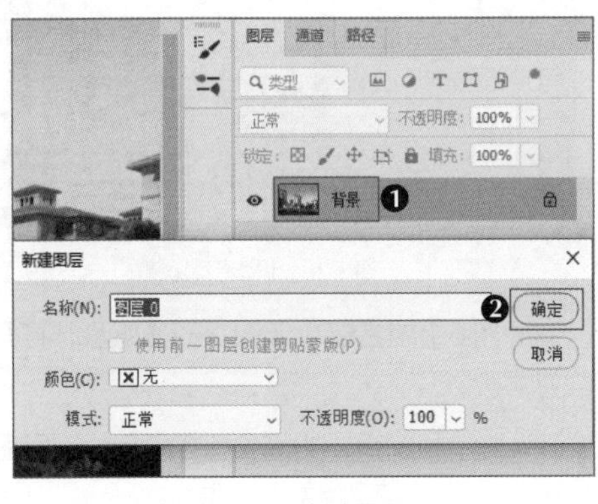

图2-23 新建图层

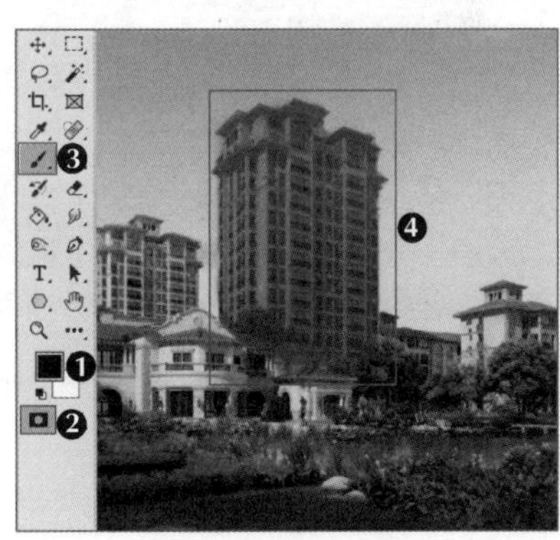
图2-24 涂抹大楼区域

（3）单击工具箱中的“以标准模式编辑”按钮，退出蒙版编辑模式，此时图像中创建了与涂抹区域相反的选区，如图 2-25 所示。

（4）按【Delete】键删除中间大楼以外的区域。选择【选择】/【反选】菜单命令，反选选区，抠取中间大楼，如图 2-26 所示。

图2-25　创建选区

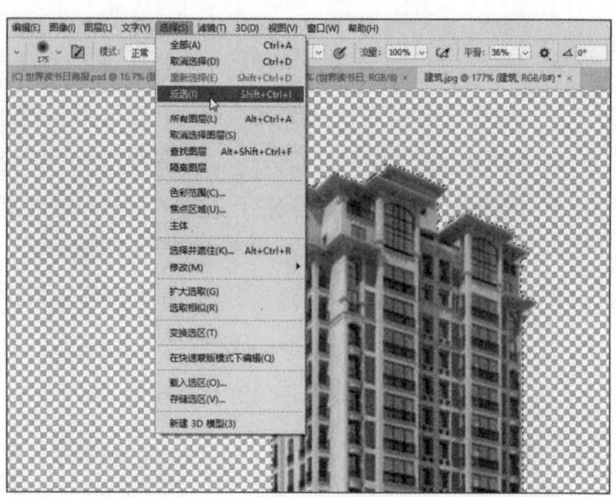

图2-26　反选选区

（二）平滑和羽化选区

微课视频

平滑和羽化选区

抠取大楼后，可发现图像边缘较为粗糙，若直接将其添加到海报中效果不够美观，此时可通过【平滑】和【羽化】菜单命令使其边缘变得光滑、柔和，其具体操作如下。

（1）选择【选择】/【修改】/【平滑】菜单命令，如图 2-27 所示，打开“平滑选区”对话框。

（2）在“平滑选区”对话框中，设置“取样半径”为“3”，单击确定按钮，如图 2-28 所示。返回图像窗口，即可发现图像边缘已变得平滑。

图2-27　选择【平滑】菜单命令

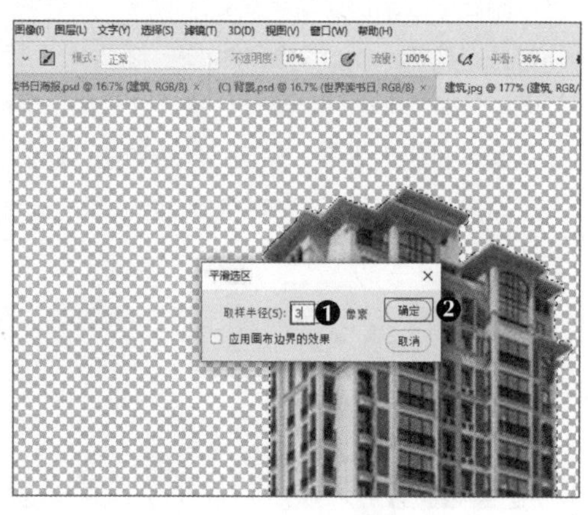

图2-28　设置平滑参数

（3）选择【选择】/【修改】/【羽化】菜单命令，或按【Shift+F6】组合键，如图 2-29 所示，打开“羽化选区”对话框。

（4）在“羽化选区”对话框中设置“羽化半径”为“10”，单击确定按钮，如图 2-30 所示。返回图像窗口，发现图像边缘已被羽化。

知识补充

羽化参数的设置方法

羽化半径越大，选区边缘越平滑。在设置时，需要根据选区与被框选部分的间隙选择合适的值进行羽化操作。

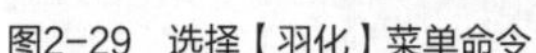

图2-29 选择【羽化】菜单命令

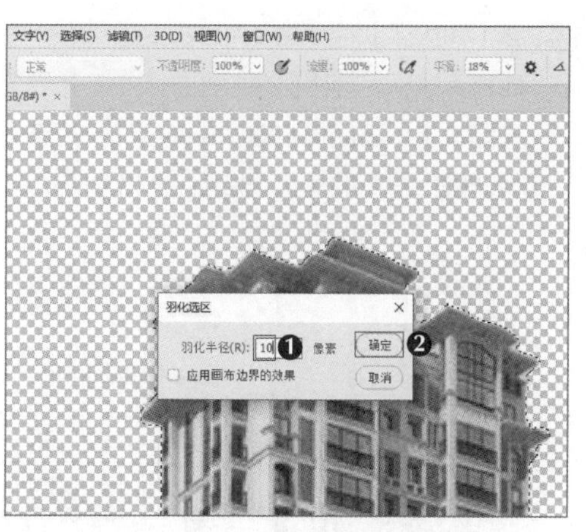

图2-30 设置羽化参数

（三）调整透视角度

制作世界读书日海报不是简单地堆叠素材，还需要调整素材的位置和透视角度，使海报效果更加自然。变换选区是最常用的方法之一，利用该方法可以直接调整素材的透视角度，使素材贴合书本的弧面形状，让视觉效果更加和谐，其具体操作如下。

（1）打开“校园操场.png”图像文件，选择【视图】/【标尺】菜单命令，打开标尺，将鼠标指针移动到垂直标尺上，向右拖曳鼠标，移动到中间位置时释放鼠标左键，添加一条垂直参考线，如图 2-31 所示。

图2-31 添加垂直参考线

（2）选择矩形选框工具，在图像中沿参考线框选左侧操场区域，按【Ctrl+C】组合键复制选区内容，如图 2-32 所示。

（3）打开“书本.png”图像文件，按【Ctrl+V】组合键粘贴选区，生成“图层 2”，如图 2-33 所示。

图2-32 创建并复制选区

图2-33 粘贴选区

（4）按【Ctrl+T】组合键进入自由变换状态，将鼠标指针移动至图像右上方的控制点上，当其变成形状时拖曳鼠标，等比例调整图像大小，如图 2-34 所示。

（5）在图像上单击鼠标右键，在弹出的快捷菜单中选择【变形】命令，然后拖曳图像四周的控制点，将图像调整为书页的形状，如图 2-35 所示。

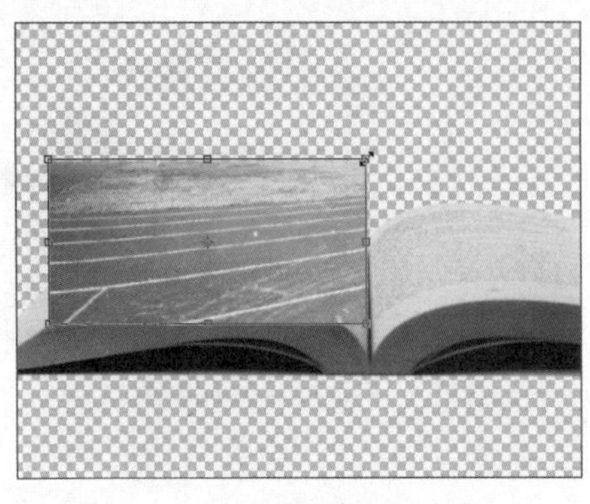
图2-34　调整图像大小

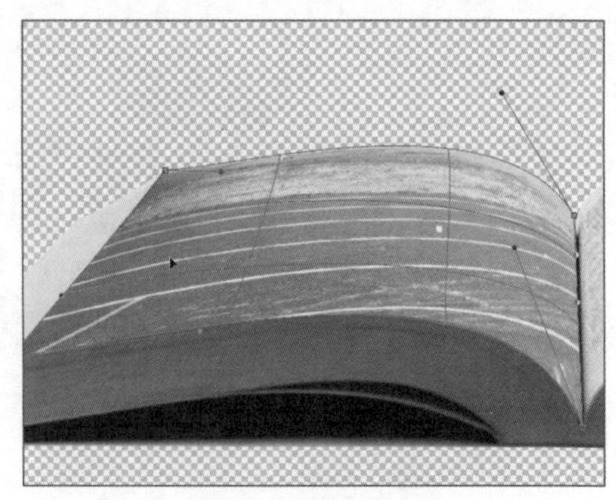
图2-35　调整图像形状

（6）使用相同的方法制作另一边书页，变形时注意对齐操场上的跑道线，如图 2-36 所示。

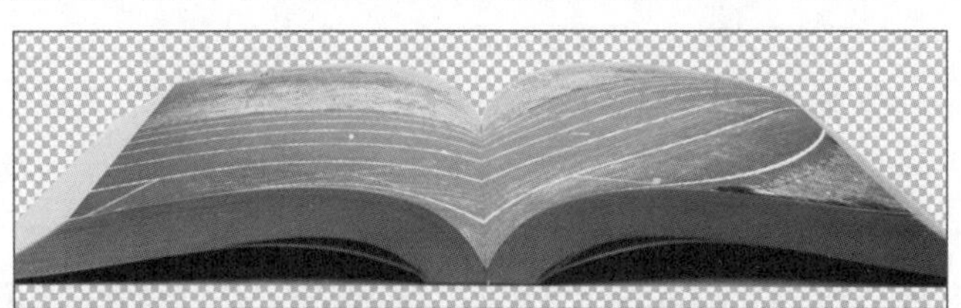
图2-36　制作另一边书页

（7）将之前抠取的“建筑.jpg”图像文件复制到“书本.png”图像文件中，调整其大小和位置，并放于操场上方，如图 2-37 所示。

（8）置入“植物.png”和“人物.png”图像文件，使用同样的方法调整图像，使其更贴合书本，完成海报主体的制作，如图 2-38 所示。

图2-37　添加建筑

图2-38　置入其他图像

（9）打开“背景.psd”图像文件，在“图层”面板中单击“标语”图层，选择【编辑】/【变换】/【透视】菜单命令，将图像调整为近大远小的透视角度，使标语更具有视觉冲击力，如图 2-39 所示。

图2-39　调整透视角度

（10）新建大小为 60 厘米×80 厘米，分辨率为 150 像素/英寸，名为“世界读书日海报”的图像文件。

（11）将“背景.psd”图像文件中的全部内容复制到“世界读书日海报.psd”图像文件中，调整其大小和位置。然后将之前制作的海报主体图像全部复制到“世界读书日海报.psd”图像文件中，并调整其大小和位置，如图 2-40 所示。

（12）按【Ctrl+S】组合键保存文件，完成海报的制作。

图2-40　制作海报

实训一　制作店铺横幅广告

【实训要求】

本实训将为新上架的空调产品制作店铺横幅广告，广告要具有美观性，风格要文艺清爽。通过本实训，可以掌握制作店铺横幅广告的规范和方法。制作的店铺横幅广告参考效果如图 2-41 所示。

素材所在位置：素材文件\项目二\实训一\背景.jpg、素材.jpg、文字.psd

效果所在位置：效果文件\项目二\实训一\店铺横幅广告.psd

高清彩图

图2-41　店铺横幅广告参考效果

【实训思路】

在店铺促销活动中，店铺横幅广告能很好地展示活动内容、拉动消费增长。设计店铺横幅广告时需注

意以下 4 点，以提高横幅广告的制作水平。

- 横幅广告的尺寸一般为 1 024 像素×768 像素或 1 920 像素×900 像素。
- 横幅广告通常使用 GIF 格式的图像，也可使用静态图像或 SWF 格式的动画图像。
- 横幅广告分为全横幅广告、半横幅广告和垂直旗帜广告。
- 横幅广告在网页中占的比例应较小，设计要醒目、吸引人。

【步骤提示】

本实训先利用套索工具创建图像选区，然后编辑选区，最后复制文字图层到图像中，其步骤如图 2-42 所示。

①拖入背景

②复制素材

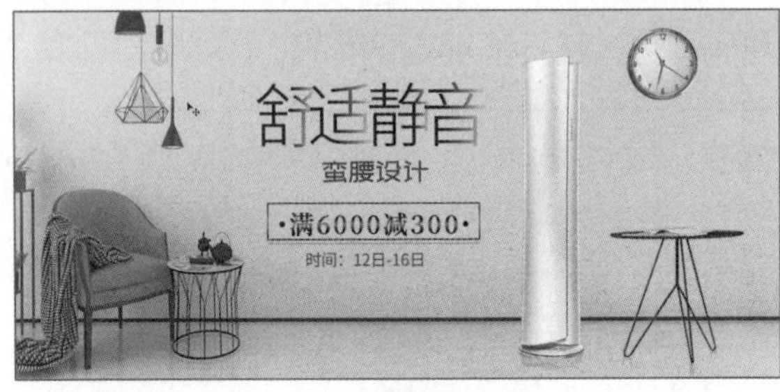

③复制文字

图2-42　制作店铺横幅广告的步骤

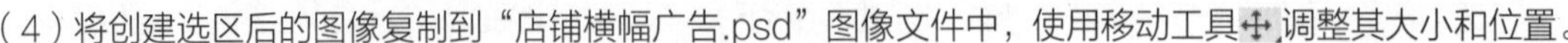

（1）新建一个大小为 1 920 像素×900 像素，分辨率为 72 像素/英寸，名为“店铺横幅广告”的图像文件。

（2）将“背景.jpg”图像文件置入“店铺横幅广告.psd”图像文件中，并调整其大小和位置。

（3）打开“素材.jpg”图像文件，利用快速选择工具和套索工具等为灯、冰箱、桌子、钟等图像创建图像选区。

（4）将创建选区后的图像复制到“店铺横幅广告.psd”图像文件中，使用移动工具调整其大小和位置。

（5）打开“文字.psd”图像文件，将其中的文字图层复制到“店铺横幅广告.psd”图像文件中，并调整其大小和位置。

（6）完成图像的调整后，按【Ctrl+S】组合键保存图像文件。

实训二　制作立体包装

【实训要求】

本实训需要将平面包装制作为立体包装。通过本实训，读者可以掌握将平面立体化的方法。制作的立体包装参考效果如图 2-43 所示。

素材所在位置：素材文件\项目二\实训二\包装盒平面图.jpg

效果所在位置：效果文件\项目二\实训二\立体包装.psd

高清彩图

图2-43　立体包装参考效果

【实训思路】

进行包装设计时，除了需要设计包装的平面效果，常常还需要将平面立体化，展现立体包装效果。制作立体包装时，可以先创建参考线，找准面与面之间的透视关系，然后调整各个面的大小和位置。

【步骤提示】

本实训在制作立体包装前需要先分割包装平面图的各个面，然后对各个面创建选区，并调整选区的位置和透视角度，其步骤如图 2-44 所示。

①分割包装平面

②变换包装平面

图2-44　制作立体包装的步骤

（1）新建名为“立体包装”的图像文件。

（2）打开“包装盒平面图.jpg”图像文件，使用多边形套索工具将各个面分割成单独的图层，并将其复制到“立体包装.psd”图像文件中。

微课视频

制作立体包装

（3）灵活使用【编辑】/【变换】菜单命令中的各种子菜单命令，对各个面进行变换操作，使其拥有立体效果和正确的透视关系。

（4）羽化和描边各个面，并调整各个面的大小和位置。

（5）按【Ctrl+S】组合键保存图像文件。

课后练习

本项目主要介绍了对选区的基本操作，包括创建选区、调整选区、变换选区、移动和复制选区、羽化和描边选区等操作。认真学习和掌握本项目的内容，可为以后设计和处理图像打下良好的基础。

练习 1：制作商务包 Banner

本练习要求制作一张商务包 Banner，在制作时需要先抠取商务包素材，然后在 Banner 中调整商务包的角度，商务包 Banner 前后对比效果如图 2-45 所示。

素材所在位置：素材文件\项目二\课后练习\Banner 素材.psd

效果所在位置：效果文件\项目二\课后练习\商务包 Banner.psd

高清彩图

图2-45　商务包Banner前后对比效果

操作提示如下。

（1）打开“Banner 素材.psd”图像文件，以快速蒙版编辑模式抠取商务包图像。

（2）反选选区后，调整商务包图像的边缘，进行平滑和羽化处理。

（3）变换商务包的角度、大小和位置，然后保存图像文件。

练习 2：制作秋冬上新海报

本练习要求将素材中的衣服抠取出来，并将其合并到已制作好的背景中，完成秋冬上新海报的制作，海报前后对比效果如图 2-46 所示。

素材所在位置： 素材文件\项目二\课后练习\衣服.jpg、秋冬上新.jpg

效果所在位置： 效果文件\项目二\课后练习\秋冬上新海报.psd

图2-46　秋冬上新海报前后对比效果

高清彩图

操作提示如下。

（1）打开“衣服.jpg”和“秋冬上新.jpg”图像文件。

（2）使用魔棒工具对衣服创建选区。

（3）适当扩展和羽化选区，抠取衣服。

（4）将抠取的衣服拖曳到“秋冬上新.jpg”图像文件中，并调整其大小和位置。

（5）将图像文件保存为“秋冬上新.psd”。

技巧提升

扫一扫

查看详情

1. 创建边界选区

选择【选择】/【修改】/【边界】菜单命令，可在选区边界处向外增加一条边界，常用于创建线框。

2. 选择指定颜色区域

如果想要选择图像中某一颜色区域内的图像或整个图像内指定的颜色区域，则可以通过【选择】/【色彩范围】菜单命令，选取指定颜色区域。

3. 扩大选取与选取相似

选择【选择】/【扩大选取】菜单命令，可加选与现有选取范围相邻且颜色相近的颜色区域；选择【选择】/【选取相似】菜单命令，可创建与现有选取范围颜色相同的区域作为新选区。

AIGC 高效设计

1. 智能抠图

智能抠图是一种基于人工智能技术的图像处理技术，它利用深度学习算法识别并分割图片中的元素，实现高效且精准的抠图。在 AIGC 工具中上传图片后，AIGC 工具即可自动去除背景或抠出特定元素，便于后续编辑和合成。

- **AIGC 工具：** Midjourney 中文站。
- **模式：** 工具箱/AI 抠图。
- **上传图片：** 上传如图 2-47 所示的图片。

图2-47 上传待抠图照片

- **生成结果：** 生成效果如图 2-48 所示。

图2-48 抠出的手提包效果

- **AIGC 工具：** 腾讯 ARC Lab。
- **模式：** 人像抠图。
- **模型选择：** V1.2。
- **上传图片：** 上传如图 2-49 所示的人像照片。

图2-49 上传待抠图人像照片

- **生成结果：** 生成效果如图 2-50 所示。

图2-50 抠出的人像效果

2. 智能扩图

智能扩图基于人工智能算法对原始图像进行特征提取和分析，能够生成新的像素点和颜色值，以扩展图像的面积，同时保持其原有的风格和内容，还可以确保在放大图像时不会出现模糊、失真或马赛克等问题。

- **AIGC 工具：**Midjourney 中文站。
- **模式：**工具箱/AI 扩图。
- **扩展比例：**等比扩展/200%。
- **上传图片：**上传如图 2-51 所示的图片。

图2-51　上传待扩展图片

- **生成结果：**生成效果如图 2-52 所示。

图2-52　扩展后的效果

项目三

使用图层

情景导入

临近购物节，公司接到的广告和电商类的设计项目逐渐增多。

由于设计项目繁多、人手较为紧张，因此老洪交给米拉两个简单的设计任务——制作某品牌的护肤品主图和地铁站内的宣传广告，考验米拉搭配素材、合成图像的能力。

为了确保得到良好的设计效果，米拉决定先熟悉一些商品主图、图像合成的知识，准备运用 Photoshop 中的图像混合模式和图层样式来为设计效果增添创意。

学习目标

- 熟悉“图层”面板、图层类型等相关知识
- 掌握运用修改图层、调整图层、复制图层、创建图层组、合并图层等操作合成图像的方法
- 掌握通过图层混合模式和图层样式制作图像特殊效果的方法
- 能够使用 AIGC 工具设计护肤品主图、店铺招牌等

素养目标

- 提升对商业广告的设计能力
- 培养良好的操作习惯
- 关心公益活动，倡导节能环保

任务一 制作护肤品主图

米拉决定为某品牌芦荟喷雾制作主图，希望通过新建与编辑图层来学习合成图像的方法，制作的护肤品主图参考效果如图 3-1 所示。

素材所在位置： 素材文件\项目三\任务一\护肤品.png、主图.psd
效果所在位置： 效果文件\项目三\任务一\护肤品主图.psd

图3-1 护肤品主图参考效果

高清彩图

一、任务描述

（一）任务背景

主图位于商品详情页中，优秀的主图可以展示和宣传商品。本任务要求为一款芦荟喷雾制作主图，该主图中除了商品图像外，还添加了木板、树叶、水珠、芦荟等自然元素来做装饰，添加了文本内容展示商品的主要信息。主图的尺寸要求为 700 像素 × 700 像素，分辨率为 72 像素/英寸。

（二）任务目标

- 掌握并熟悉图层的基本操作。
- 能够使用不同的图层堆叠方式制作出需要的图像效果。
- 能够运用图层的编组、锁定和链接等功能提高设计效率。
- 能够根据护肤品主图的尺寸、风格要求构思其他主图，提升合成图像的能力。

二、相关知识

在 Photoshop 中，几乎所有的高级图像处理都需要使用图层，每个图像效果都是由一个图层或多个图层组合而成。因此，掌握图层的基本知识和基础操作有利于制作出丰富多彩的图像效果。

（一）认识图层和“图层”面板

图层是 Photoshop 中存放图像内容的载体，可以排列和定位图像中的元素。不同图层可以罗列不同的图像效果，也可以对文本、图片、表格、插件等内容进行展现，还可以在图层上嵌套图层。在图像文件中，若图层存在透明区域，则可以透出下方图层的图像。

“图层”面板用于查看和管理图层，在制作本任务护肤品主图前，需先认识“图层”面板的各个组成部分，如图 3-2 所示。

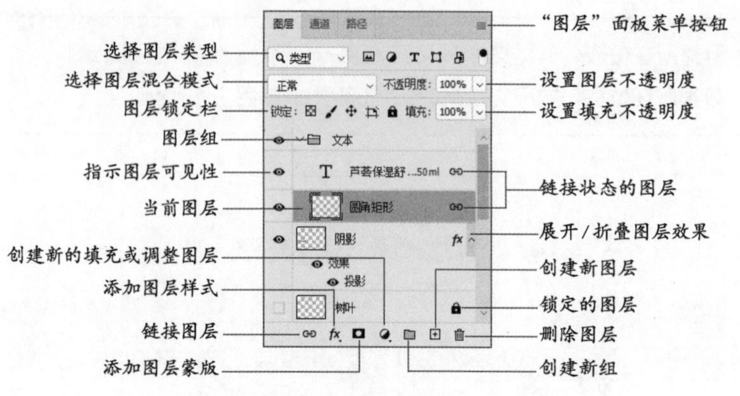

图3-2 “图层”面板

主要选项的作用如下。

- **选择图层类型：**用于筛选某一种类型的图层，使“图层”面板中只显示此类型的图层，而隐藏其他类型的图层。
- **选择图层混合模式：**用于选择当前图层的混合模式。
- **图层锁定栏：**用于锁定当前图层的“透明像素”“图像像素”“位置”，以及“防止在画板和画框内外自动嵌套”和“锁定全部属性”使其不能编辑。
- **图层组：**是指将一个或多个图层归为一组，可以展开或折叠。图层组既便于管理图层，又节省“图层”面板的空间。
- **指示图层可见性**：单击可以隐藏图层，再次单击可以显示图层；当在图层左侧显示此图标时，表示图像窗口中将显示该图层的图像；单击后此图标消失，表示已隐藏图层。
- **当前图层：**表示当前选择或正在编辑的图层，常以深灰色显示。
- **“创建新的填充或调整图层”按钮**：用于为图层新建填充或调整图层，如“渐变填充”“曲线”“色阶”等，调整图层可调整颜色和色调并应用于图像或照片中。
- **“添加图层样式”按钮**：用于为图层添加图层样式，如“描边”“投影”等。
- **“链接图层”按钮**：选择多个图层后单击该按钮，可使这些图层链接在一起，并在图层名称右侧显示，链接后的所有图层可同时变换位置和大小。
- **“添加图层蒙版”按钮**：用于为图层添加一个蒙版，编辑蒙版可达到需要的效果。
- **“图层”面板菜单按钮**：单击该按钮，在打开的下拉列表中罗列了常用的选项。
- **设置图层不透明度：**用于设置图层的不透明度，使其呈透明状态显示。
- **设置填充不透明度：**用于设置图层填充的不透明度，但不会影响图层效果。
- **展开/折叠图层效果：**单击箭头图标，可以展开或折叠为图层添加的效果。
- **“创建新图层”按钮**：用于新建一个普通透明图层。
- **“删除图层”按钮**：单击该按钮，可删除当前选择的图层。
- **“创建新组”按钮**：用于新建图层组。

（二）图层类型

下面介绍一些常见的图层类型。

1. 普通透明图层

单击“图层”面板底部的“创建新图层”按钮⊞，新建的图层即为普通透明图层。另一种新建普通透明图层的方法为：选择【图层】/【新建】/【图层】菜单命令，或按【Ctrl+Shift+N】组合键打开“新建图层”对话框，保持默认设置不变，单击确定按钮。

2. 背景图层

背景图层是新建文档或打开图像时所创建的图层，常为锁定状态，且图层名称为“背景”，位于图层的最下方。如果图像文件中没有背景图层，则可以将图像文件中的某个图层新建为背景图层，其方法为：选择需要新建为背景图层的图层，选择【图层】/【新建】/【图层背景】菜单命令，此时被选择的图层自动转换为背景图层并置于图层的最下方，并呈锁定状态，图层中未填充的区域将自动填充背景色。

3. 文字图层

文字图层是在使用文字工具时自动创建的图层，可以使用文字工具对其中的文字进行编辑，方法为：选择横排文字工具T，在图像中需要输入文字的区域处单击，在其中输入文字，如“主图”，“图层”面板中将自动新建名为“主图”的文字图层。

4. 填充图层

在填充图层中，可以使用某种单一颜色、渐变颜色或图案对图像或选区进行填充，填充后的内容将单独位于该图层中，并且可以随时改变填充的内容。新建填充图层的方法为：选择【图层】/【新建填充图层】/【渐变】菜单命令，打开“新建图层”对话框，在“颜色”下拉列表框中选择颜色，在“不透明度”文本框中设置不透明度，单击确定按钮。新建填充图层后，可根据需要编辑图层的填充效果，如渐变填充等。

5. 形状图层

绘制矢量图形时将自动创建形状图层，创建形状图层的方法为：使用矩形工具组或钢笔工具组中的工具绘制矢量形状后，在“图层”面板中将自动新建名为“形状 1”的形状图层（后续建立的形状图层将自动命名为“形状 2”“形状 3”“形状 4”等，以此类推）。

6. 调整图层

调整图层是将“曲线”“色阶”“色彩平衡”等调整效果单独存放在一个图层中，调整图层下方的所有图层都会受到这些调整命令的影响。新建调整图层的方法为：选择【图层】/【新建调整图层】菜单命令，在弹出的子菜单中将显示调整图层的类型，如选择【色阶】调整命令，在打开的对话框中设置名称、颜色、模式等参数后，单击确定按钮新建“色阶”调整图层。双击调整图层前的图层缩览图，可以打开“属性”面板，在其中拖动滑块可以调整图层的色阶。

（三）盖印图层

盖印图层可以将多个图层中的图像内容合并到一个新的图层中，同时保持其他图层的内容不变。盖印图层的方法有以下 3 种。

- **向下盖印图层：**选择一个图层，按【Ctrl+Alt+E】组合键可将图层中的图像盖印到下面的图层中，原图层中的内容保持不变。
- **盖印多个图层：**选择多个图层，按【Ctrl+Alt+E】组合键可将所选的多个图层盖印到一个新的图层中，原图层中的内容保持不变。
- **盖印可见图层：**选择多个图层，按【Shift+Ctrl+Alt+E】组合键可将可见图层盖印到一个新的图层中。

三、任务实施

（一）选择图层并重命名

微课视频

选择图层并重命名

本任务的素材图层较多，为了区分各个图层，可对图层进行重命名，其具体操作如下。

（1）打开“主图.psd”图像文件，在“图层”面板中的“图层 1”图层上单击，此时“图层 1”图层呈深灰色显示，表示该图层被选择。

（2）选择【图层】/【重命名图层】菜单命令，此时所选图层名称呈可编辑状态，在其中输入新名称，这里输入“木板”，如图 3-3 所示。

（3）在“图层”面板中选择“图层 2”图层，在图层名称上双击，此时所选图层名称呈可编辑状态，在其中输入新名称，这里输入“树叶”，如图 3-4 所示。

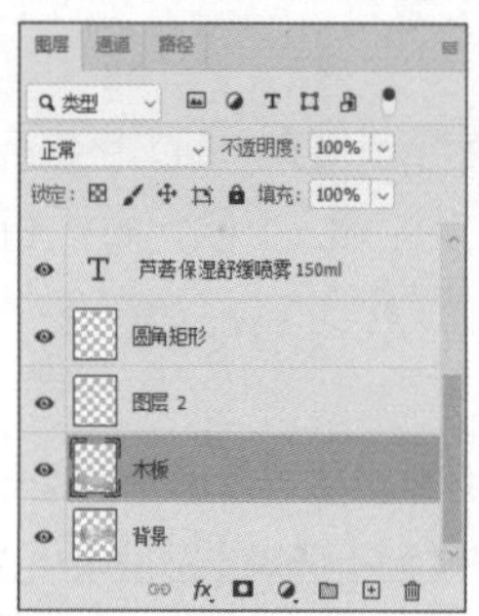

图3-3 修改图层名称

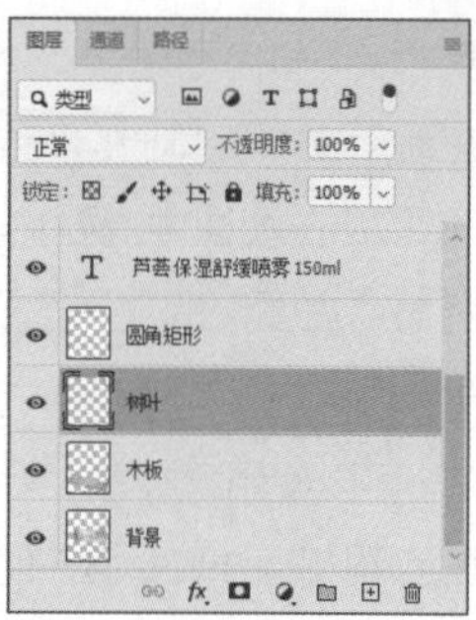

图3-4 双击重命名图层

（二）复制图层并调整堆叠顺序

微课视频

复制图层并调整堆叠顺序

复制图层是指为已存在的图层创建相同的图层副本。由于图层中的图像具有上层覆盖下层的特性，所以适当调整图层的堆叠顺序可以制作出丰富的图像效果。本任务需要复制多个护肤品元素，并调整堆叠顺序，增加画面的层次感，其具体操作如下。

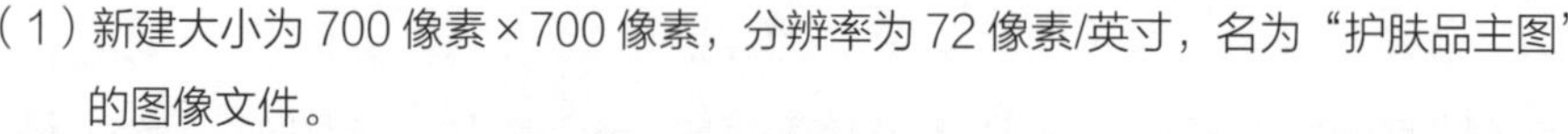

（1）新建大小为 700 像素 × 700 像素，分辨率为 72 像素/英寸，名为“护肤品主图”的图像文件。

（2）切换到“主图.psd”图像文件，按住【Ctrl】键单击选择所有图层，然后选择【图层】/【复制图层】菜单命令，打开“复制图层”对话框，在“文档”下拉列表框中选择“护肤品主图.psd”选项，单击确定按钮，如图 3-5 所示。

（3）将“护肤品.png”图像文件置入“护肤品主图.psd”图像文件中，在“护肤品”图层上单击鼠标右键，在弹出的快捷菜单中选择【栅格化图层】命令，如图 3-6 所示。栅格化图层便于后续对图层中的图像进行更多的编辑操作。

（4）在“护肤品”图层被选择的状态下，按【Ctrl+C】组合键复制图层，再按【Ctrl+V】组合键粘贴图层，重复粘贴一次，此时“图层”面板如图 3-7 所示。

（5）选择移动工具，将鼠标指针移动到图像窗口的护肤品上，拖曳鼠标可以看到复制的图层与原图层分离，按【Ctrl+T】组合键调整复制的图层的大小和位置，如图 3-8 所示。

（6）在“图层”面板中按住【Ctrl】键选择复制的两个“护肤品”图层，使两个图层同时被选择，选择【图层】/【排列】/【后移一层】菜单命令，或按【Ctrl+[】组合键将其向下移动一层，使最大的护肤品位于图像的最前方，如图 3-9 所示。

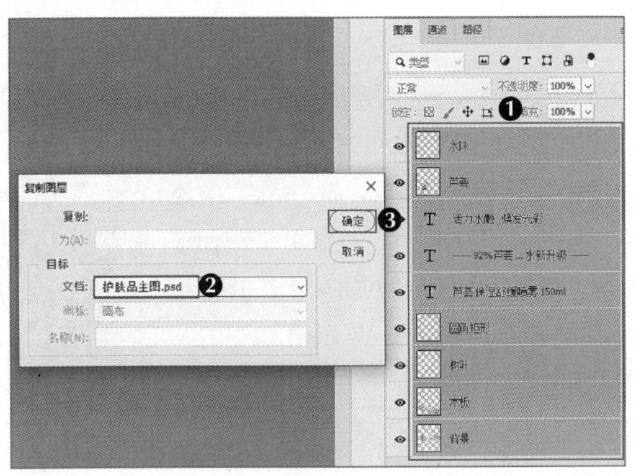

图3-5 使用命令复制图层

图3-6 栅格化图层

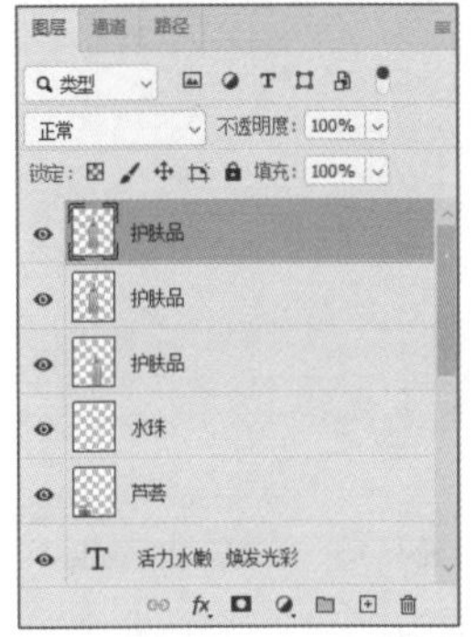

图3-7 使用快捷键复制并粘贴图层

图3-8 复制图层后的效果

图3-9 使用命令移动图层

（7）在“图层”面板中选择“水珠”图层，将该图层拖曳到“护肤品”图层的上方，如图 3-10 所示。

（8）选择“水珠”图层，将其向下拖曳到“图层”面板底部的“创建新图层”按钮⊞上，复制选择的图层，得到“水珠 拷贝”图层，如图 3-11 所示。调整复制后的图层的大小和位置，如图 3-12 所示。

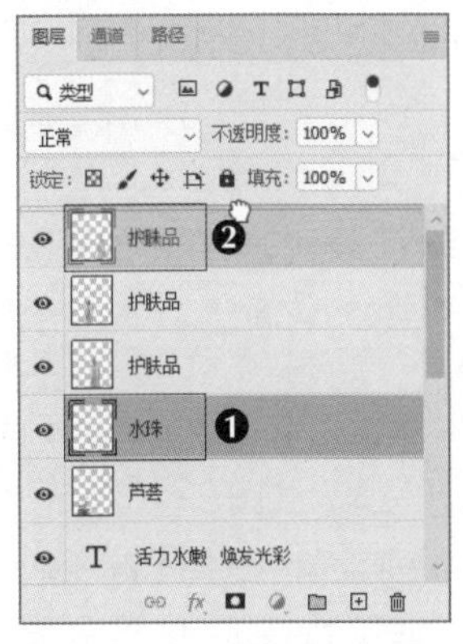

图3-10 通过拖曳鼠标移动图层

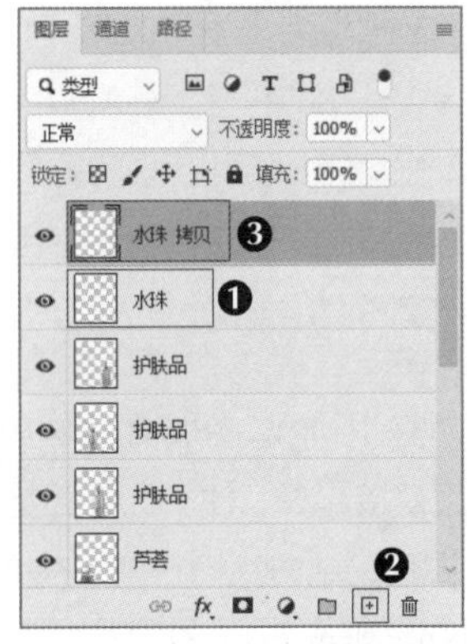

图3-11 通过按钮复制图层

图3-12 调整效果

知识补充

只复制图层内容而不生成新图层的方法

复制图层时，按住【Ctrl】键并单击图层缩览图快速载入图层选区，然后按住【Alt】键并拖曳鼠标，可只复制该图层中的图像内容，不会生成新的图层。

（三）创建图层组并链接图层

由于任务的图像文件存在较多图层，为了便于对多个图层进行组合和管理，可对图层创建图层组。除此之外，可将多个图层链接，以便同时对链接的多个图层进行移动和缩放等操作，其具体操作如下。

（1）选择【图层】/【新建】/【组】菜单命令，打开"新建组"对话框，在"名称"文本框中输入组名称"护肤品"，单击确定按钮，完成新建组的操作，如图3-13所示。

微课视频

创建图层组并链接图层

（2）按住【Shift】键并选择3个"护肤品"图层，将其向上拖曳到"护肤品"图层组上。此时所选图层已在"护肤品"图层组的下方显示，如图3-14所示。

（3）在"图层"面板中选择所有的文字图层和"圆角矩形"图层，单击下方的"创建新组"按钮，新建"组 1"图层组。双击图层组的名称，使其呈可编辑状态，在其中输入"文本"名称，如图3-15所示。

图3-13 "新建组"对话框

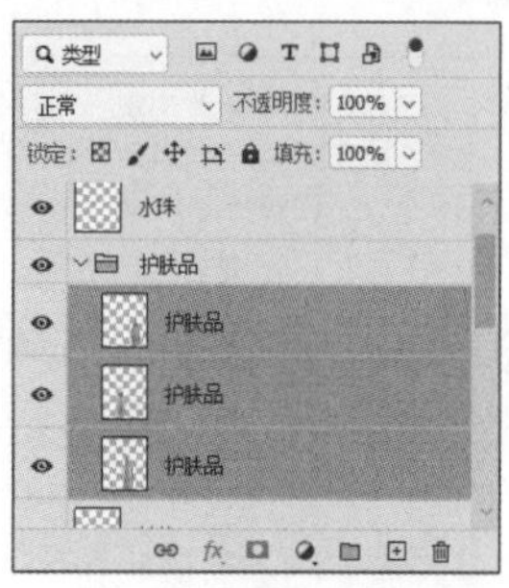

图3-14 添加到图层组

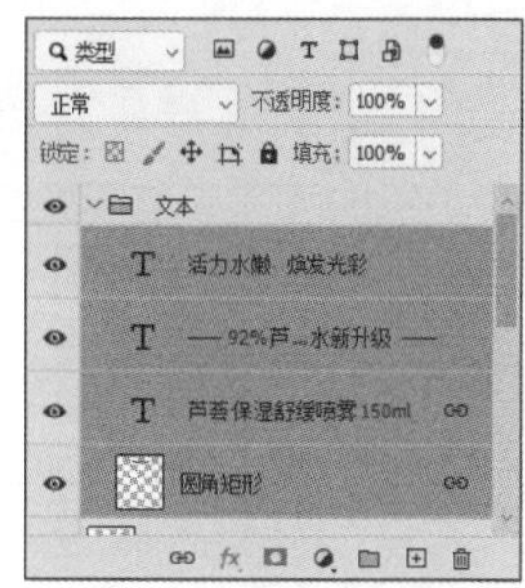

图3-15 通过按钮新建组

知识补充

嵌套图层组和图层组快捷键

图层组是可以多级嵌套的，在一个图层组下还可以创建新的图层组，通俗地说就是"组中组"。一个PSD文件中最多可以创建5级图层组。当有多个嵌套图层组时，可以使用以下3种快捷键来对图层组进行编辑。

- 按住【Ctrl】键并单击顶层图层组的箭头可一次性打开或关闭所有的顶层图层组。
- 按住【Alt】键并单击图层组箭头可打开或关闭所有的嵌套图层组。
- 按住【Ctrl+Alt】组合键并单击顶级图层组的箭头可打开或关闭所有的顶级图层组和所有的嵌套图层组。

（4）按住【Ctrl】键并选择"芦荟保湿舒缓喷雾 150ml"图层和"圆角矩形"图层，在"图层"面板底部单击"链接图层"按钮，将所选图层链接起来，便于统一调整大小和位置，如图3-16所示。

（5）按住【Ctrl】键并选择3个"护肤品"图层，单击鼠标右键，在弹出的快捷菜单中选择【链接图层】命令，将选择的图层链接起来，如图3-17所示。

知识补充

取消图层链接

选择所有被链接的图层，单击"图层"面板底部的"链接图层"按钮可取消所选图层的链接。若只想取消某一个图层与其他图层间的链接，则只需选择该图层，再单击"图层"面板底部的"链接图层"按钮即可；或者在该图层上单击鼠标右键，在弹出的快捷菜单中选择【取消图层链接】命令也可取消该图层的链接。

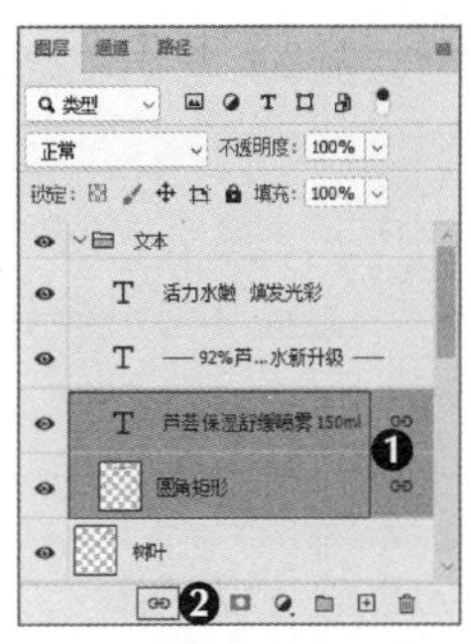

图3-16 通过按钮链接图层

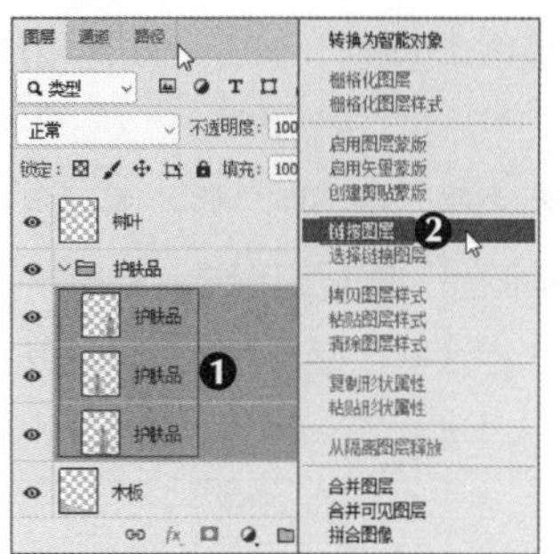

图3-17 使用命令链接图层

（四）合并与锁定图层

合并图层能够减少图层占用的内存空间；锁定图层则能够保护图层中的内容不被编辑，防止在移动其他图层时误操作。本任务将对“背景”图层进行合并，并对“木板”图层进行锁定，其具体操作如下。

（1）按住【Ctrl】键并选择两个“背景”图层，单击鼠标右键，在弹出的快捷菜单中选择【合并图层】命令，如图3-18所示。返回“图层”面板，可见两个图层已合并为一个“背景”图层。

（2）选择“背景”图层，单击“锁定全部”按钮🔒，图层将被全部锁定，不能再对其进行任何操作，如图3-19所示。

（3）选择“木板”图层，单击“锁定位置”按钮✥，如图3-20所示。此时，该图层已被锁定，不能进行移动。

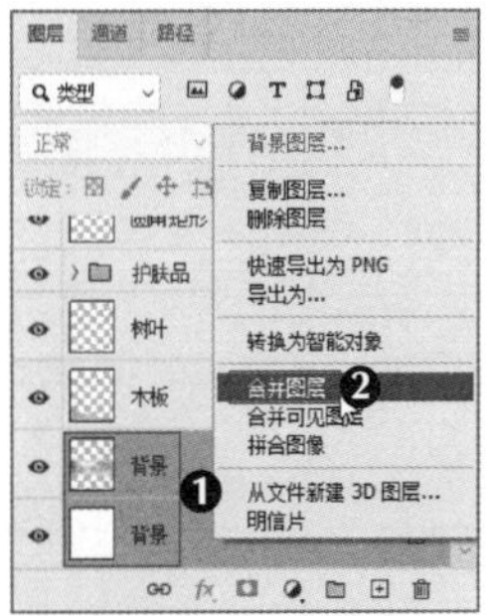

图3-18 合并图层

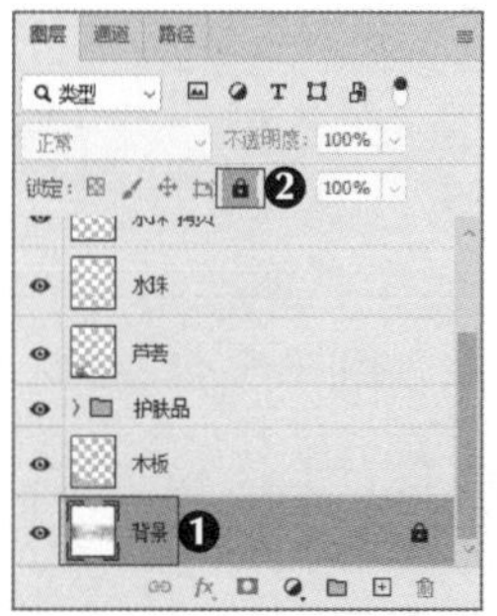

图3-19 锁定全部

图3-20 锁定位置

知识补充

合并图层的其他方法

选择多个图层后，合并图层还有以下4种方法。

- **合并图层：**选择【图层】/【合并图层】菜单命令，可以将所选图层合并成一个图层，且新图层将使用上面图层的名称。
- **向下合并图层：**选择【图层】/【向下合并】菜单命令或按【Ctrl+E】组合键，可以将当前选择的图层与它下面的一个图层合并。
- **合并可见图层：**先隐藏不需要合并的图层，然后选择【图层】/【合并可见图层】菜单命令或按【Shift+Ctrl+E】组合键，可将当前所有的可见图层合并成一个图层。
- **选择多个图层后拼合图像：**选择【图层】/【拼合图像】菜单命令，可将所有可见图层合并为一个图层。

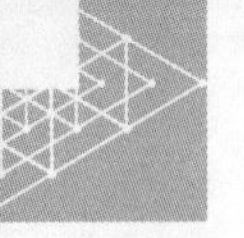

（4）为了增加商品的真实性，可在护肤品和芦荟图像下方绘制阴影。选择画笔工具，设置前景色为“#000000”，“大小”为“40”。

（5）单击“创建新图层”按钮，修改图层名称为“阴影”，在图像中使用画笔绘制阴影。将“阴影”图层移动到“护肤品”图层组下方，并修改“不透明度”为“60%”，如图 3-21 所示。

（6）按【Ctrl+S】组合键保存文件，完成护肤品主图的制作，最终效果如图 3-22 所示。

图3-21　设置图层不透明度

图3-22　最终效果

任务二　制作地铁节能广告

米拉将为某公益组织制作地铁节能广告，老洪建议米拉运用图层混合模式和图层样式来制作。制作的地铁节能广告参考效果如图 3-23 所示。

素材所在位置：素材文件\项目三\任务二\植物.png、灯泡.jpg、文案和装饰.psd

效果所在位置：效果文件\项目三\任务二\地铁节能广告.psd

高清彩图

图3-23　地铁节能广告参考效果

一、任务描述

（一）任务背景

创意是广告的“灵魂”，地铁广告也不例外，具有创意的广告作品更容易引起受众的关注。地铁广告的受众是流动的人群，简约直观、具有提示性的地铁广告文案更能吸引受众注意。本任务将以“地球 1 小时”为主题制作地铁广告，用于传播和弘扬节能减排的理念，提高市民的文明素养。在制作时可运用图层混合模式和图层样式增加广告的创意，广告图的尺寸要求为 60 厘米×80 厘米，分辨率为 150 像素/英寸。

（二）任务目标

- 能够使用图层样式进行创意设计。
- 能够灵活选用图层混合模式制作立体效果和发光效果。
- 能够根据地铁广告的受众需求，制作出简洁、直观、有吸引力的广告。

二、相关知识

图层混合模式和图层样式的使用可增加广告的创意。

（一）图层混合模式

在图层混合模式中，基色是指下层像素的颜色，混合色是指上层像素的颜色，结果色是指混合后看到的像素颜色。下面介绍常用的图层混合模式的作用及原理。

- **正常：**该模式用于编辑或绘制每个像素，使其颜色成为结果色，该选项为默认模式。
- **溶解：**根据像素位置的不透明度，结果色由基色或混合色随机替换。
- **变暗：**查看每个通道中的颜色信息，选择基色或混合色中较暗的颜色作为结果色。
- **正片叠底：**该模式将当前图层中图像的颜色与其下层图层中图像的颜色混合，得到比原来的两种颜色更深的第 3 种颜色。
- **颜色加深：**查看每个通道中的颜色信息，并通过增加对比度使基色变暗以反映混合色。
- **线性加深：**查看每个通道中的颜色信息，并通过减小亮度使基色变暗以反映混合色。
- **深色：**比较混合色和基色的所有通道值的总和并显示值较小的颜色。
- **变亮：**查看每个通道中的颜色信息，并选择基色或混合色中较亮的颜色作为结果色。
- **滤色：**查看每个通道中的颜色信息，并将混合色的互补色与基色混合，结果色总是较亮的颜色；用黑色过滤时颜色保持不变，用白色过滤时将出现白色。
- **颜色减淡：**查看每个通道中的颜色信息，并通过减小对比度使基色变亮以反映混合色。
- **线性减淡：**查看每个通道中的颜色信息，并通过增加亮度使基色变亮以反映混合色。
- **叠加：**图案或颜色在现有像素上叠加，同时保留基色的明暗对比，不替换基色，但要把基色与混合色混合以反映原色的亮度或暗度。
- **差值：**查看每个通道中的颜色信息，并从基色中减去混合色，或从混合色中减去基色，具体是哪一种方式取决于哪一个颜色的亮度更高。
- **色相：**用基色的亮度、饱和度及混合色的色相创建结果色。
- **饱和度：**用基色的亮度、色相及混合色的饱和度创建结果色。
- **颜色：**用基色的亮度及混合色的色相、饱和度创建结果色，这样可以保留图像中的灰阶，“颜色”混合模式对给单色图像着色和给彩色图像着色都非常有用。

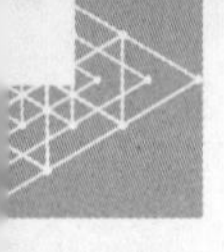

● **明度：**用基色的色相、饱和度及混合色的亮度创建结果色。

（二）图层样式

为图层应用图层样式，可使图像效果更加丰富。运用 Photoshop 中的图层样式，可以制作出“投影”“发光”“浮雕”等多种图像效果。

1. 打开“图层样式”对话框

Photoshop 提供了 3 种打开图层样式的方法。

● **使用命令打开：**选择【图层】/【图层样式】菜单命令，在弹出的子菜单中选择一种菜单命令，将打开“图层样式”对话框，并展开命令对应的设置面板，如图 3-24 所示。

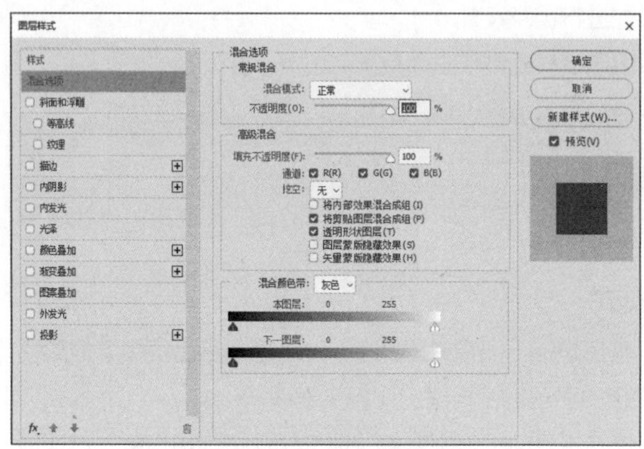

图3-24 “图层样式”对话框

● **通过按钮打开：**在“图层”面板底部单击“添加图层样式”按钮fx，在弹出的快捷菜单中选择需要创建样式的命令，打开“图层样式”对话框，并展开命令对应的设置面板。

● **通过双击图层打开：**双击需要添加图层样式的图层的右侧空白区域，打开“图层样式”对话框。

2. 认识图层样式

Photoshop 提供了 13 种图层样式。

● **混合选项：**可控制当前图层与其下面图层之间的混合方式。

● **斜面和浮雕：**可使图层产生凸出或凹陷的斜面，以及各种雕刻般的立体效果，还可以运用这种方式添加不同的高光和阴影效果。

● **等高线：**可设置图层的凹陷、凸起、起伏等多种等高线效果。

● **纹理：**可指定纹理叠加到图层上，并调整纹理的缩放效果。

● **描边：**可使用颜色、渐变或图案等对图层边缘进行描边。

● **内阴影：**可在图层边缘内添加阴影，使其产生凹陷效果。

● **内发光：**可沿着图层边缘向内添加发光效果。

● **光泽：**可为图层添加波浪形的内部阴影效果，产生像丝绸或金属一样的光滑质感。

● **颜色叠加：**可将设置后的颜色叠加在图层上，再设置颜色的“混合模式”和“不透明度”，以控制叠加效果。

● **渐变叠加：**可在图层上叠加指定的渐变颜色。

● **图案叠加：**可以为图层叠加指定的图案，并调整图案的缩放效果。

● **外发光：**可沿着图层边缘向外添加发光效果。

● **投影：**可为图层添加投影效果，常用于增加图像的立体感。

三、任务实施

（一）合成蒙太奇特效

蒙太奇特效是通过对形象的分解与重新拼合，创造出现实中没有或不可能出现的视觉形象。在广告中，“节能”常常让人联想到灯泡，而环保多与植物相关，本任务将灯泡图像与植物图像叠加，展现出节能环保的美好愿景，其具体操作如下。

（1）新建大小为 60 厘米×80 厘米，分辨率为 150 像素/英寸，名为“地铁节能广告”的图像文件。置入“灯泡.jpg”和“植物.png”图像文件，并栅格化“植物”图层和“灯泡”图层，调整其大小和位置，如图 3-25 所示。

（2）在“图层”面板中选择“植物”图层，设置图层混合模式为“叠加”，如图 3-26 所示。此时，灯泡内部叠加了植物图像，且保留灯芯亮度，如图 3-27 所示。

图3-25 置入图像

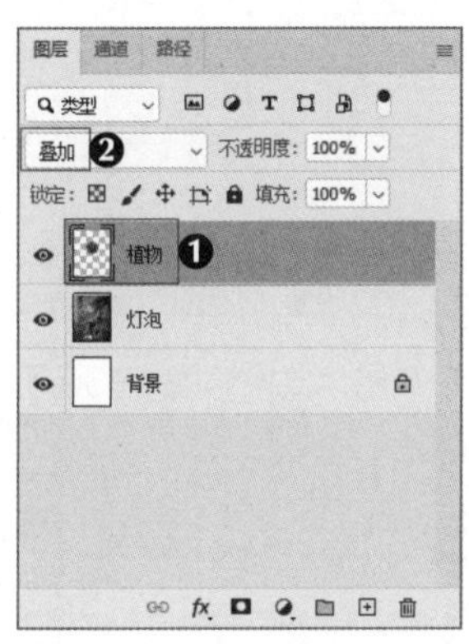

图3-26 设置图层混合模式

图3-27 叠加效果

（3）为了增强灯泡的发亮效果，以突出画面主体，可以添加“内发光”和“外发光”图层样式。双击“植物”图层右侧的空白区域，打开“图层样式”对话框。勾选“内发光”复选框，在“混合模式”下拉列表框中选择“实色混合”选项，设置“不透明度”“发光颜色”分别为“60%”“#ffffff”。在“方法”下拉列表框中选择“柔和”选项，选中“边缘”单选项，设置“大小”“范围”分别为“230 像素”“80%”。在对话框右侧可以看到预览效果，单击确定按钮，如图 3-28 所示。

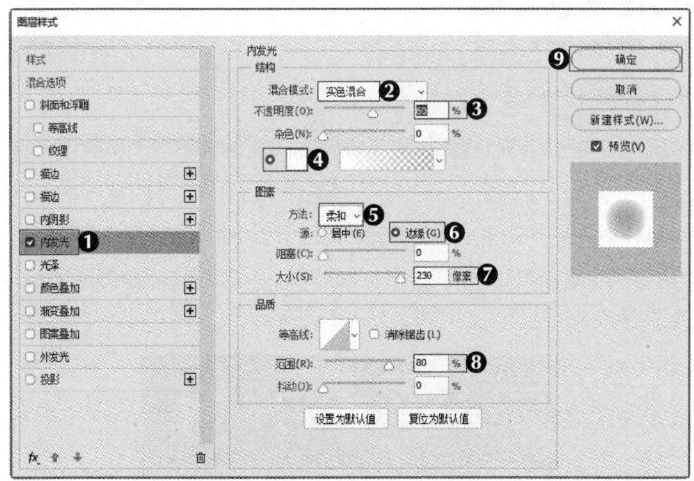

图3-28 设置“内发光”图层样式

（4）在“图层样式”对话框中勾选“外发光”复选框，在“混合模式”下拉列表框中选择“正常”选项，设置“不透明度”“发光颜色”分别为“90%”“#ffffff”，在“方法”下拉列表框中选择“精确”选项，设置“大小”为“62 像素”，单击确定按钮，如图 3-29 所示。

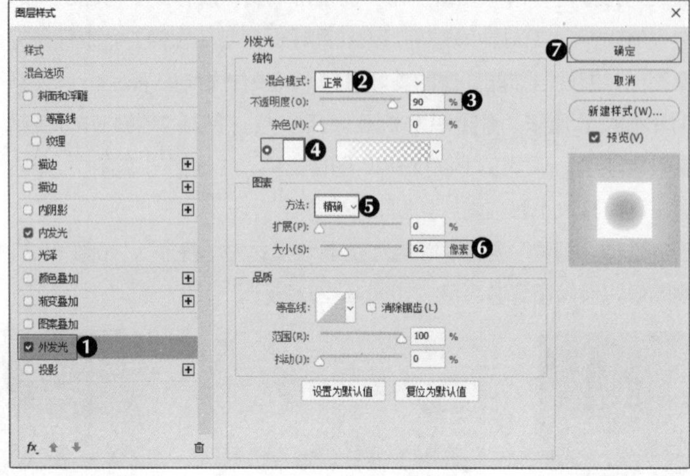

图3-29　设置“外发光”图层样式

（5）返回图像窗口，可以看到图像已发生变化，效果如图 3-30 所示。此时“图层”面板中也增加了图层效果的显示，如图 3-31 所示。

图3-30　发光效果

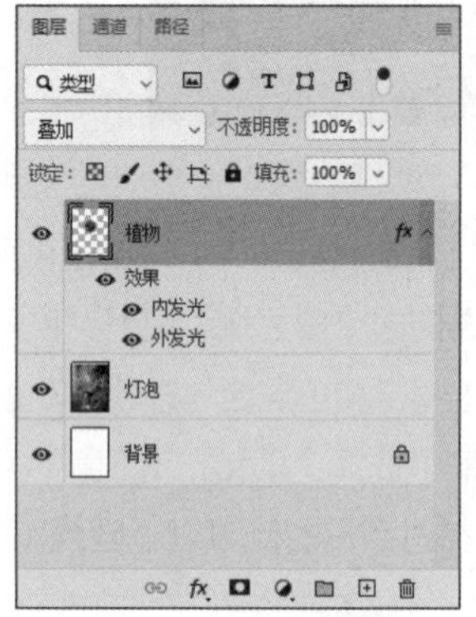

图3-31　图层效果的显示

（二）制作立体标题

为使广告文案标题更加突出，可以立体化显示标题并添加装饰框增加美观度，其具体操作如下。

（1）打开“文案和装饰.psd”图像文件，将其中的“地球 1 小时”图层和“田字格”图层复制到“节能地铁广告.psd”图像文件中，调整其大小和位置，效果如图 3-32 所示。

图3-32　添加标题

（2）在“图层”面板中选择“地球 1 小时”图层，选择【图层】/【图层样式】/【斜面和浮雕】菜单命令，打开“图层样式”对话框。勾选“斜面和浮雕”复选框，在“样式”下拉列表框中选择“外斜面”选项，在“方法”下拉列表框中选择“平滑”选项，选中“下”单选项，设置“深度”“大小”“软化”分别为“100%”“24 像素”“10 像素”。在“高光模式”下拉列表框中选择“滤色”选项，设置“高亮颜色”“不透明度”分别为“#ffffff”“80%”。在“阴影模式”下拉列表框中选择“正片叠底”选项，设置“阴影颜色”“不透明度”分别为“#000000”“50%”，单击确定按钮，如图 3-33 所示。

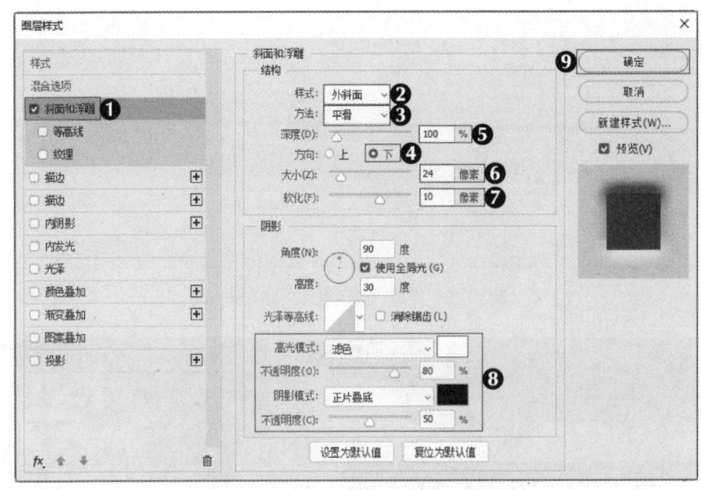

图3-33 设置“斜面和浮雕”图层样式

（3）返回图像窗口，可以看到文字已发生变化，如图 3-34 所示。

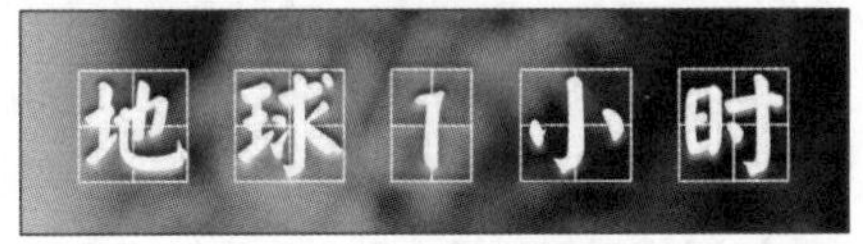

图3-34 立体效果

（三）调整底部文案

为了展现广告内容，可在广告底部添加文案，使广告内容清晰，其具体操作如下。

（1）打开“文案和装饰.psd”图像文件，将其中的“底部文案”图层组和“底部装饰”图层复制到“节能地铁广告.psd”图像文件中，调整其大小和位置，如图 3-35 所示。

图3-35 添加素材

（2）在“图层”面板中选择“底部文案”图层组，单击“添加图层样式”按钮fx，在弹出的快捷菜单中选择【颜色叠加】命令，打开“图层样式”对话框。在“混合模式”下拉列表框中选择“正常”选项，设置“叠加颜色”“不透明度”分别为“#ffffff”“100%”，单击确定按钮，如图 3-36 所示。

（3）返回图像窗口，可以看到图像已发生变化，如图 3-37 所示。

（4）打开“文案和装饰.psd”图像文件，将其中的“节能减排”图层组复制到“节能地铁广告.psd”图

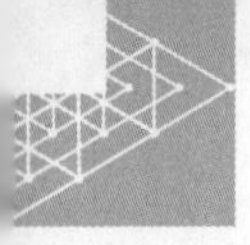

像文件中，并调整其大小和位置，如图 3-38 所示。

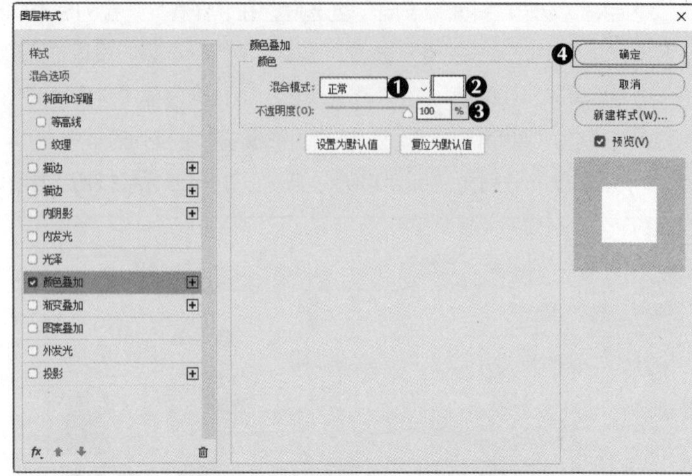

图3-36　设置“颜色叠加”图层样式

图3-37　颜色叠加效果

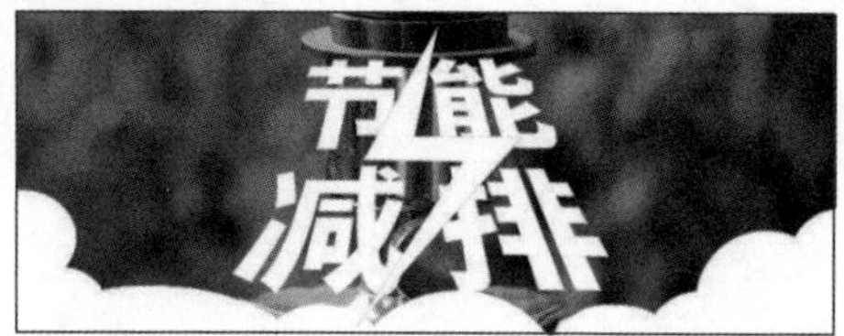

图3-38　添加素材

（5）在“图层”面板底部单击“添加图层样式”按钮fx，在弹出的快捷菜单中选择【渐变叠加】命令，打开“图层样式”对话框。在“混合模式”下拉列表框中选择“正常”选项，设置“不透明度”为“100%”，单击“渐变”后面的颜色条，打开“渐变编辑器”对话框。设置颜色滑块的颜色和位置分别为“#c9e1b4”“0%”和“#fff389”“60%”，如图 3-39 所示，单击确定按钮完成渐变设置，返回“图层样式”对话框。在“样式”下拉列表框中选择“线性”选项，勾选“与图层对齐”复选框，设置“角度”“缩放”分别为“90 度”“100%”，单击确定按钮，如图 3-40 所示。

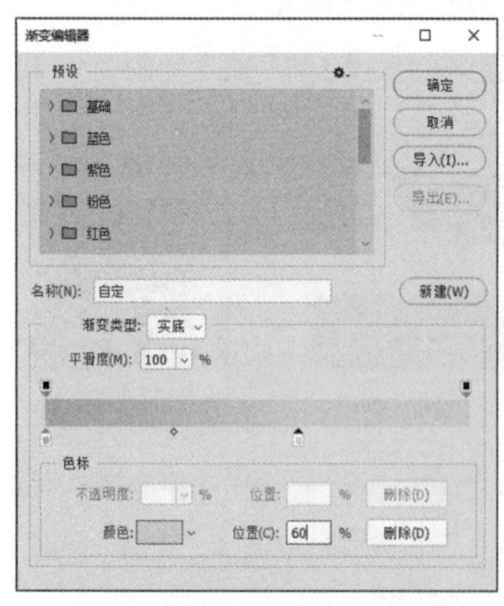

图3-39　“渐变编辑器”对话框

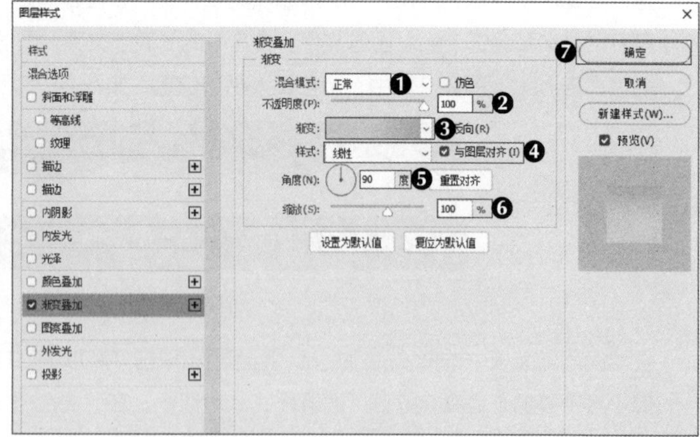

图3-40　设置“渐变叠加”图层样式

（6）返回图像窗口，可以看到图像已发生变化，如图 3-41 所示。

图3-41 渐变叠加效果

（7）按【Ctrl+S】组合键保存文件，完成节能地铁广告的制作。

知识补充

保存渐变预设

在制作过程中，有些渐变颜色会出现反复使用的情况，若再次进行渐变颜色的设置会很麻烦，此时可将该渐变颜色保存为渐变预设，方便下一次使用。其方法为：在“渐变编辑器”对话框中设置好渐变颜色，可自行输入名称，也可使用默认的“自定”名称，单击名称后面的 新建(W) 按钮，就可以看到“预设”列表框中出现了设置好的渐变颜色块。

实训一 制作房地产电梯广告

【实训要求】

本实训要求利用素材制作房地产电梯广告，通过本实训掌握图层的相关操作。制作的房地产电梯广告参考效果如图 3-42 所示。

素材所在位置：素材文件\项目三\实训一\房地产素材.psd

效果所在位置：效果文件\项目三\实训一\房地产电梯广告.psd

图3-42 房地产电梯广告参考效果

【实训思路】

随着广告行业的发展，广告效果的展现方式越来越丰富。在设计时除了可以通过单一的图像处理体现广告效果外，还可将一些图像和场景合在一起，增强图像的美观度。

【步骤提示】

本实训的制作内容主要通过排版素材、设置图层混合模式和添加图层样式等来完成，其步骤如图 3-43 所示。

① 排版素材

② 设置图层混合模式

③ 添加图层样式

图3-43 制作房地产电梯广告的步骤

微课视频

制作房地产电梯广告

（1）新建尺寸为 60 厘米 × 80 厘米，分辨率为 100 像素/英寸的图像文件。

（2）添加素材并进行排版，调整图层堆叠顺序。

（3）设置“叠加”图层混合模式，合成背景图像。

（4）添加“投影”和“颜色叠加”图层样式，增强文字和装饰元素的视觉表现力。

实训二 设计霓虹灯效果店招

【实训要求】

本实训将设计一个霓虹灯效果的店招，要求店招为文字，并为文字添加图层样式，使文字呈现出霓虹灯效果。通过本实训，可以熟悉店招的基本知识和设计方法。制作的霓虹灯效果店招参考效果如图 3-44 所示。

素材所在位置：素材文件\项目三\实训二\店招边框.jpg

效果所在位置：效果文件\项目三\实训二\霓虹灯店招.psd

图3-44 霓虹灯效果店招参考效果

高清彩图

【实训思路】

店招即店铺的招牌，内容一般是店铺名，有的还有促销信息、营业时间等。霓虹灯效果则是商业招牌和广告牌常用的效果，能使店招内容更加醒目且有特色。

【步骤提示】

本实训的内容主要通过输入文字、添加图层样式来完成，其步骤如图 3-45 所示。

① 输入文字

② 添加图层样式 1

③ 添加图层样式 2

图3-45 设计霓虹灯效果店招的步骤

（1）新建图像文件，置入“店招边框.jpg”图像文件。

（2）输入店铺名称，并设置字体和颜色分别为“Jokerman”“#ffffff”。

（3）为“MAGICAL”文字图层添加“斜面与浮雕”“描边”“内阴影”“外发光”图层样式。

（4）为“CLUB”文字图层添加“斜面与浮雕”“描边”“外发光”图层样式。

微课视频

设计霓虹灯效果店招

课后练习

本项目主要介绍了图层的基本操作，包括创建图层、选择和重命名图层、复制图层、调整图层顺序、链接图层、合并图层、设置图层样式等。这些操作是图像处理中常用的操作，应认真学习和掌握，并通过课后练习不断熟悉这些知识。

练习 1：设计英文标志

本练习要求设计一个具有特殊效果的英文标志，主要通过设置图层样式来完成，参考效果如图 3-46 所示。

素材所在位置： 素材文件\项目三\课后练习\标志背景.jpg
效果所在位置： 效果文件\项目三\课后练习\英文标志.psd

图3-46 英文标志参考效果

高清彩图

操作提示如下。

（1）新建图像文件，在其中输入文本，并为文本添加"颜色叠加"图层样式。

（2）添加"渐变叠加"图层样式，制作出多彩的文字效果。

（3）添加"斜面和浮雕"和"内阴影"图层样式，让文本形成立体效果。

（4）添加"内发光"和"外发光"图层样式，让文本形成发光效果。

（5）在文本下方绘制白色矩形，并降低不透明度，完成英文标志的设计。

练习 2：制作励志手机海报

本练习要求制作励志手机海报，在设计时可通过改变图层堆叠顺序、设置图层混合模式来完成，参考效果如图 3-47 所示。

素材所在位置：素材文件\项目三\课后练习\励志素材.psd

效果所在位置：效果文件\项目三\课后练习\励志手机海报.psd

图3-47　励志手机海报参考效果

操作提示如下。

（1）新建图像文件，在其中添加素材，并调整其大小和位置。

（2）调整图层堆叠顺序，尝试合适的叠加方式。

（3）运用"强光"图层混合模式合成天空，完成励志手机海报的制作。

技巧提升

1. 分布图层

在移动工具工具属性栏中单击•••按钮，可在弹出的下拉列表中选择分布图层的方式。

2. 查找图层

选择【选择】/【查找图层】菜单命令，输入要查找的图层名称。

3. 对齐图层

按住【Ctrl】键并选择需要对齐的多个图层，选择【图层】/【对齐】菜单命令中的子命令，可基于所选图层中的图像来对齐图层。在图像中创建选区后，选择需要与之对齐的图层，选择【图层】/【将图层与选区对齐】菜单命令中的子命令，可基于选区对齐所选图层。

AIGC 高效设计

1. 智能生成电商效果图

使用 AIGC 工具的文生图、图生图、更换商品背景等功能，都可生成电商效果图。在生成时，需要先明确商品的名称、类型、颜色、尺寸、展示方式、材料等，然后添加视觉效果关键词，如风格、色调、画面元素等。下面以任务一中的护肤品主图为例进行说明。

- **AIGC 工具：** Midjourney 中文站。
- **模式：** 工具箱/商品换背景/自定义场景。
- **生成尺寸：** 1：1。
- **上传图片：** 任务一“护肤品.png”素材。
- **关键词：** 放在展台上，光泽感，清新，自然，植物元素，简约。
- **生成结果：** 生成效果如图 3-48 所示。

图3-48　AIGC图生图效果

- **AIGC 工具：** Vega AI。
- **模式：** 图像生成/文生图。
- **模型：** 风格模型/设计 vg1。
- **叠加风格：** 电商场景氛围图，0.65。
- **图片尺寸/步数/文本强度/采样器/随机种子：** 1：1 / 20 / 7 / DPM++ SDE Karras/-1。
- **关键词：** 护肤品，光泽感，质感，清新，自然，植物元素，简约。
- **生成结果：** 生成效果如图 3-49 所示。

图3-49　AIGC文生图效果

2. 设计店铺招牌

本项目实训二中的店铺招牌设计主要通过图层样式来完成，而使用 AIGC 工具也可以设计多种风格的店铺招牌。

- **AIGC 工具：** Midjourney 中文站。
- **模式：** MX 绘画/条件生图。
- **参考图：** 实训二中的店铺招牌效果图。
- **条件控制：** 深度检测 Depth 0.8，细节控制 Tile 0.8。
- **正向提示词：** 店铺招牌，赛博朋克风格，霓虹，科幻，未来感。
- **采样步数/提示词相关性：** 30/3。

- **通用底模/融合风格：**3D/幻想机甲 0.8。
- **生成结果：**生成效果如图 3-50 所示。

图3-50　AIGC设计店铺招牌

项目四

调整图像色彩

情景导入

旅游旺季即将到来，公司接待的旅游行业的客户逐渐增多，设计部门需要将客户提供的大量摄影照片素材制作成各种效果美观的明信片、写真照片、宣传照片、展板海报等。

由于许多风景照和游客照都存在偏色或过度曝光的现象，因此老洪便将这些摄影照片发送给米拉，让米拉先进行调色处理，再将摄影照片运用于最终的设计作品中。

学习目标

- 掌握运用自动调色和简单调色菜单命令制作旅游明信片的方法
- 掌握通过去除颜色、调整明暗度操作制作复古黑白写真照片的方法
- 能够使用【替换颜色】和【可选颜色】等命令精确调整某种颜色
- 能够使用 AIGC 工具调色、一键替换天空，并将图像转化为视频

素养目标

- 注重美育，提升对色彩的理解与应用能力
- 有家国情怀，培养对不同风格图像的调色能力

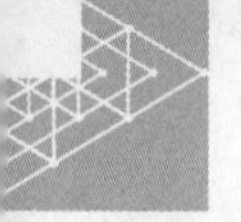

任务一 制作旅游明信片

米拉发现客户提供的风景照中有一张照片的颜色有偏差，米拉观察了一下照片的色调，决定使用【亮度/对比度】【曝光度】【色彩平衡】【色相/饱和度】等命令来调整，并将照片制作成旅游明信片。制作的旅游明信片的前后对比效果如图 4-1 所示。

素材所在位置： 素材文件\项目四\任务一\湖畔.jpg、网格.png、文本.psd

效果所在位置： 效果文件\项目四\任务一\旅游明信片.psd

图4-1 旅游明信片前后对比效果

一、任务描述

（一）任务背景

旅游明信片一般是旅游景区印制的有当地风景名胜、景点的明信片，可留作纪念，也可直接邮寄给朋友、家人。本任务将制作一张旅游明信片，这里选择一张优美的风景照片作为明信片的主体，在制作前先调整风景照片的颜色，然后设计明信片版式，最终效果要求简约、美观。图片尺寸要求为 16.8 厘米 × 10.5 厘米，分辨率为 300 像素/英寸。

（二）任务目标

- 能够对风景照片存在的问题进行分析，提升分析颜色的能力。
- 能够使用调色命令校正图像偏色，并按照要求制作明信片。
- 能够掌握多种快速调整图像颜色的方法，提升调色能力。

二、相关知识

颜色调整是图像处理中非常重要的部分，为了更高效地使用 Photoshop 调整图像颜色，需要先熟悉颜色的相关知识。

（一）颜色的基础知识

使用 Photoshop 进行调色前，需要先了解颜色的 3 个属性，然后熟悉颜色的功能分类。

1. 颜色的 3 个属性

色相、明度、纯度是颜色的基础属性。

- **色相。** 颜色是由光的波长决定的，而色相就是指不同波长的颜色情况。各种颜色中，红色的波长是最长的，紫色的波长是最短的。红、橙、黄、绿、蓝、紫和处在它们之间的红橙、黄橙、黄绿、蓝绿、蓝紫、红紫共计 12 种较鲜明的颜色组成了 12 色相环，如图 4-2 所示。在 12 色相环中，红、黄、蓝为三原色，其他颜色均是由三原色中的任意两种颜色混合而成的中间色。通过色相环中的颜色搭配，设计师可以制作出视觉效果丰富的作品。

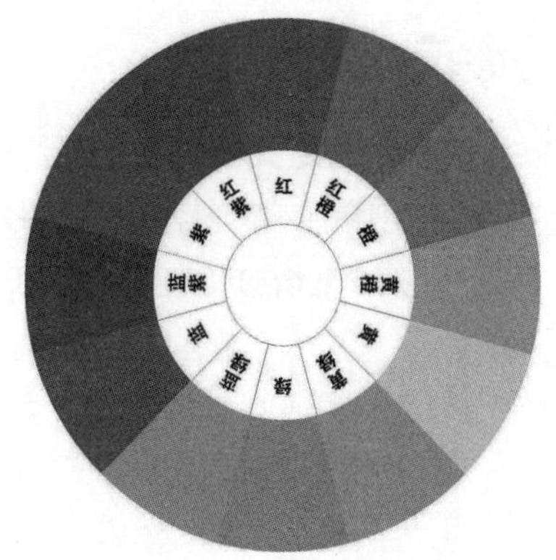

图4-2　12色相环

- **明度。**明度是指颜色的明亮程度，是有色物体由于它们的反射光量的区别而产生的颜色明暗强弱。通常情况下，明度对比较强时，画面更加清晰、明快；明度对比较弱时，画面将会显得低调、深沉。
- **纯度。**颜色的纯度是指颜色的纯净或者鲜艳程度，也叫饱和度。同一色相中，纯度的变化会带来不同的视觉感受，高纯度的颜色会带来鲜艳的感觉，低纯度的颜色会带来优雅、舒适的感觉。颜色的纯度高低取决于该颜色中含色成分和消色成分（灰色）的比例，消色成分越高，纯度越高，反之则纯度越低。

2. 颜色的功能分类

根据颜色表现的功能对其进行分类，可分为主色、辅助色、点缀色 3 种。

- **主色：**主色是图像中占用面积较大，也是较受瞩目的颜色，主色决定了整个图像的风格和基调；主色不宜过多，一般控制在 1~3 种，过多容易造成视觉疲劳。
- **辅助色：**辅助色是在图像中占用面积略小于主色，用于烘托主色的颜色；合理应用辅助色能丰富图像的整个颜色，使图像更美观、更有吸引力。
- **点缀色：**点缀色是指图像中占用面积较小、比较醒目的一种或多种颜色；合理应用点缀色可以起到画龙点睛的作用，使图像更加富有变化。

（二）快速调整图像

选择【图像】/【自动色调】、【自动颜色】或【自动对比】命令，可自动对图像颜色进行简单调整。

- **自动色调：**使用【自动色调】命令可自动调整颜色较暗的图像，使图像中的黑色和白色变得平衡，以增加图像的对比度。
- **自动颜色：**使用【自动颜色】命令可对图像中的阴影、中间调、高光、对比度和颜色进行调整，常用于校正偏色。
- **自动对比度：**使用【自动对比度】命令可以自动调整图像的对比度，使阴影颜色更暗，高光颜色更亮。

（三）使用调整图层

“图像”菜单中的调整命令只对当前选择的图层进行调整，若需要对所有图层进行调整，则可使用调整图层命令，如图 4-3 所示。其方法为：选择【图层】/【新建调整图层】菜单命令，在弹出的子菜单中将显示调整图层的类型，选择需要创建的调整图层类型，在打开的对话框中设置相关参数，单击 确定 按钮即可新建调整图层。双击调整图层前的图层缩览图，可以打开“属性”面板，在其中进行参数的调整。

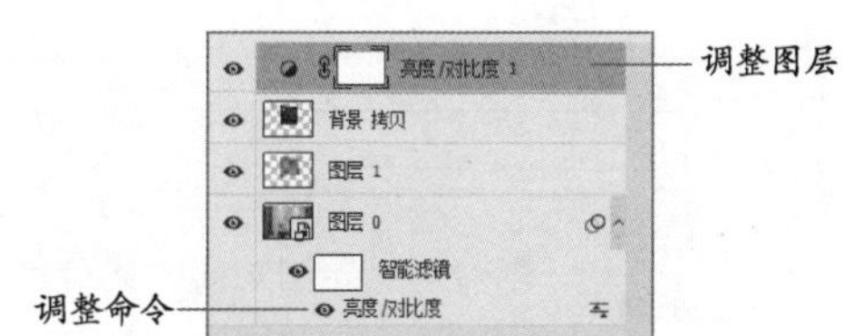

图4-3　调整命令与调整图层

三、任务实施

（一）调整亮度与曝光度

本任务中的风景照片整体氛围较低沉、压抑，存在明暗度不平衡、曝光度不足的情况，因此需要增加其亮度和曝光度，使照片明暗对比恢复到正常状态，其具体操作如下。

（1）打开“湖畔.jpg”图像文件，选择【图像】/【调整】/【亮度/对比度】菜单命令，打开“亮度/对比度”对话框。在“亮度”和“对比度”文本框中分别输入“15”和“-20”，单击确定按钮，如图 4-4 所示。

（2）返回图像窗口，查看调整后的效果如图 4-5 所示。

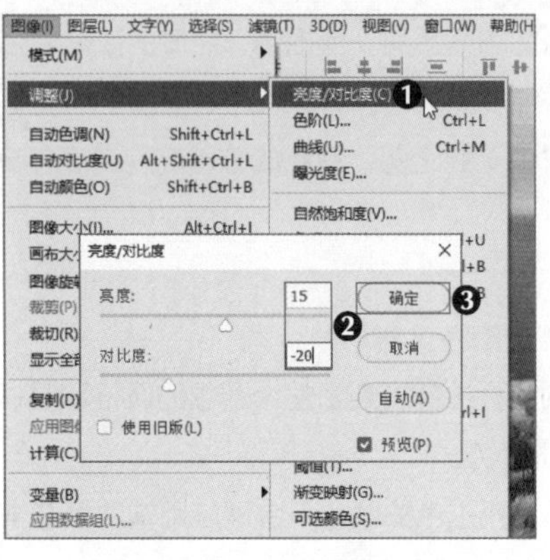

图4-4　设置“亮度/对比度”参数

图4-5　调整后的效果

（3）选择【图像】/【调整】/【曝光度】菜单命令，打开“曝光度”对话框，在“曝光度”和“灰度系数校正”文本框中分别输入“+0.33”和“1.16”，单击确定按钮，如图 4-6 所示。

（4）返回图像窗口，发现“湖畔.jpg”图像文件中的曝光度发生了变化，效果如图 4-7 所示。

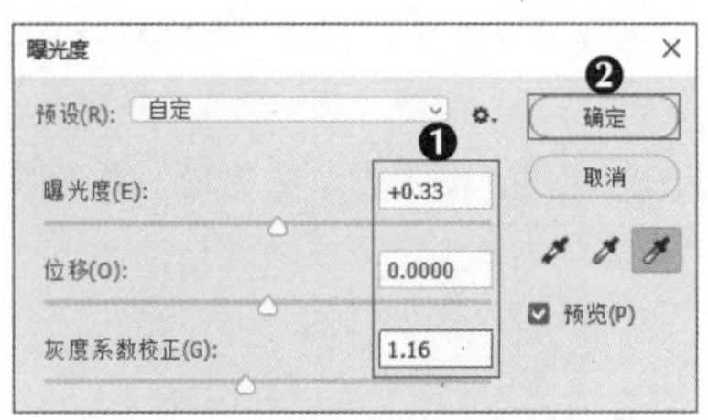

图4-6　设置“曝光度”参数

图4-7　调整曝光度后的效果

知识补充

照片调色步骤

对照片进行调色时，要先观察照片，查看哪些部分需要调整。确认需要调色的部分后，使用对应的调色命令调整照片颜色。在调整过程中应注意观察颜色是否自然、饱和度是否合适等。

（二）调整色调

使用【照片滤镜】命令可以模拟传统光学滤镜特效，使照片呈暖色调、冷色调或其他单色调显示。本任务中的照片有点偏黄，效果不够美观，在调整色调时可为照片添加蓝色色调，然后使用【色彩平衡】命令改变部分区域色调，使照片的整体效果趋于正常，其具体操作如下。

微课视频

调整色调

（1）选择【图像】/【调整】/【照片滤镜】菜单命令，打开“照片滤镜”对话框，在“滤镜”下拉列表框中选择“蓝”选项，设置“密度”为“20”，单击确定按钮，如图 4-8 所示。

（2）返回图像窗口，发现照片偏黄的问题已经解决，如图 4-9 所示。

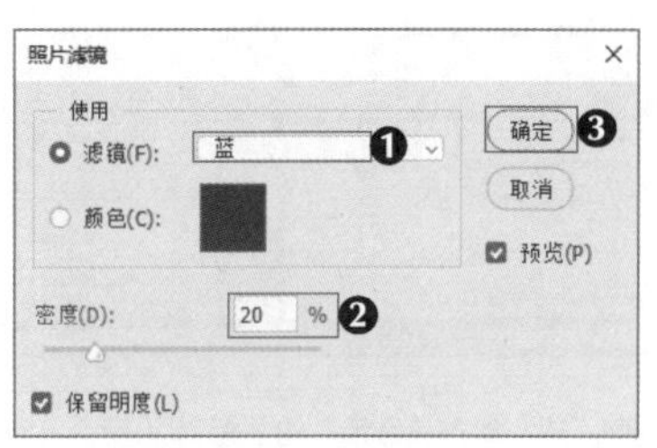

图4-8 设置“照片滤镜”参数

图4-9 添加滤镜效果

（3）选择【图像】/【调整】/【色彩平衡】菜单命令，打开“色彩平衡”对话框，选中“高光”单选项，在“色阶”文本框中分别输入“-15”“0”“+10”，单击确定按钮，调整图像中的高光色彩，如图 4-10 所示。

（4）返回图像窗口，发现“湖畔.jpg”图像文件中的色彩显示正常，如图 4-11 所示。

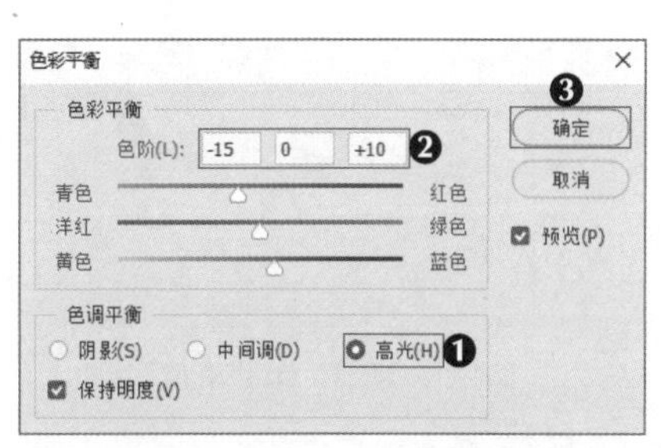

图4-10 设置“色彩平衡”参数

图4-11 调整色彩平衡后的效果

偏色照片调色技巧

知识补充

偏色照片调色可通过减少偏色颜色的比例，或通过增加该偏色颜色的互补色将照片调整至正常状态，常见的互补色有红色与青色、洋红色与绿色、蓝色与黄色等。

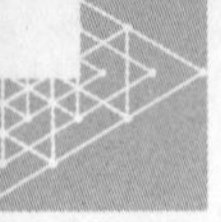

（三）精确调整颜色

使用【色相/饱和度】命令可调整全图或单个颜色的色调，该命令常用于处理照片中不协调的颜色，其具体操作如下。

（1）选择【图像】/【调整】/【色相/饱和度】菜单命令，打开“色相/饱和度”对话框。在“预设”下方的下拉列表框中选择“黄色”选项，在“色相”和“饱和度”文本框中分别输入“-10”和“-15”，如图 4-12 所示。在“预设”下方的下拉列表框中选择“红色”选项，在“色相”和“饱和度”文本框中分别输入“+15”和“-15”，单击确定按钮，如图 4-13 所示。

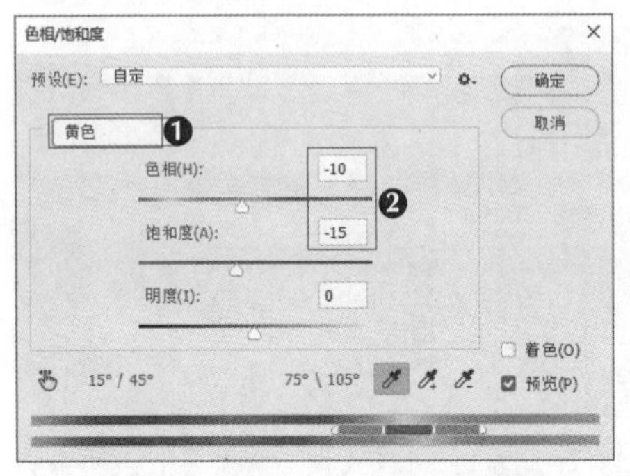

图4-12 调整“黄色”的色相/饱和度

图4-13 调整“红色”的色相/饱和度

（2）返回图像窗口，发现芦苇的橘红色部分已被调整至正常状态，如图 4-14 所示。

（3）选择【图像】/【调整】/【自然饱和度】菜单命令，打开“自然饱和度”对话框。在“自然饱和度”文本框中输入“+70”，单击确定按钮，如图 4-15 所示。

图4-14 调整色相/饱和度后的效果

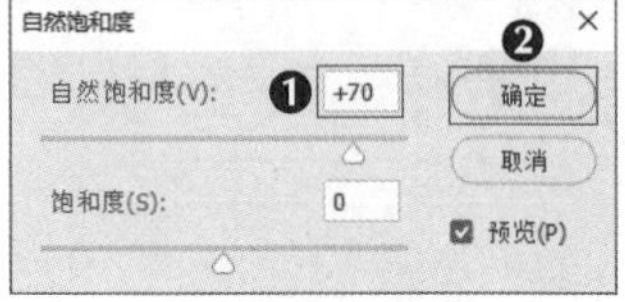

图4-15 设置“自然饱和度”参数

（4）返回图像窗口，发现调整后图像的色彩更加鲜艳，如图 4-16 所示。

（5）新建大小为 16.8 厘米 × 10.5 厘米，分辨率为 300 像素/英寸，名为“旅游明信片”的图像文件。将调整后的“湖畔.jpg”图像文件中的“背景”图层复制到“旅游明信片.psd”图像文件中，并调整其大小和位置。

（6）将“网格.png”图像文件拖曳到“旅游明信片.psd”图像文件中，调整其大小和位置。打开“文本.psd”图像文件，将其中的所有内容复制到“旅游明信片.psd”图像文件中，并调整其大小和位置，如图 4-17 所示。

（7）按【Ctrl+S】组合键保存文件，完成本任务的制作。

图4-16 调整自然饱和度后的效果

图4-17 最终效果

任务二 制作复古黑白写真照片

这天早上，老洪将米拉叫到办公桌前，指着一张照片说："这是一家摄影公司提供的一张人物照片，需要将其制作成有高级、复古感的黑白写真照片。"米拉浏览照片后，决定先使用【去色】命令去除照片颜色，然后调整曲线、色阶等增强图像质感。制作的复古黑白写真照片的前后对比效果如图 4-18 所示。

素材所在位置：素材文件\项目四\任务二\写真.jpg
效果所在位置：效果文件\项目四\任务二\复古黑白写真.psd

高清彩图

图4-18 "复古黑白写真照片"前后对比效果

一、任务描述

（一）任务背景

黑白照片通常具有颜色单调复古、明暗对比均匀的特点。当照片中颜色杂乱时，将照片黑白化可以弱化颜色对比，更单纯地展现明度和亮度。本任务需要将一张彩色的人物照片制作成黑白写真，要求图像明暗度均匀，具有复古感。

（二）任务目标

- 提升使用相关调整命令调整图像明暗细节的能力。

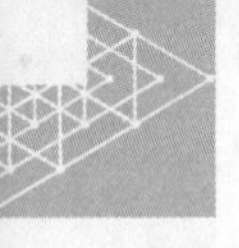

- 培养处理各类写真照片的能力。

 二、相关知识

制作黑白写真照片前，需要了解一些调整照片颜色的方法。

（一）认识曲线

通过曲线可对图像的阴影和高光进行调整，让图像整体明暗对比分布更加合理，使图像更具质感。选择【图像】/【调整】/【曲线】菜单命令，或按【Ctrl+M】组合键，打开“曲线”对话框，如图 4-19 所示，主要选项的作用如下。

- **“预设”下拉列表框：**用于选择预设曲线，包括“彩色负片”“反冲”“较暗”“增加对比度”“较亮”“线性对比度”“中对比度”“负片”“强对比度”和“自定”等选项。

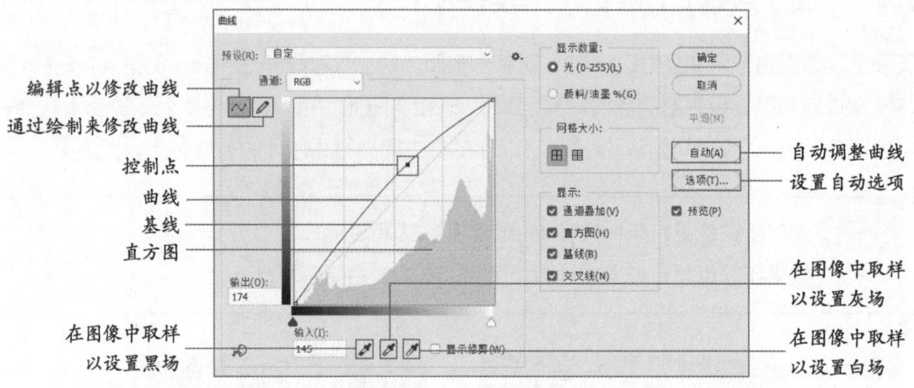

图4-19 “曲线”对话框

- **“通道”下拉列表框：**用于选择调整通道，可调整复合颜色通道或单一颜色通道；要同时调整多个通道，可先在“通道”面板中选择多个通道，再选择“曲线”菜单命令，这样“曲线”对话框的“通道”下拉列表框中会显示所调整通道的缩写，如“RG”表示同时调整红、绿通道。
- **“显示数量”栏：**用于显示反转强度值和百分比，RGB 模式图像文件默认选中“光（0-255）”单选项，CMYK 模式图像文件默认选中“颜料/油墨%”单选项。
- **“网格大小”栏：**用于选择网格密度；单击田按钮，将以 1/4 色调增量显示简单网格；单击▦按钮，将以 10%色调增量显示详细网格；按住【Alt】键并单击直方图中的网格，可在这两种网格密度之间切换。
- **“输入”数值框：**用于显示调整曲线前所选控制点的像素值。
- **“输出”数值框：**用于显示调整曲线后所选控制点的像素值。

（二）认识色阶

色阶可以调整图像的阴影、中间调和高光的强度级别，矫正色调范围和平衡色彩。选择【图像】/【调整】/【色阶】菜单命令，或按【Ctrl+L】组合键打开“色阶”对话框，如图 4-20 所示，主要选项的作用如下。

- **“预设”下拉列表框：**用于选择预设色阶，包括“默认值”“较暗”“增加对比度”“加亮阴影”“较亮”“中间调较亮”“中间调较暗”和“自定”。
- **“通道”下拉列表框：**用于选择调整通道，可调整复合颜色通道或单一颜色通道。
- **“输入色阶”栏：**当阴影滑块位于色阶“0”处时，对应的像素颜色是黑色，如果向右移动阴影滑块，则 Photoshop 会将当前阴影滑块位置的像素值映射为色阶“0”，即阴影滑块所在位置左侧的所有像素颜色都会变为黑色；中间调滑块默认位于色阶“1.00”处，主要用于调整图像的灰度系数，可以改变灰色调中间范围的强度值，但不会明显改变高光和阴影；高光滑块位于色阶“255”处时，对应的像素颜色是白色，若向左移动高光滑块，则高光滑块所在位置右侧的所有像素颜色都会变为白色。

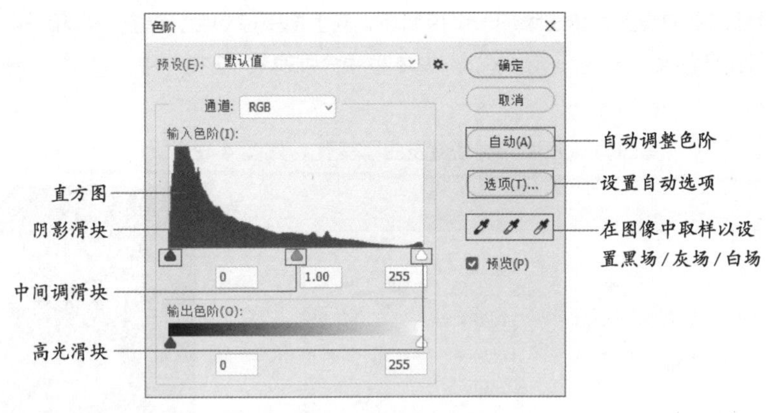

图4-20 “色阶”对话框

- **“输出色阶”栏：**用于限定图像的亮度范围，拖动黑色滑块时，其左侧的色调都会映射为滑块当前位置的灰色，图像中最暗的色调将不再是黑色，而是灰色；拖动白色滑块的作用与拖动黑色滑块的作用相反。

三、任务实施

（一）去除照片颜色

打开“写真.jpg”图像文件，可发现整张照片颜色较为杂乱，因此制作黑白写真照片的第一步是在 Photoshop 中去除颜色，其具体操作如下。

（1）打开“写真.jpg”图像文件，选择【图像】/【调整】/【去色】菜单命令，或按【Shift+Ctrl+U】组合键去除图像颜色，如图 4-21 所示。

（2）为便于后续调整和更改调整参数，可选择“背景”图层，在其上单击鼠标右键，在弹出的快捷菜单中选择【转换为智能对象】命令，如图 4-22 所示。

图4-21 去色效果

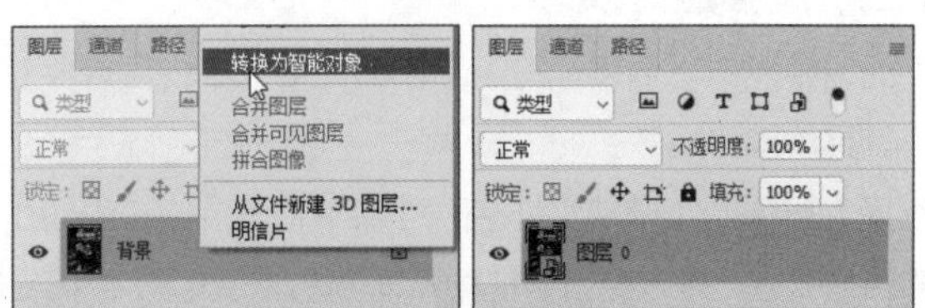

图4-22 转换为智能对象

（二）调整照片明暗度

微课视频

调整照片明暗度

去色后可发现黑白写真照片的明暗度对比不够明显，人物面部色彩对比也不够突出，这里可拖曳曲线来提高黑白写真照片的亮度，其具体操作如下。

（1）选择【图像】/【调整】/【曲线】菜单命令，或按【Ctrl+M】组合键，打开“曲线”对话框。

（2）将鼠标指针移动到曲线上，单击添加一个控制点，向上拖曳控制点，调整亮度和对比度，也可以直接在“输出”和“输入”文本框中分别输入“212”和“180”，单击确定按钮，如图 4-23 所示。

（3）返回图像窗口，发现黑白写真照片的明暗度发生了变化，如图 4-24 所示。

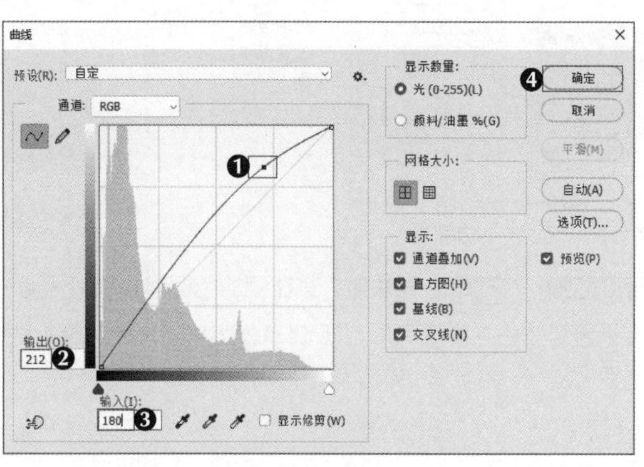

图4-23　设置“曲线”参数

图4-24　调整曲线后的效果

RGB 曲线和 CMYK 曲线的区别

知识补充

曲线分为 RGB 曲线和 CMYK 曲线两种，调整 RGB 曲线可改变亮度，调整 CMYK 曲线可改变油墨量。

RGB 曲线的横坐标值是原来的亮度，纵坐标值是调整后的亮度。在未调整时，曲线是倾斜角为 45° 的直线，曲线上任何一点的横坐标值和纵坐标值都相等，如果把曲线上的一个控制点向上拖曳，则曲线的纵坐标值大于横坐标值，也就是说，调整后的亮度大于原来的亮度，亮度增加了。

CMYK 曲线的横坐标值是原来的油墨量，纵坐标值是调整后的油墨量，取值范围是 0~100。“油墨量”是网点面积的覆盖率，是单位面积的纸被油墨覆盖的百分比。油墨覆盖得越多，颜色越深。

（三）增强照片质感

微课视频

增强照片质感

下面调整黑白写真照片的阴影和高光细节，使图像中特别亮或特别暗的区域更加自然，其具体操作如下。

（1）选择【图像】/【调整】/【色阶】菜单命令，或按【Ctrl+L】组合键，打开“色阶”对话框，在“输入色阶”栏中从左到右依次输入“18”“1.09”“250”，单击确定按钮，如图 4-25 所示。

（2）返回图像窗口，发现调整后的黑白写真照片更具质感，如图 4-26 所示。

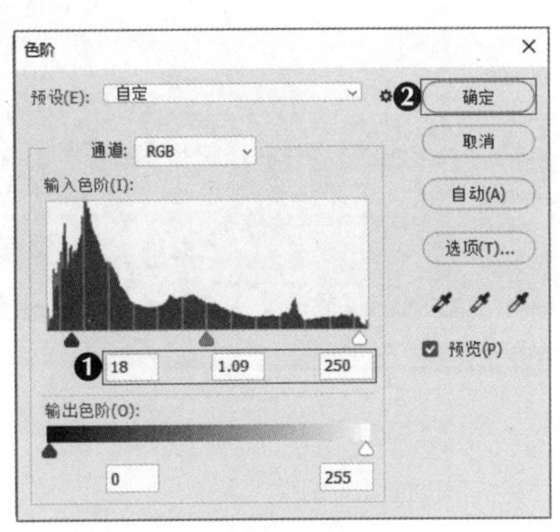

图4-25 设置“色阶”参数

图4-26 调整色阶后的效果

（3）选择【图像】/【调整】/【阴影/高光】菜单命令，打开“阴影/高光”对话框，在“阴影”栏中设置“数量”为“11”，单击确定按钮，如图 4-27 所示。

（4）返回图像窗口，查看设置阴影/高光后的效果如图 4-28 所示。

（5）按【Ctrl+S】组合键将其保存为名为“复古黑白写真”的图像文件，完成本任务的制作。

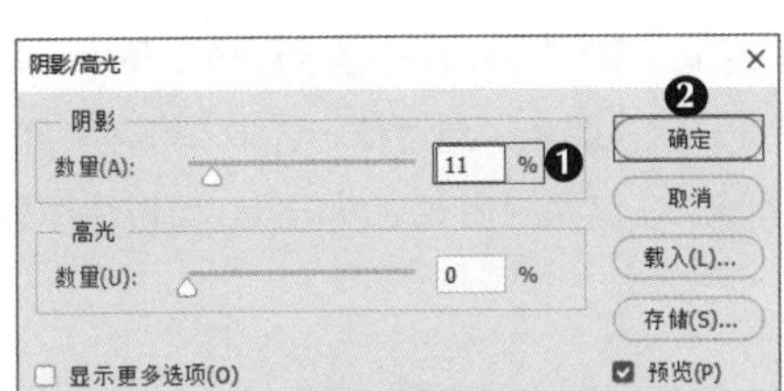

图4-27 设置“阴影/高光”参数

图4-28 最终效果

任务三　处理风景图

老洪让米拉处理一张风景图，用作景区旅游宣传。老洪希望米拉通过 Photoshop 改变风景图颜色，展现不同季节的图像效果。处理风景图前后的对比效果如图 4-29 所示。

素材所在位置：素材文件\项目四\任务三\秋季风景.jpg

效果所在位置：效果文件\项目四\任务三\夏季风景.psd

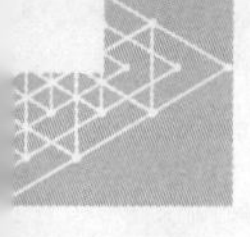

图4-29　处理风景图前后对比效果

一、任务描述

（一）任务背景

高清彩图

本任务需要将一张秋季风景图处理为夏季风景图，为了使风景效果更加真实，需要在不影响其他颜色的情况下对植物颜色做有针对性地修改，并将天空调整至晴朗状态，以符合夏季特点。

（二）任务目标

- 学习替换不同颜色的方法。
- 提升调整图像颜色的能力。

二、相关知识

在 Photoshop 中，有针对性地修改颜色主要使用以下两种命令。

（一）替换颜色

如果想要指定图像的颜色，将选择的颜色替换为其他颜色，则可以使用【替换颜色】命令。具体方法为：选择【图像】/【调整】/【替换颜色】菜单命令，打开“替换颜色”对话框，选中“选区”或“图像”单选项可分别显示图像的选区和原始效果，如图 4-30 所示。在这两种模式之间切换，可以快速取样并查看效果。

图4-30　“选区”模式与“图像”模式

在预览区中，黑色区域代表未选择，白色区域代表选择，灰色区域代表部分选择。拖动“颜色容差”滑块，可在“选择范围”模式下查看不同颜色容差下图像的效果，便于指定图像的颜色。在对话框底部调整指定颜色的“色相”“饱和度”“明度”，可更改结果颜色。

（二）可选颜色

使用【可选颜色】命令可在不影响图像中其他颜色的基础上对图像中的颜色进行有针对性的修改。具体方法为：选择【图像】/【调整】/【可选颜色】菜单命令，打开“可选颜色”对话框，如图 4-31 所示，“颜色”下拉列表框中包括“红色”“黄色”“绿色”“青色”“蓝色”“洋红色”“白色”“中性色”“黑色”选项，选择颜色后，可通过“青色”“洋红”“黄色”“黑色”来调整颜色。

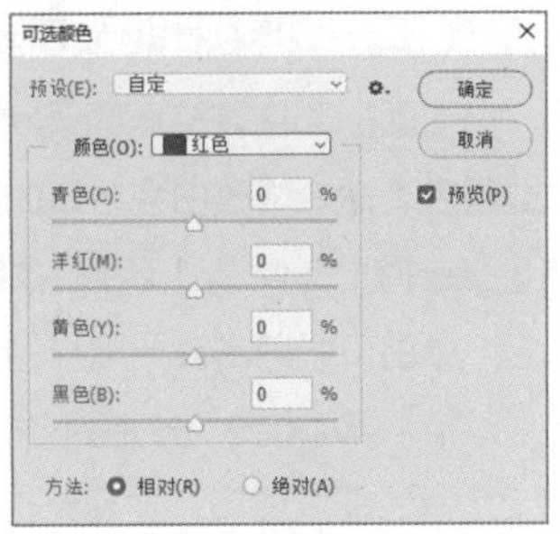

图4-31 “可选颜色”对话框

知识补充

【可选颜色】命令

【可选颜色】命令是基于 CMYK 模式的原理进行调色，例如，绿色由青色和黄色混合而成，因此对于发黄的植物可增加青色的比例，使其变绿；蓝色由青色和洋红色混合而成，因此想让天空变蓝可以在青色中增加洋红色的比例，甚至可以增加黑色的比例以获得更深的湛蓝色。

三、任务实施

（一）改变植物的颜色

为了展现夏季风景，下面将植物颜色改为翠绿色，其具体操作如下。

（1）打开“秋季风景.jpg”图像文件，选择【图像】/【调整】/【替换颜色】菜单命令，打开“替换颜色”对话框。单击“添加到取样”按钮。在图像窗口中单击需要取样的植物颜色，在“替换颜色”对话框中设置“颜色容差”和“色相”分别为“70”和“+47”，单击确定按钮，如图 4-32 所示。

（2）返回图像窗口，发现植物颜色已变得翠绿，如图 4-33 所示。

图4-32 设置“替换颜色”参数

图4-33 调整植物颜色后的效果

知识补充

替换颜色的技巧

如果想要在图像中选择连续的、相似的颜色，则可以先在“替换颜色”对话框中勾选“本地化颜色簇”复选框，再选择颜色。

（二）调整晴朗天空的颜色

下面把天空调整至晴天状态，调整时可将黄色部分替换为天蓝色，然后使用【可选颜色】命令修改白色区域的颜色，增加天空的亮度，其具体操作如下。

（1）选择【图像】/【调整】/【替换颜色】菜单命令，打开"替换颜色"对话框。在图像窗口中单击需要取样的天空颜色，在"替换颜色"对话框中设置"颜色容差""色相""饱和度"分别为"65""-180""-33"，单击确定按钮，如图4-34所示。

（2）返回图像窗口，发现天空黄色部分已变为天蓝色，如图4-35所示。

图4-34 设置"替换颜色"参数

图4-35 调整后的效果

（3）选择【图像】/【调整】/【可选颜色】菜单命令，打开"可选颜色"对话框。在"颜色"下拉列表框中选择"青色"选项，在"青色""黄色""黑色"文本框中分别输入"+100""-18""-20"。在"颜色"下拉列表框中选择"白色"选项，在"青色""黄色""黑色"文本框中分别输入"+16""-38""-22"，单击确定按钮，如图4-36所示。

（4）返回图像窗口，发现天空和湖中倒影区域的黄色已减少，如图4-37所示。

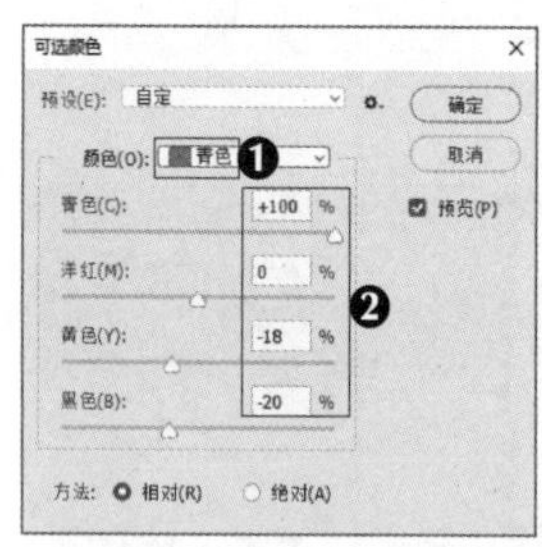

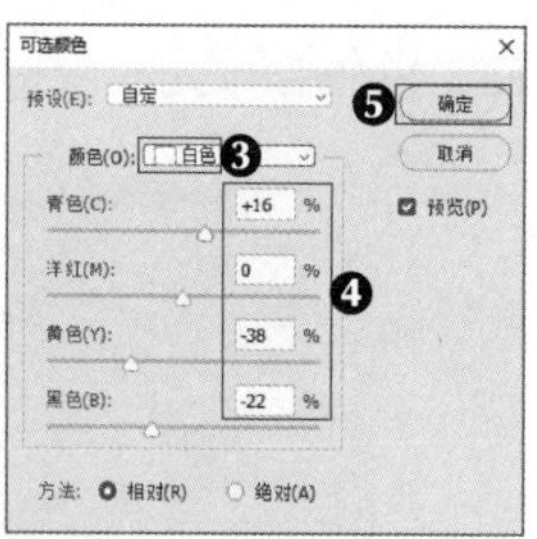

图4-36 设置"可选颜色"参数

图4-37 调整后的效果

（5）选择【图像】/【调整】/【色彩平衡】菜单命令，打开"色彩平衡"对话框。在"色阶"文本框中依次输入"0""+27""+52"，单击确定按钮，如图4-38所示。

（6）返回图像窗口，发现风景图的整体视觉效果更清爽，如图4-39所示。

（7）选择【图像】/【调整】/【曝光度】菜单命令，打开"曝光度"对话框。在"曝光度""位移""灰度系数校正"文本框中分别输入"+0.2""-0.0323""1.26"，单击确定按钮，如图4-40所示。

（8）返回图像窗口，发现天空更明亮，如图4-41所示。

（9）按【Ctrl+S】组合键将其保存为名为"夏季风景"的图像文件，完成本任务的制作。

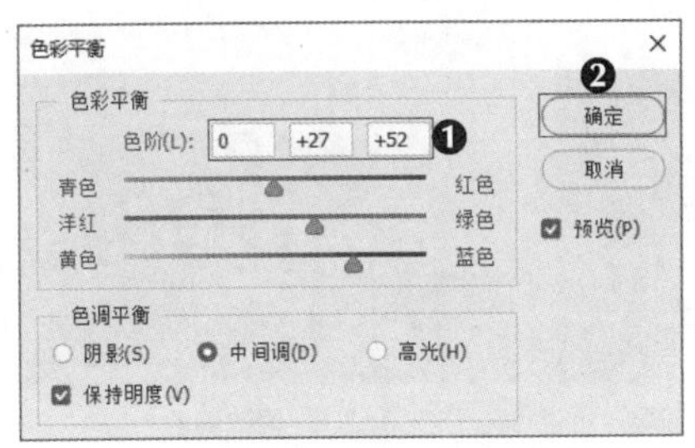

图4-38 设置“色彩平衡”参数

图4-39 调整后的效果

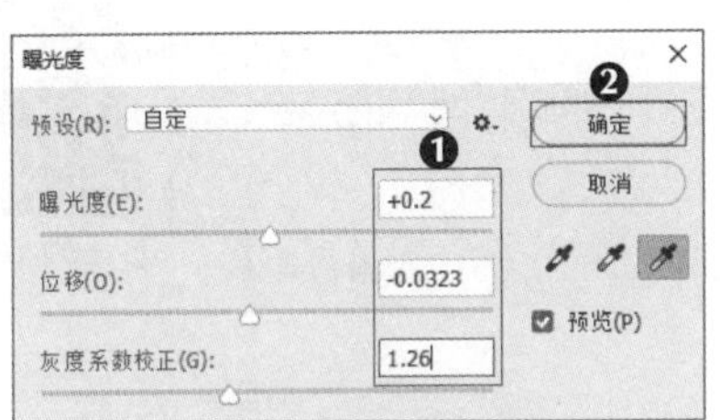

图4-40 设置“曝光度”参数

图4-41 最终效果

实训一 处理怀旧风格照片

【实训要求】

本实训要求将一张老建筑的照片处理成怀旧风格的照片，提升制作怀旧风格照片的能力。处理怀旧风格照片前后的对比效果如图 4-42 所示。

素材所在位置： 素材文件\项目四\实训一\建筑.jpg

效果所在位置： 效果文件\项目四\实训一\怀旧建筑.psd

图4-42 处理怀旧风格照片前后对比效果

高清彩图

【实训思路】

怀旧风格是众多照片风格中的一种，无论是人物照片，还是风景建筑照片，怀旧风格都会给人一种历史感。怀旧风格照片通常具有饱和度较低的特征。

【步骤提示】

本实训需要先调整图片的饱和度，然后添加纯色图层，并调整纯色图层的混合模式和不透明度，最后使用【可选颜色】命令修改颜色，其步骤如图 4-43 所示。

① 调整饱和度

② 添加和调整纯色图层

③ 修改颜色

图4-43　处理怀旧风格照片的步骤

微课视频

处理怀旧风格照片

（1）打开“建筑.jpg”图像文件，使用【色阶】命令将图像调暗。

（2）使用【色相/饱和度】命令，降低图像饱和度。

（3）新建图层，填充低明度和低饱和度的黄棕色（#aa8b71）；然后将图层的混合模式改为“叠加”，并适当降低图层的不透明度。

（4）使用【可选颜色】命令，为黄色减少青色的比例，增加黑色的比例；为青色减少青色和黑色的比例；为白色增加黄色的比例。

实训二　制作美丽乡村户外宣传展板

【实训要求】

本实训要求制作以“美丽乡村”为主题的户外宣传展板，需要先对乡村风景照进行处理，然后添加文字、装饰等，使展板画面具有较高的艺术观赏性和实用性。通过本实训，读者可提升处理照片的能力，并培养制作大型户外展板的能力。制作的美丽乡村户外宣传展板前后的对比效果如图 4-44 所示。

素材所在位置：素材文件\项目四\实训二\乡村.jpg、展板素材.psd

效果所在位置：效果文件\项目四\实训二\展板.psd

图4-44　制作美丽乡村户外宣传展板前后对比效果

【实训思路】

高清彩图

打开“乡村.jpg”图像文件，发现其阴影和高光分布不合理，阴影过重，且整体色调偏冷，不利于宣传。在进行美丽乡村展板设计时，可以融合文字、图片、装饰等多种设计元素来综合展示乡村风采和内涵。展板中需要包含乡村名称、宣传标语、乡村形象及一些简短介绍，制作者可通过设置图层样式来提高画面的丰富程度和美观程度。

【步骤提示】

本实训需要先调整照片的亮度和对比度，然后增加照片的暖色调，最后结合文字和装饰元素进行展板设计，其步骤如图 4-45 所示。

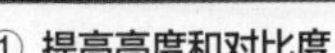
① 提高亮度和对比度

② 增加黄色比重

③ 排版展板

图4-45 制作美丽乡村户外宣传展板的步骤

（1）打开“乡村.jpg”图像文件，使用【亮度/对比度】命令提高图像的亮度和对比度。

（2）使用【色彩平衡】命令和【曲线】命令减少蓝色比例，增加黄色比例，并提亮阴影部分。

（3）新建大小为 80 厘米 × 45 厘米，分辨率为 100 像素/英寸，名为“展板”的图像文件。

（4）将“展板素材.psd”图像文件中的所有内容复制到新建的图像文件中，将调整后的“乡村.jpg”图像文件也复制到新建的图像文件中，并排版素材，完成展板的制作。

微课视频

制作美丽乡村户外宣传展板

实训三 制作服装描述图

【实训要求】

本实训要求在玫红色服装照片的基础上生成两张其他颜色的服装照片，并用 3 张不同颜色的服装照片来制作完整的服装描述图，以锻炼制作商品描述图的能力。制作的服装描述图前后的对比效果如图 4-46 所示。

素材所在位置：素材文件\项目四\实训三\女大衣.jpg、描述.psd

效果所在位置：效果文件\项目四\实训三\服装描述图.psd

高清彩图

图4-46 服装描述图的前后对比效果

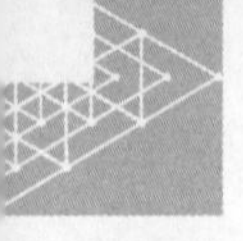

【实训思路】

网店商品图片的后期处理无须太复杂，只需对原始照片进行对比度、亮度、饱和度等的调整，使图片颜色与商品颜色相符。本实训考虑运用 Photoshop 中修改颜色的命令生成多种颜色的女大衣。

【步骤提示】

本实训需要先修改大衣的颜色，然后添加文字和装饰元素进行服装描述图的制作，其步骤如图 4-47 所示。

① 生成玫红色大衣

② 生成黄色大衣

③ 添加服装描述

图4-47 制作服装描述图的步骤

（1）打开“女大衣.jpg”图像文件，按【Ctrl+J】组合键复制图层。

（2）选择复制的图层，使用【替换颜色】命令将红色大衣转化成玫红色大衣。

（3）重复复制图层和替换颜色的操作，生成黄色大衣。

（4）添加文字进行排版，完成服装描述图的制作。

微课视频

制作服装描述图

课后练习

本项目主要介绍了调整图像颜色的相关命令，如【亮度/对比度】、【色彩平衡】、【色相/饱和度】、【替换颜色】、【照片滤镜】和【曲线】等。读者应理解并学习各种调色命令的使用方法，方便对不同照片进行处理。

练习 1：制作科技峰会招贴

本练习要求将“科技.jpg”图像文件的色调处理成冷色调，然后以该图像为基础制作一张招贴。要求将提供的素材运用在招贴中，突出视觉效果，同时还需对活动名称和内容进行美化与展现。科技峰会招贴的前后对比效果如图 4-48 所示。

素材所在位置：素材文件\项目四\课后练习\科技.jpg、信息.psd

效果所在位置：效果文件\项目四\课后练习\招贴.psd

操作提示如下。

（1）打开“科技.jpg”图像文件，使用【色阶】命令调整明暗度。

（2）使用【色相/饱和度】和【色彩平衡】命令改变图像的整体色调。

（3）使用【曝光度】命令对图片的曝光度进行处理。

（4）新建大小为 30 厘米 × 45 厘米，分辨率为 100 像素/英寸，名为“招贴”的图像文件，添加素材并进行排版。

图4-48　科技峰会招贴的前后对比效果

练习 2：制作小清新风格日签

本练习将制作一张小清新风格日签。整个日签以朴素淡雅的色彩和明亮的色调为主，给人舒服、温暖、惬意的感觉。小清新风格日签前后对比效果如图 4-49 所示。

素材所在位置： 素材文件\项目四\课后练习\照片.jpg、日签素材.psd
效果所在位置： 效果文件\项目四\课后练习\日签.psd

图4-49　小清新风格日签的前后对比效果

操作提示如下。

（1）打开“照片.jpg”图像文件，使用【色阶】命令提高亮度。

（2）使用【自然饱和度】命令降低饱和度，增加自然饱和度。

（3）选择渐变工具，设置不透明度为“20%”，填充浅黄色到透明的渐变颜色，营造出阳光普照的氛围。

（4）使用“阴影/高光”命令调整照片的阴影和高光。

（5）添加素材并进行排版，完成日签的制作。

技巧提升

1. 了解颜色的情感化象征

红色、绿色、黄色、蓝色、紫色、白色等颜色，会因为性别、年龄、生活环境、地域、民族、风俗习惯和宗教信仰等的差异有不同的象征意义。

扫一扫

查看详情

2. 色调分离

选择【图像】/【调整】/【色调分离】菜单命令，可为图像中的每个通道指定像素的数量，并映射到最接近的匹配色上，以减少色阶和颜色的数量，简化图像细节。

3. 应用其他照片的颜色

选择【图像】/【调整】/【匹配颜色】菜单命令，在其中选择一张较优质的照片，用较差的照片匹配优质照片的颜色，可以快速优化照片的色调、颜色和曝光。

4. 使用动作批处理图像

Photoshop 中的动作位于“动作”面板中，可以记录处理图像的过程，之后若需要对其他图像进行相同操作，则可直接使用动作自动完成。而选择【文件】/【自动】/【批处理】菜单命令，则可自动批处理文件夹中的所有图像文件，对每个图像均进行相同的调整，并自动保存。

AIGC 高效设计

1. 智能调色和一键换天空

AIGC 工具能够智能识别图像内容，自动调整色彩、亮度、对比度等参数，快速得到专业级的调色效果，并且能够迅速将图像中的天空替换为其他风格的天空，如蓝天、晚霞、星空等，这一功能在户外摄影领域尤为实用。

<table>
<tr>
<td rowspan="2">

- **AIGC 工具：**美图云修 Pro。
- **上传图片：**上传如图 4-50 所示的图片。

图4-50　待调整图片
</td>
<td>

- **模式：**图像调整/AI 智能调色。
- **背景增强：**设为 100。
- **智能白平衡-常规背景：**设为 100。
- **智能白曝光-常规背景：**设为 100。
</td>
<td>

- **模式：**图像美化/换天空。
- **选项：**设为多云 2。
</td>
</tr>
<tr>
<td>

- **生成结果：**生成效果如图 4-51 所示。

图4-51　调色后效果
</td>
<td>

- **生成结果：**生成效果如图 4-52 所示。

图4-52　换天空后效果
</td>
</tr>
</table>

2. 图像生成视频

图像生成视频是一种创新技术，它利用人工智能算法将静态图像转化为动态视频，识别图像中的元素和特征，并自动添加运动、色彩和光影效果，生成动态视频。

- **AIGC 工具：**Vega AI。
- **模式：**视频生成/图生视频。
- **上传图片：**上传如图 4-53 所示的图片用于生成视频。

图4-53 图生视频素材

- **生成结果：**生成的部分视频画面如图 4-54 所示。

扫一扫

查看完整视频

图4-54 生成视频中的部分画面效果

项目五

美化与修饰图像

情景导入

米拉使用 Photoshop 完成了摄影照片的调色工作后，体会到了使用 Photoshop 处理图像的妙处：Photoshop 不仅包含许多修饰图像的工具和命令，能提高图像的处理效率，还能弥补摄影照片的不足，制作出更美观的图像效果。

老洪告诉米拉："Photoshop 还能十分智能地识别、修复与美化图像，并且可选的美化工具种类多、功能强，所以我们在实际的设计工作中，也常常使用它美化与修饰图像。"

老洪见米拉工作十分努力，决定给她一次评优表现的机会。他交给米拉一张有瑕疵的模特照片，让她进行美化与修饰处理，制作完整的杂志封面，并以此作品参与设计团队的方案评选大会。

学习目标

- 能够使用修复画笔工具组处理图像瑕疵
- 能够使用相关的调整命令美化图像
- 熟悉"仿制源"面板并掌握使用仿制图章工具修复图像的方法
- 能够使用模糊工具、锐化工具、加深工具、减淡工具等修饰图像
- 能够使用 AIGC 工具无痕消除画面内容、修复与上色老照片，以及精修人像、增强图像清晰度

素养目标

- 提升美化与修饰图像的能力
- 激发美化与修饰图像的兴趣
- 崇尚自然，热爱自然，倡导环保

任务一 制作人物杂志封面

老洪告诉米拉，由于提供的素材存在瑕疵，因此在制作人物杂志封面前需要对素材进行处理，才能进行封面的制作。制作的人物杂志封面的前后对比效果如图 5-1 所示，下面具体讲解制作方法。

素材所在位置： 素材文件\项目五\任务一\人物.jpg、杂志.psd
效果所在位置： 效果文件\项目五\任务一\人物杂志.psd

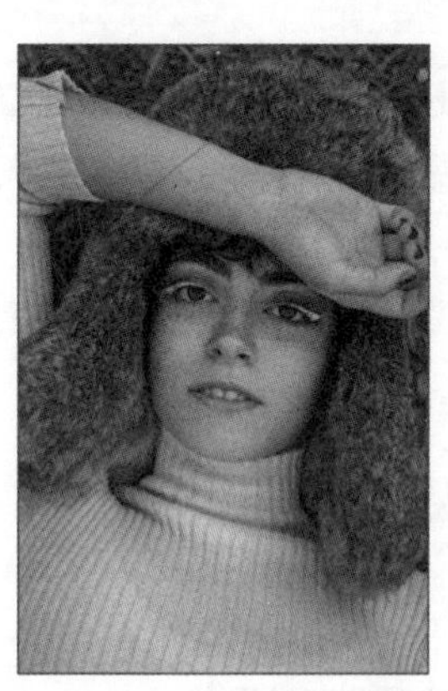

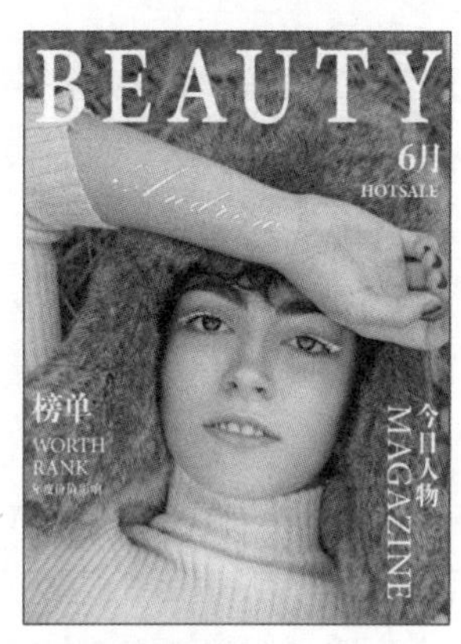

图5-1 人物杂志封面前后对比效果

一、任务描述

（一）任务背景

杂志封面作为杂志的“门面”，能起到展现杂志内容，突出杂志特点的作用。本任务将制作人物杂志封面，整个封面把人物图片素材作为杂志封面的主体，再结合文字设计和封面布局，使杂志封面的最终效果美观、大方。杂志封面的尺寸要求为 21 厘米 × 28.5 厘米，分辨率为 300 像素/英寸。

（二）任务目标

- 能够对人物图片素材存在的问题进行分析，找到处理图片素材的方向。
- 能够使用污点修复画笔工具组处理人物图片素材的问题。
- 能够灵活使用修补、去除红眼等功能美化人物图片素材。
- 能够根据杂志封面的尺寸、风格要求，构思封面布局，制作出美观的封面效果。

二、相关知识

Photoshop 作为一款功能强大的图像处理软件，不仅可以修复人物图像的瑕疵，还可以调整人物肤色、进行磨皮等处理。

（一）污点修复画笔工具组

使用污点修复画笔工具组可以修补图像缺失的部分，或遮盖图像多余的部分。

1. 污点修复画笔工具

污点修复画笔工具主要用于快速修复图像中的斑点或小块杂物，该工具对应的工具属性栏如图 5-2 所示。

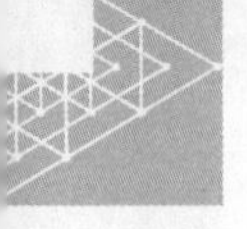

图5-2　污点修复画笔工具的工具属性栏

主要选项的作用如下。

- **“画笔”下拉列表框**：用于设置污点修复画笔的“大小”“硬度”“间距”“角度”“圆度”等参数。
- **“模式”下拉列表框**：用于设置修复后生成的图像与原图之间的混合模式。
- **“类型”栏**：用于设置修复图像过程中采用的修复类型。

2. 修复画笔工具

使用修复画笔工具可以通过图像中与被修复区域相似的颜色去修复破损图像。它与污点修复画笔工具的作用和原理基本相同，只是修复画笔工具更加便于控制，不易产生人工修复的痕迹。该工具对应的工具属性栏如图 5-3 所示。

图5-3　修复画笔工具的工具属性栏

主要选项的作用如下。

- **“源”栏**：用于设置修复区域的源，有“取样”和“图案”两种选择。
- **“对齐”复选框**：用于设置修复后生成图像与原图像之间的混合模式。勾选该复选框后，可以连续对像素进行取样，取样位置将跟随修复区域位置的移动而移动。
- **“样本”下拉列表框**：用于选择进行取样和修复的图层范围。

3. 修补工具

使用修补工具可将目标区域中的图像复制到需要修复的区域，常用于修复较复杂的纹理和瑕疵。该工具对应的工具属性栏如图 5-4 所示。

图5-4　修补工具的工具属性栏

主要选项的作用如下。

- **选区创建方式**：单击“新选区”按钮，可以创建一个新的选区；单击“添加到选区”按钮，可以在原选区中添加新创建的选区；单击“从选区减去”按钮，可以从原选区中减去新创建的选区；单击“与选区交叉”按钮，可以得到原选区与新创建的选区之间相交的部分。
- **“透明”复选框**：勾选该复选框后，修补后的图像与原图像呈现叠加融合的效果；反之，呈现完全覆盖的效果。
- 使用图案**按钮**：单击该按钮后，可在弹出的下拉面板中选择图案样式，用于修补图像。

4. 内容感知移动工具

使用内容感知移动工具可以在修复图像时移动或扩展图像，且能使新图像与原图像较为自然地融合。该工具对应的工具属性栏如图 5-5 所示。

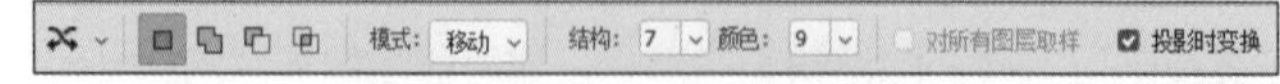

图5-5　内容感知移动工具的工具属性栏

主要选项的作用如下。

- **“模式”下拉列表框**：用于选择“移动”或“扩展”模式创建选区。

- **“结构”数值框：**用于设置选区内的图像结构的保留程度；数值越大，选区内的图像被移至其他位置后边缘保留越清晰；数值越小，边缘融合得越自然。
- **“颜色”数值框：**用于设置选区内的图像颜色的可修改程度；数值越大，选区内的图像被移至其他位置后颜色变化越大；数值越小，颜色变化越小。
- **“投影时变换”复选框：**勾选该复选框后，将选区内的图像移至其他位置后，可对其进行缩放或旋转操作。

5. 红眼工具

受客观拍摄因素的影响，在拍摄的数码照片中，眼睛部分可能会出现红色、白色或绿色的反光斑点。这类照片可使用红眼工具对眼睛进行修复，让眼睛恢复原色并变得有神。该工具对应的工具属性栏如图 5-6 所示。

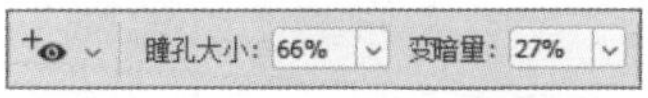

图5-6 红眼工具的工具属性栏

主要选项的作用如下。

- **“瞳孔大小”数值框：**用于设置修复区域瞳孔的大小。
- **“变暗量”数值框：**用于设置修复区域颜色的变暗程度。

（二）认识“仿制源”面板

使用修复画笔工具时，可打开“仿制源”面板，在其中进行详细的参数设置。通过“仿制源”面板可设置不同的样本源及缩放、旋转和位移样本源，以在特定位置仿制源和匹配目标的大小和方向。打开图像文件，选择【窗口】/【仿制源】菜单命令，打开“仿制源”面板，如图 5-7 所示。

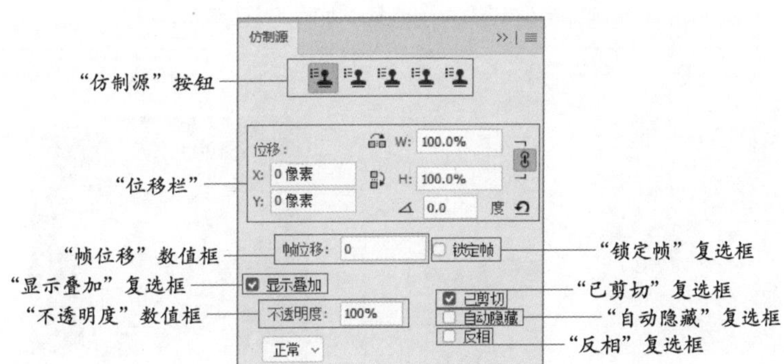

图5-7 “仿制源”面板

主要选项的作用如下。

- **“仿制源”按钮：**单击该按钮后，按住【Alt】键，使用修复画笔工具在图像中单击，可设置取样点；继续单击其后的“仿制源”按钮，可拾取不同的取样点（最多可设置 5 个不同的取样点）。
- **“位移栏”：**可在数值框中输入精确的数值指定在 x 轴和 y 轴位移的像素，并在相对于取样点的精确位置进行仿制；位移的右侧为缩放数值框，默认情况下会约束比例，在“W”和“H”数值框中输入数值，可缩放仿制源。在“H”数值框下方的“角度”数值框中输入数值，可旋转仿制源。
- **“帧位移”数值框：**在视频和动画中已对某帧进行过初始取样后，在“帧位移”数值框中输入帧位移值，可以使用与初始取样的帧相关的特定帧进行仿制。在“帧位移”文本框中输入正值时，要使用的帧在初始取样的帧之后；输入负值时，要使用的帧在初始取样的帧之前。
- **“锁定帧”复选框：**勾选该复选框，在视频和动画中将总是使用初始取样的帧进行仿制。

- **“显示叠加”复选框：**勾选该复选框，可以在其下方的下拉列表框中设置叠加的方式（包括“正常”“变亮”“变暗”和“差值”），方便修复图像，使效果融合得更加自然。
- **“不透明度”数值框：**用于设置叠加图像的不透明度。
- **“已剪切”复选框：**勾选该复选框，可将叠加图像剪切到画笔大小。
- **“自动隐藏”复选框：**勾选该复选框，可在应用绘画描边时隐藏叠加效果。
- **“反相”复选框：**勾选该复选框，可反相叠加图像中的颜色。

三、任务实施

（一）修复面部瑕疵

打开“人物.jpg”图像文件，可发现人物脸部有一些明显的斑点，且眼部区域有眼袋、黑眼圈，直接置于杂志封面中效果不够美观，因此需要对这些瑕疵进行处理，其具体操作如下。

（1）打开“人物.jpg”图像文件，选择污点修复画笔工具，在工具属性栏中设置污点修复画笔工具的“大小”为“40”，选中“内容识别”单选项，勾选“对所有图层取样”复选框，如图 5-8 所示。

（2）放大显示“人物.jpg”图像文件，在脸部斑点上单击确定一点，向下拖曳鼠标将显示一条灰色区域，释放鼠标左键，可以看见拖曳区域的斑点已经消失。在修复时，对于单个斑点，可直接单击进行修复；对于斑点密集的部分，可使用拖曳鼠标的方法修复，如图 5-9 所示。

图5-8　设置污点修复画笔工具的参数

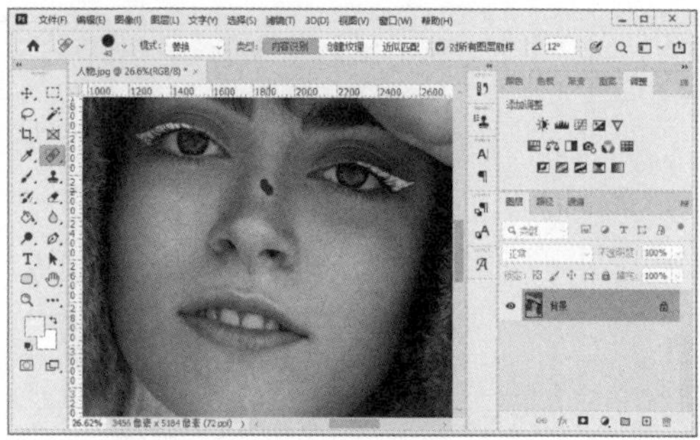

图5-9　修复脸颊和鼻子上的斑点

（3）选择修复画笔工具，在工具属性栏中设置修复画笔工具的“大小”为“70”，在“模式”栏右侧的下拉列表框中选择“滤色”选项，选中“取样”单选项，如图 5-10 所示，完成后将右侧眼部放大。

（4）按住【Alt】键单击图像上需要取样的位置，这里单击眼角相对平滑的区域。将鼠标指针移动到需要修复的位置，这里将鼠标指针移动到上眼皮，单击并拖曳鼠标，修复黑眼圈和细纹，如图 5-11 所示。

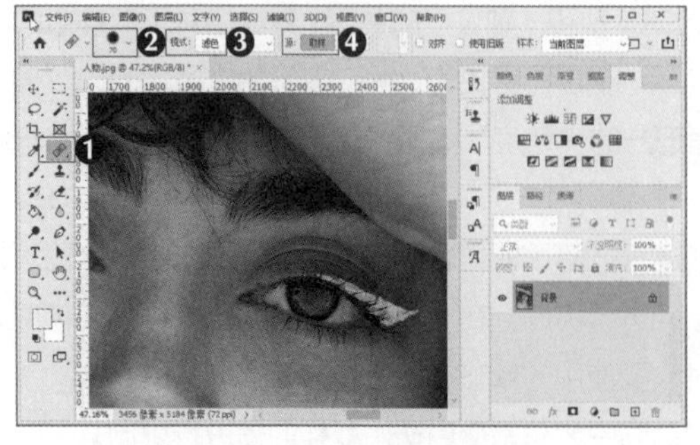

图5-10　设置修复画笔工具的参数

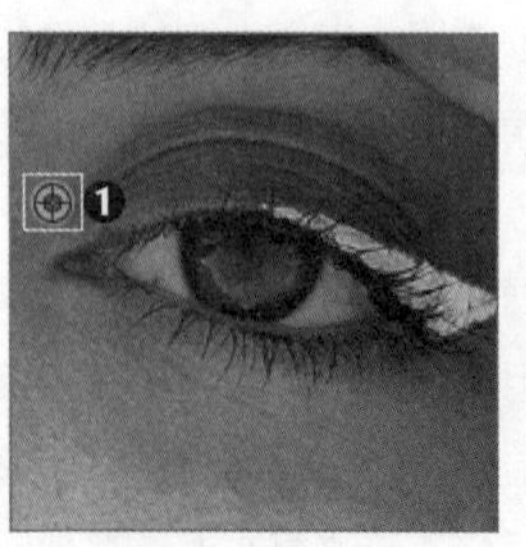

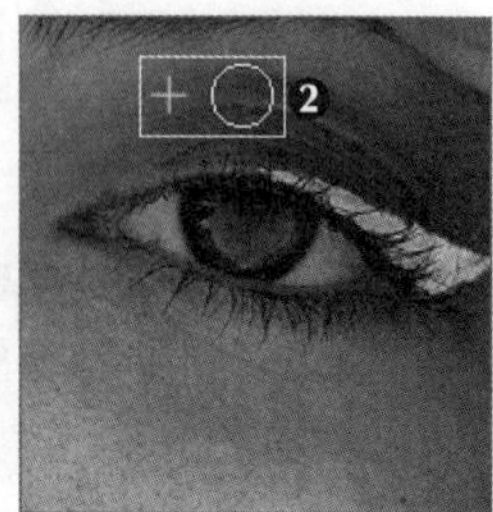

图5-11　取样并修复

（5）在使用修复画笔工具时，为了使修复的图像效果更好，在修复过程中需要不断修改取样点和画笔大小。使用相同的方法修复左侧眼部，在去除眼袋的同时，让眼睛周围的颜色更加统一，如图 5-12 所示。

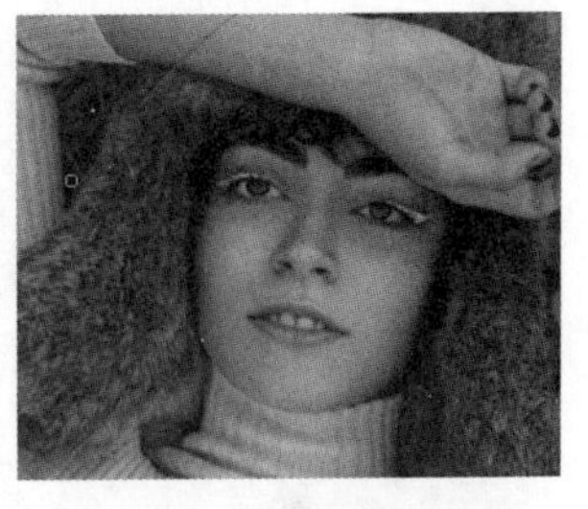

图5-12 修复面部瑕疵效果

（二）为人像磨皮

修复面部瑕疵后，发现人物皮肤不够光滑、肤色较暗淡，且部分区域被障碍物遮挡，因此需要修补被遮挡的区域，并调整曲线、色阶等使皮肤更加白皙光滑，其具体操作如下。

微课视频

为人像磨皮

（1）选择修补工具，在工具属性栏中单击“新选区”按钮，在“修补”下拉列表框中选择“正常”选项，选中“源”单选项，如图 5-13 所示，将手臂区域放大。

（2）在需要修补的手臂皮肤处单击，绘制一个闭合的选区，将需要修补的位置圈住，当鼠标指针变为形状时，向左上方拖曳鼠标，以手臂其他部分的颜色为主色进行修补，如图 5-14 所示。注意，修补时不要将鼠标拖曳太远，否则容易造成颜色不统一。

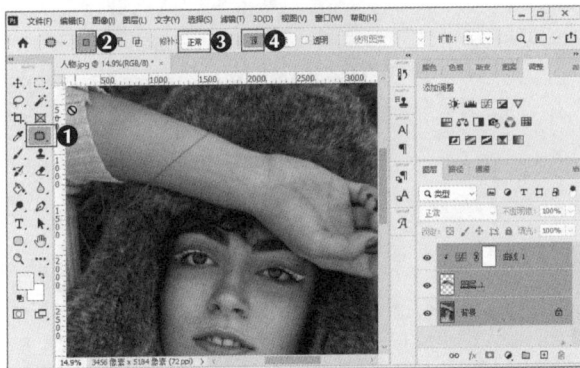

图5-13 设置修补参数

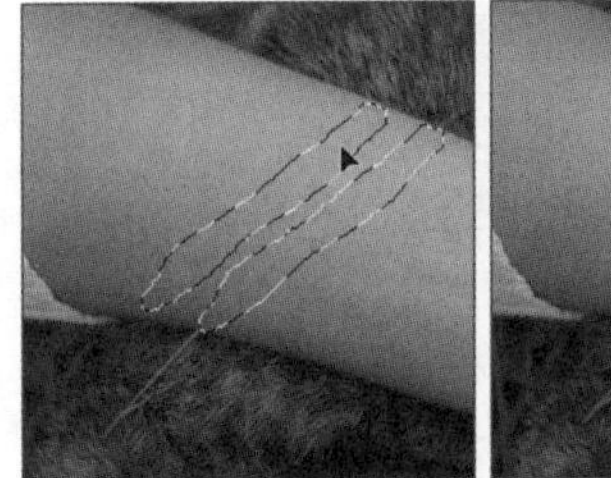

图5-14 修补手臂部分

（3）此时，还需要修补绒帽上多余的稻草。使用修补工具沿着稻草的轮廓绘制一个闭合的选区，并将鼠标指针移动到选区的中间，当鼠标指针呈形状时，向上拖曳鼠标修补绒帽，如图 5-15 所示。在绘制修补选区时，绘制的选区应稍微大于瑕疵区域，使修补后图像的边缘与原图能更好地融合，如图 5-16 所示。

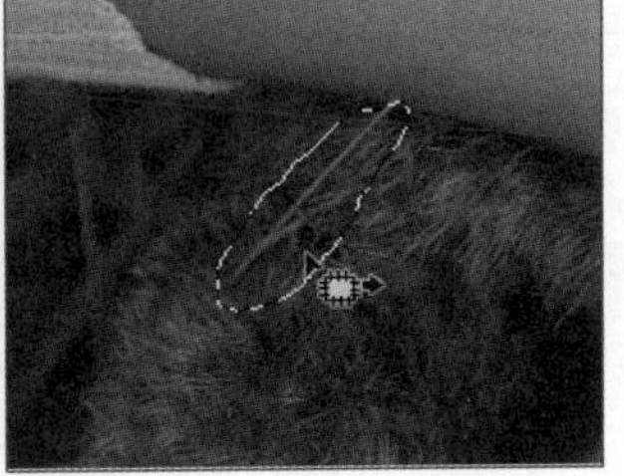

图5-15 修补绒帽

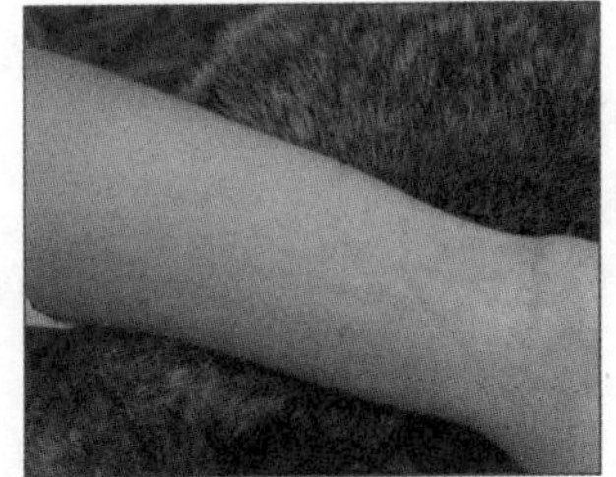

图5-16 修补效果

（4）运用修补工具修补皮肤后，发现人像有些暗淡。此时按【Ctrl+M】组合键打开“曲线”对话框，在曲线上单击添加一个控制点，向上拖曳曲线，调整明暗对比度，单击确定按钮，如图 5-17 所示。

（5）按【Ctrl+L】组合键打开“色阶”对话框，设置“输入色阶”值分别为“0”“1.00”“245”，单击确定按钮，如图 5-18 所示。返回图像窗口，可看到最终效果如图 5-19 所示。

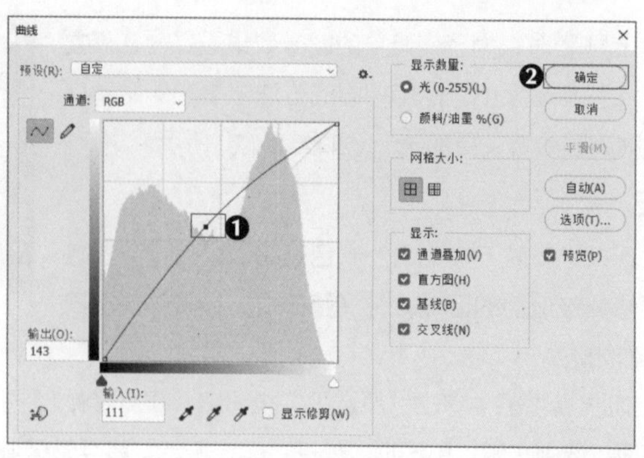

图5-17　调整曲线

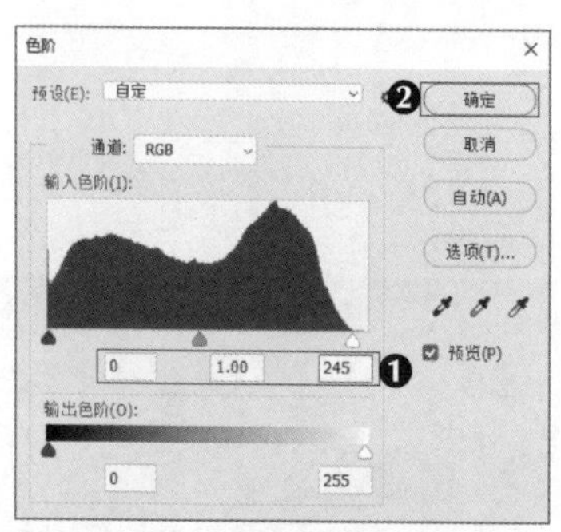

图5-18　调整色阶

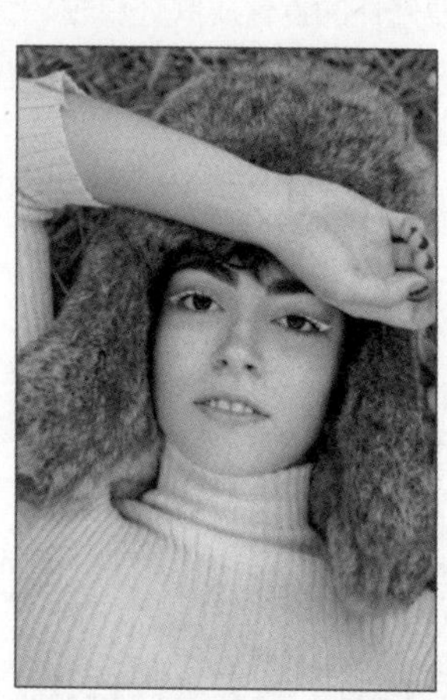

图5-19　调整后的人像效果

知识补充

使修补的颜色变得局部透明

在修补工具的工具属性栏中勾选“透明”复选框，可使被修补的区域颜色变得透明。

（三）去除红眼并排版封面

虽然整体人物图像的美观度已经大大提升，但其瞳孔仍存在红眼现象，不符合真实情况。因此需要先去除红眼，还原正常瞳孔颜色，然后进行杂志封面的排版，其具体操作如下。

微课视频

去除红眼并排版封面

（1）选择红眼工具，在工具属性栏中设置“瞳孔大小”为“80%”，“变暗量”为“30%”。将左侧眼部放大，并在眼部的红色区域单击，如图5-20所示。

（2）单击处呈黑色显示，继续单击周围红色，直至红色的眼球完全呈黑色显示。

（3）使用相同的方法修复右眼，如图5-21所示。

（4）新建大小为21厘米×28.5厘米，分辨率为300像素/英寸，名为“人物杂志”的图像文件，将修复好的人像图层复制到“人物杂志.psd”图像文件中，如图5-22所示。

（5）打开“杂志.psd”图像文件，将其中所有的图层复制到“人物杂志.psd”图像文件中，并分别调整大小和位置，如图5-23所示。

图5-20 设置红眼参数

图5-21 修复红眼效果

图5-22 新建图像文件并复制图层

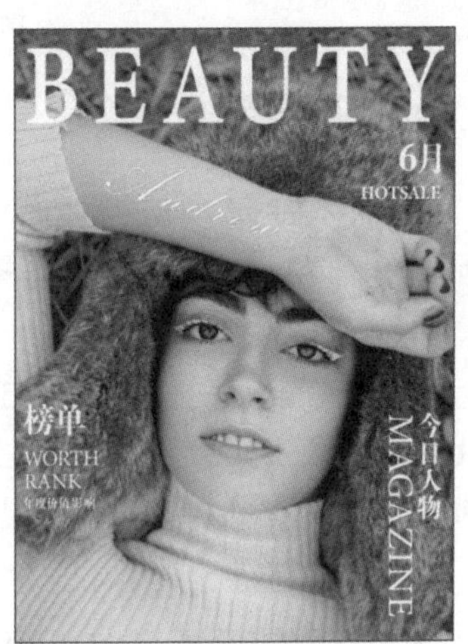

图5-23 文字排版效果

（6）完成后按【Ctrl+S】组合键保存文件，完成本任务的制作。

知识补充

快速切换修复画笔工具的方法

按【J】键可快速切换到之前选择的工具，按【Shift+J】组合键可以快速在污点修复画笔工具组中的 5 个工具之间切换。

任务二 制作植物手机壁纸

老洪正在修饰植物摄影图，他告诉米拉，如果拍摄的图片主次不分明，则可以通过虚化背景的方式来凸显图片主体。如果图片的背景颜色和主体颜色比较混杂，则可对背景颜色、主体颜色分别进行减淡和加深处理，从而凸显主体颜色。米拉自告奋勇地为老洪处理了植物摄影图，并制作了清新风格的手机壁纸。制作的植物手机壁纸的前后对比效果如图 5-24 所示。

素材所在位置：素材文件\项目五\任务二\植物背景.psd

效果所在位置：效果文件\项目五\任务二\壁纸.psd

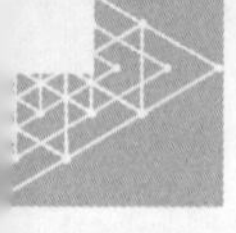

图5-24　植物手机壁纸前后对比效果

一、任务描述

（一）任务背景

现在，智能手机已经非常普及，许多人喜欢将自己拍摄的照片制作成手机壁纸进行展现。制作手机壁纸时需要注意，首先应根据手机屏幕的大小确定壁纸的尺寸，其次要根据不同的应用位置设计版式。本任务将为全面屏手机制作一张以“绿色生活”为主题的手机壁纸。该壁纸以植物摄影图为主体，设计前需要先美化和修饰摄影图，然后根据应用位置设计版式。要求风格简约清新，画面适当留白，植物主体突出。手机壁纸的尺寸要求为 1 080 像素 × 2 400 像素，分辨率为 72 像素/英寸。

（二）任务目标

- 能够使用仿制图章工具去除图片上的杂物。
- 能够灵活运用模糊工具与锐化工具表现壁纸主体。
- 能够使用加深工具与减淡工具调整图片细节处的明暗度。
- 能够根据要求制作出风格适宜、主题明确的手机壁纸。

二、相关知识

使用 Photoshop 不仅能大范围地修复图像瑕疵，还能美化局部细节，突显图像主体。下面学习相关的工具，以便高效地进行图像的美化与修饰处理。

（一）仿制图章工具

仿制图章工具用于快速复制选择区域的图像及颜色，并将复制的图像和颜色运用于其他区域。该工具对应的工具属性栏如图 5-25 所示。

图5-25　仿制图章工具的工具属性栏

主要选项的作用如下。

- **“画笔预设”下拉列表框：** 用于设置笔尖形状、硬度和样式。
- **“模式”下拉列表框：** 用于选择仿制图像的混合模式，类似于图层的混合模式。
- **“不透明度”数值框：** 用于调整仿制图像的不透明度，数值越低，透明度越高。

- **“对齐”复选框：**勾选该复选框，可以多次仿制图像，仿制的图像是取样点周围的连续性图像；若取消勾选该复选框，则仿制的图像是多幅以取样点为起点的非连续性图像。

（二）模糊工具与锐化工具

模糊工具与锐化工具是较为常用的图像修饰工具，可以起到突出画面主体的作用。两者可单独使用，也可结合使用。

1. 模糊工具

使用模糊工具可柔化图像中相邻像素之间的对比度，减少图像细节，从而使图像产生模糊的效果。该工具对应的工具属性栏如图 5-26 所示。

图5-26　模糊工具的工具属性栏

主要选项的作用如下。

- **“强度”数值框：**用于设置模糊强度，数值越大，被涂抹的图像区域模糊强度越强。
- **“对所有图层取样”复选框：**勾选该复选框，模糊操作将对所有图层生效；若取消勾选该复选框，则只对选择的图层生效。

2. 锐化工具

使用锐化工具能使模糊的图像变得清晰，使其更具有质感。但使用时需要注意，若反复涂抹图像中的某个区域，会造成图像失真。该工具对应的工具属性栏如图 5-27 所示，其中的“保护细节”复选框用于保护被涂抹的图像区域细节的最小化像素。

图5-27　锐化工具的工具属性栏

（三）加深工具与减淡工具

加深工具与减淡工具常用于处理画面中的明暗关系，两者的使用方法类似。

1. 加深工具

使用加深工具可增加曝光度，使图像中指定区域变暗。该工具对应的工具属性栏如图 5-28 所示。

图5-28　加深工具的工具属性栏

主要选项的作用如下。

- **“画笔预设”选取器：**用于设置笔尖形状、硬度和样式。
- **“范围”下拉列表框：**用于选择要修改的色调区域；选择“阴影”选项可加深图像的暗色调，选择“中间调”选项可加深图像的中间色调，选择“高光”选项可加深图像的亮色调。
- **“曝光度”数值框：**数值越高，加深效果越明显。
- **“喷枪”按钮：**单击该按钮后，可为画笔开启喷枪功能，使用加深工具在图像某处停留时，具有持续加深的效果。
- **“保护色调”复选框：**勾选该复选框后，可以防止颜色发生色相偏移，尽可能保护图像色调不受影响。

2. 减淡工具

使用减淡工具可以快速增加图像中特定区域的亮度。该工具对应的工具属性栏如图 5-29 所示，各

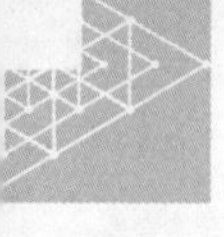

选项的作用与加深工具的类似。

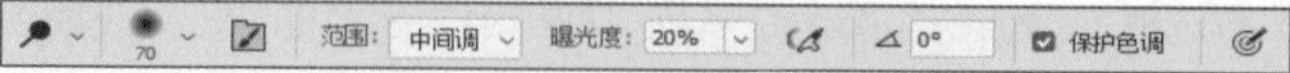

图5-29 减淡工具的工具属性栏

三、任务实施

（一）去除植物上的杂物

打开“植物背景.psd”图像文件，可发现植物背景存在明显污渍，植物包装存在大量褶皱。为了提高植物背景的美观程度，需要使用仿制图章工具去除植物背景上的杂物，其具体操作如下。

（1）打开“植物背景.psd”图像文件，按【Ctrl+J】组合键复制“植物”图层，其目的是操作不当时可及时修改，如图 5-30 所示。

（2）选择仿制图章工具，在工具属性栏中设置“画笔样式”为“柔边圆”，“大小”为“150”，“模式”为“正常”，“不透明度”为“100%”，“流量”为“100%”，“样本”为“当前图层”，如图 5-31 所示。

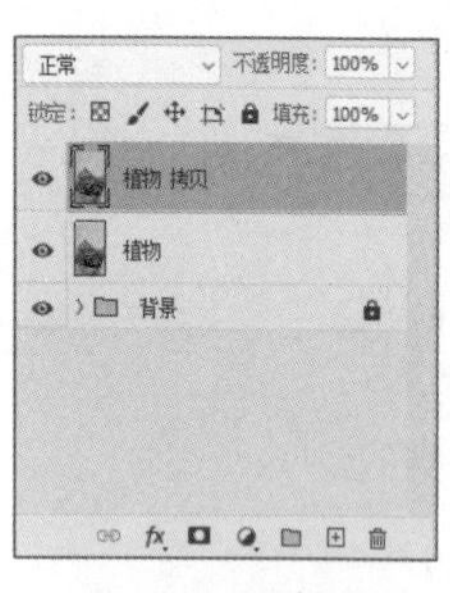

图5-30 复制图层

图5-31 设置仿制图章工具参数

（3）按住【Alt】键，此时鼠标指针变为形状，单击吸取植物包装附近无褶皱的平滑部分，然后拖曳鼠标在褶皱上涂抹，涂抹的部分将被替换为吸取的部分。

（4）如果取样的像素不能很好地融合图像，则可重新按住【Alt】键进行取样，再进行修复操作。处理过程中需要不断吸取相近的颜色、调整画笔大小，反复涂抹，直至褶皱完全去除，去除褶皱前后对比效果如图 5-32 所示。

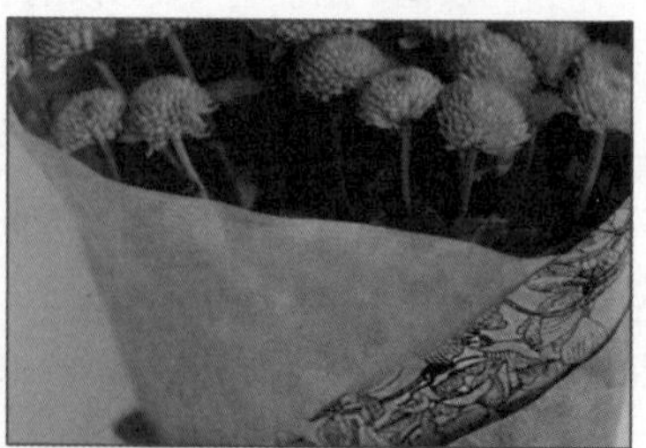

图5-32 去除褶皱前后对比效果

（5）使用同样的方法修复墙壁上的污渍，去除污渍前后对比效果如图 5-33 所示。

图5-33 去除污渍前后对比效果

（二）增强植物轮廓

去除图像上的杂物后，发现植物轮廓较模糊，此时可对植物枝叶进行锐化处理，并模糊周围背景，使植物主体更加突出，其具体操作如下。

微课视频

增强植物轮廓

（1）选择锐化工具△，在工具属性栏中设置画笔大小为“450”，“模式”为“正常”，“强度”为“100%”，勾选“保护细节”复选框，如图 5-34 所示。

（2）在枝叶上涂抹，会发现植物轮廓变得清晰，对于细微部分可缩小画笔进行涂抹，完成后的效果如图 5-35 所示。

图5-34 设置锐化工具参数

图5-35 锐化后的效果

知识补充

模糊工具和锐化工具的使用

模糊工具和锐化工具适合处理小范围的图像细节，若要对图像整体进行处理，则可使用“模糊”滤镜和“锐化”滤镜来完成。

（三）均匀化植物明暗细节

经过美化处理后，植物图像中还存在一些明暗不均匀的部分。可以对图像中的暗部进行减淡处理，再结合曲线、色阶和曝光度使整体效果更加美观，其具体操作如下。

微课视频

均匀化植物明暗细节

（1）选择减淡工具，在工具属性栏中设置画笔大小为“250”，“范围”为“中间调”，“曝光度”为“20%”，如图 5-36 所示。

（2）在植物包装和枝干上拖曳鼠标，对暗部进行减淡处理，在这个过程中可以不断调整画笔大小和曝光度使植物明暗对比强烈，如图 5-37 所示。

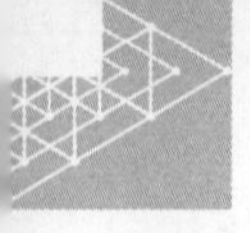

图5-36　设置减淡参数

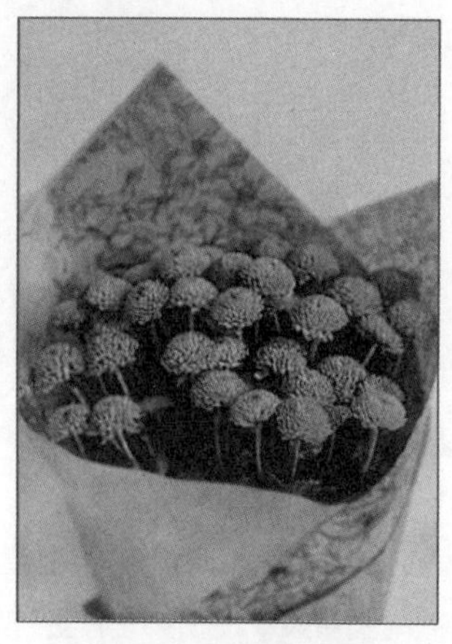

图5-37　减淡后的效果

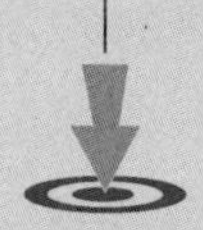

知识补充

快速调节画笔大小的方法

在使用铅笔工具、仿制图章工具、橡皮擦工具、模糊工具、锐化工具、涂抹工具、减淡工具、加深工具和海绵工具处理图像时，都会涉及画笔大小的调节，下面介绍 3 种快速调节画笔大小的方法。

- 在选择工具状态下，在图像窗口中单击鼠标右键，在弹出的“画笔编辑”快捷菜单中可设置画笔大小和硬度等。
- 在英文输入状态下，按【 [】键可以缩小画笔，按【] 】键可以放大画笔。
- 同时按住【 Alt 】键和鼠标右键并左右拖曳鼠标可以调整画笔大小，上下拖曳鼠标可以调整画笔硬度。

（3）选择【图层】/【新建调整图层】/【曲线】菜单命令，打开“新建图层”对话框，保持默认设置不变，单击确定按钮，如图 5-38 所示。

（4）打开“属性”面板，在中间列表框的曲线左下端单击添加一个控制点，向上拖曳控制点，增加图像明度，如图 5-39 所示。

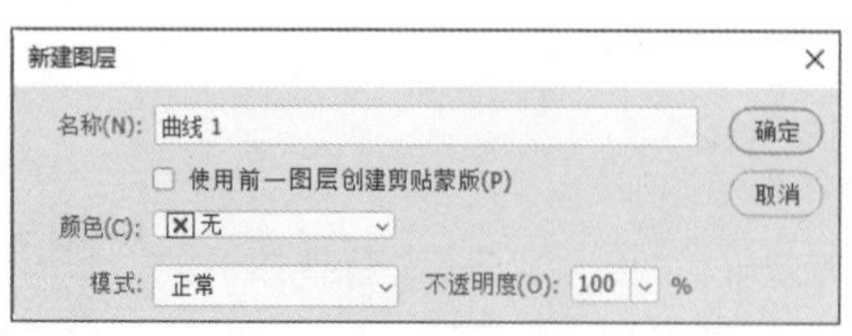

图5-38　“新建图层”对话框

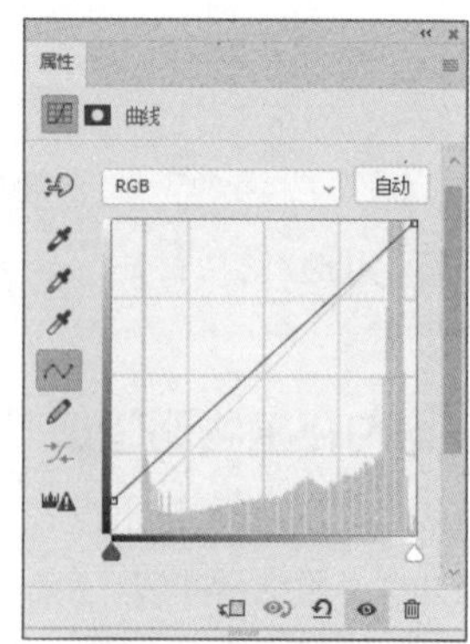

图5-39　调整曲线

（5）选择【图层】/【新建调整图层】/【色阶】菜单命令，打开“新建图层”对话框，保持默认设置不变，单击确定按钮。

（6）在“属性”面板中，向左轻微拖动最右侧的滑块调整输入色阶，这里设置最后一个滑块的数值为“225”，其他滑块保持默认设置不变，如图 5-40 所示。

（7）使用相同的方法新建“曝光度”图层，并设置其“曝光度”“位移”“灰度系数校正”分别为“+0.28”“+0.0082”和“0.96”，如图 5-41 所示。

（8）按【Shift+Ctrl+Alt+E】组合键盖印图层，便于后期壁纸的运用，如图 5-42 所示。

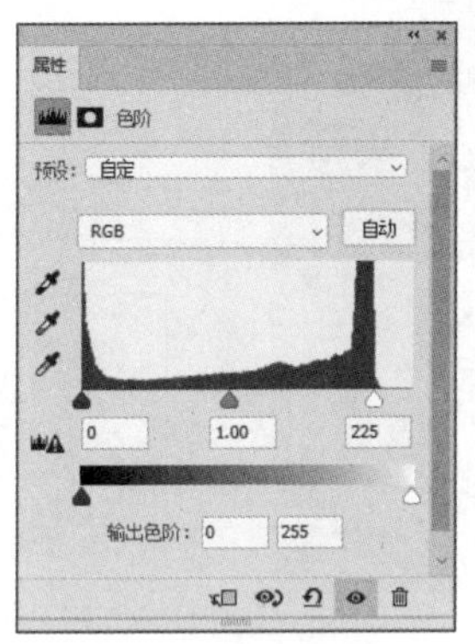

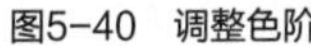
图5-40　调整色阶

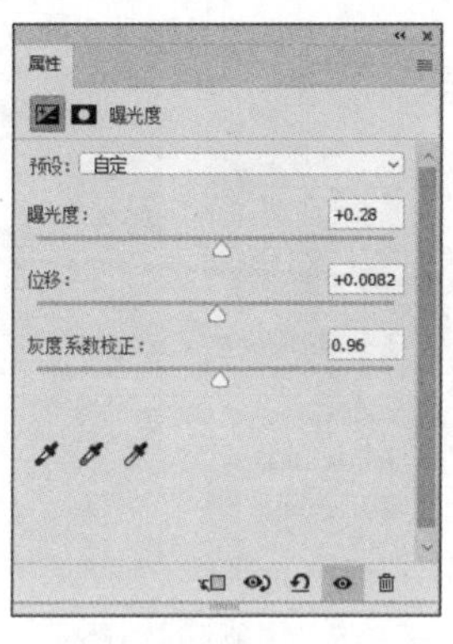

图5-41　调整曝光度

图5-42　调整后的效果

（9）新建大小为 1 080 像素×2 400 像素，分辨率为 72 像素/英寸，名为“壁纸”的图像文件，将“植物背景.psd”图像文件中的背景组和盖印图层复制到“壁纸.psd”图像文件中，调整其大小和位置。

（10）选择矩形工具▭，在工具属性栏中设置填充颜色为“#eeedf1”，取消描边，在文本上方绘制一个小于白色长方形的灰色矩形，如图 5-43 所示。

（11）在植物图层右侧的空白区域单击鼠标右键，在弹出的快捷菜单中选择【创建剪贴蒙版】命令，如图 5-44 所示。按【Ctrl+S】组合键保存文件，完成本任务的制作。

图5-43　绘制矩形

图5-44　创建剪贴蒙版效果

实训一　美化旅游照片

【实训要求】

本实训要求先去除照片中人物的瑕疵，再调整照片的色彩，以提升照片的美观度。美化旅游照片前后的对比效果如图 5-45 所示。

素材所在位置：素材文件\项目五\实训一\旅游照片.jpg
效果所在位置：效果文件\项目五\实训一\美化旅游照片.psd

图5-45　美化旅游照片前后对比效果

【实训思路】

受天气、光照等因素干扰，直接拍摄的照片往往存在瑕疵、曝光不足等情况，可使用 Photoshop 美化照片，包括修复瑕疵、调整色彩等。

【步骤提示】

本实训先打开素材文件，然后使用修复工具处理人物脸部的瑕疵，使用模糊工具处理人物皮肤，最后调整照片颜色，使整体色调变得正常，其步骤如图 5-46 所示。

① 修复脸上瑕疵

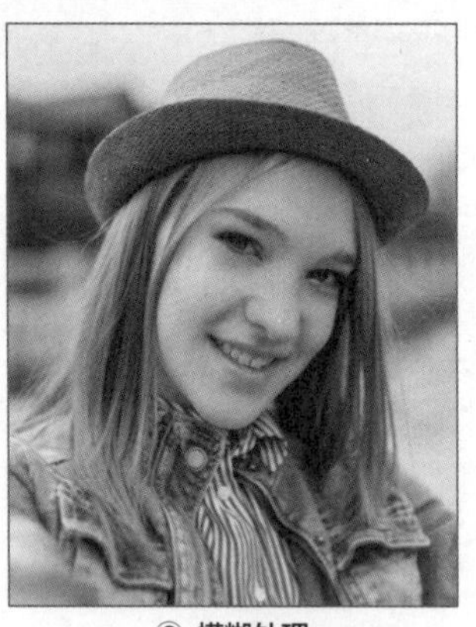
② 模糊处理

③ 调整照片颜色

图5-46　美化旅游照片的步骤

（1）打开“旅游照片.jpg”图像文件，分别选择修复画笔工具和污点修复画笔工具，在人物脸上涂抹，去除脸上的瑕疵及斑点。

（2）选择模糊工具，对人物的整个面部皮肤进行涂抹，使皮肤看起来更加细腻；涂抹人物周围环境和衣服，凸显人物主体。

（3）使用曲线、色阶、颜色平衡、可选颜色等调整整个画面的颜色，使画面的颜色看起来更加自然。

实训二　修复老照片

【实训要求】

本实训要求对一张老照片的折痕进行修复处理，使画面更加完整。修复老照片前后的对比效果如图 5-47 所示。

素材所在位置：素材文件\项目五\实训二\老照片.jpg

效果所在位置：效果文件\项目五\实训二\修复老照片.psd

【实训思路】

高清彩图

修复照片主要是修复照片中不理想的部分。本实训主要修复照片中的折痕。修复时应注意遵循原有的布局，尽量不去掉照片原有的元素。修复后为了使照片更加清晰，可结合相应的调整命令调整照片色调，使效果更鲜明。

图5-47　修复老照片前后对比效果

【步骤提示】

本实训主要包括调整色调、调整明暗细节，以及修复折痕 3 步操作，其步骤如图 5-48 所示。

① 调整色调

② 调整明暗细节

③ 修复折痕

图5-48　修复老照片的步骤

微课视频

修复老照片

（1）打开“老照片.jpg”图像文件。

（2）使用【色彩平衡】和【色相/饱和度】命令减少偏黄的颜色，降低照片的饱和度。

（3）使用【阴影/高光】和【曝光度】命令调整照片的明暗细节。

（4）使用修复画笔工具和仿制图章工具对照片中的折痕进行修复。

课后练习

本项目主要介绍了美化与修饰图像时需要用到的工具，包括污点修复画笔工具、修复画笔工具、修补工具、模糊工具、锐化工具、减淡工具和加深工具等。学习本项目的内容，应重点掌握各种工具的使用方法，以便在日常设计工作中提高工作效率。

练习 1：修复商品实拍图

本练习要求修复商品实拍图，包括对损坏的墙壁进行修复，并去除花盆标签、展示柜上的污渍和划痕，然后调整色调。修复商品实拍图前后对比效果如图 5-49 所示。

素材所在位置： 素材文件\项目五\课后练习\商品实拍图.jpg
效果所在位置： 效果文件\项目五\课后练习\修复商品实拍图.psd

图5-49　修复商品实拍图前后对比效果

高清彩图

操作提示如下。

（1）打开“商品实拍图.jpg”图像文件。

（2）使用污点修复画笔工具组修补墙壁、花盆和展示柜。

（3）调整图片色调，完成商品实拍图的修复。

练习 2：去除人物眼镜

本练习要求将一张人物照片中的眼镜去除，可打开本书提供的素材文件进行操作，去除人物眼镜前后对比效果如图 5-50 所示。

素材所在位置： 素材文件\项目五\课后练习\眼镜.jpg
效果所在位置： 效果文件\项目五\课后练习\去除人物眼镜.psd

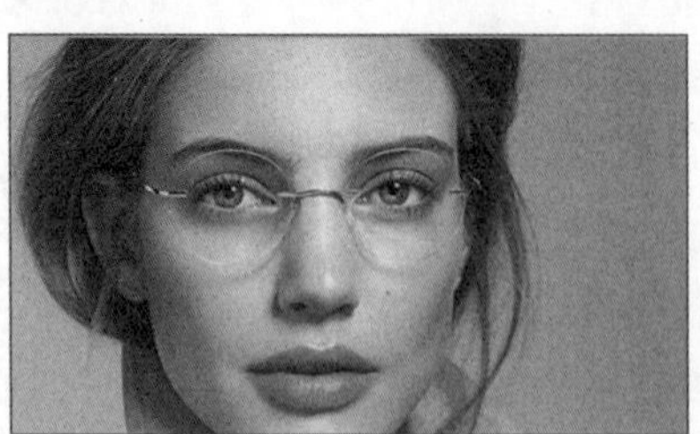

图5-50　去除人物眼镜前后对比效果

操作提示如下。

（1）打开“眼镜.jpg”图像文件。

（2）使用仿制图章工具去除人物的眼镜。

（3）使用污点修复画笔工具组对人物眼部周围的皮肤进行修复，完成去除人物眼镜的操作。

高清彩图

技巧提升

1. 内容识别修复法

内容识别修复法是指由计算机自动识别并进行修复，对需要修复的区域建立选区后，选择【编辑】/【填充】菜单命令，打开“填充”对话框，在“内容”下拉列表框中选择“内容识别”选项，单击确定按钮。

扫一扫

查看详情

2. 内容感知移动法

在修复图像时，常会遇到需要移动或复制图像的情况，此时可使用内容感知移动工具移动或复制图像。

AIGC 高效设计

1. 无痕消除画面内容

用户涂抹画面内容后，AIGC 工具会对涂抹区域进行消除，并根据周围图像智能重绘，保持画面自然、完整，这种技术常用于摄影后期处理、消除图片水印。

- **AIGC 工具：** Midjourney 中文站。
- **模式：** 工具箱 > AI 消除笔 > 局部消除。
- **上传图片：** 上传如图 5-51 所示的原图。

图5-51 待处理的原图

- **涂抹区域：** 涂抹桌面上的多余面粉和右下角的水印（涂抹后，呈绿色高亮显示），如图 5-52 所示。

图5-52 涂抹处理后效果

- **生成结果：** 智能无痕消除处理后生成效果如图 5-53 所示。

图5-53 无痕消除后效果

2. 老照片智能修复与上色

老照片智能修复技术是指使用软件技术对大量的老照片和对应的高质量修复版本进行智能训练，使智能修复系统学习照片修复的规律和方法，从而自动分析老照片中的损伤和缺陷，如划痕、褪色、模糊等，并智能修复、增强细节。此外，智能上色技术能学习人们对图片的上色喜好和规律，对黑白照片进行自动上色。

3. 增强图片清晰度

增强图片清晰度可将较为模糊、尺寸较小的图像，变成高清、超清图像的分辨率和清晰度，提升图像边缘和纹理细节，去除模糊和噪点。

4. 人像精修

人像精修能够自动识别照片中的人像特征，并进行精细化的调整和优化。无论是肌肤质感、面部轮廓、五官细节，还是身型、身高、牙齿、头发，AIGC 工具都能进行精准修饰，使照片更加美观自然。

- **老照片原图：** 上传如图 5-54 所示的老照片。

图5-54 老照片原图

- **AIGC 工具：** 腾讯 ARC Lab。
- **模式：** 人像修复。
- **模型选择：** V1.3。
- **生成结果：** 生成效果如图 5-55 所示。

图5-55 人像修复效果

- **AIGC 工具：** Midjourney 中文站。
- **模式：** 工具箱/照片修复。
- **修复模型：** 照片上色。
- **生成结果：** 生成效果如图 5-56 所示。

图5-56 照片上色效果

- **AIGC 工具：** Vega AI。
- **模式：** 图像生成 > 画质提升。
- **上传图片：** 上传如图 5-57 所示图片。

图5-57 画质提升前图片

- **生成结果：** 画质提升后效果如图 5-58 所示。

图5-58 画质提升后效果

- **AIGC 工具：** 美图云修 Pro。
- **模式：** 人像美化。
- **上传图片：** 上传如图 5-59 所示照片。

图5-59 精修前照片

- **脸部优化：** AI 修复 100；AI 美颜 100。
- **妆容调整：** 阴影立体 37；高光立体 14。
- **皮肤磨皮：** 高低频-脸部 63；高低频-身体 100；皮肤纹理-脸部 33。
- **生成结果：** 人像精修后效果如图 5-60 所示。

图5-60 精修后效果

项目六

使用蒙版与通道

情景导入

实习至今，米拉已经出色地完成了网页、包装、广告、店招、宣传海报等多个设计任务。为了更加全面地考验和培养米拉，老洪决定让米拉尝试制作开屏广告、直通车图、焦点图，合成特效，且设计素材均为需要大量加工的原始素材。

面对这些复杂的设计任务，米拉十分苦恼应该如何入手。

老洪点拨道："这些设计任务可以通过抠图、调色、合成等方式完成。使用蒙版可以调整图像合成的范围，使用通道可以更改图像的色彩，还能抠取毛发、羽毛、玻璃等复杂图像。"

学习目标

- 掌握使用多种蒙版制作 App 开屏广告的方法
- 掌握使用通道制作洗发水直通车图的方法
- 能够运用分离通道、合并通道、计算通道等操作制作女装焦点图
- 能够使用 AIGC 工具融合图像、设计电影特效海报

素养目标

- 培养运用通道进行抠图和磨皮的能力
- 培养运用通道更改图像颜色的能力
- 培养运用蒙版合成图像特效的能力
- 激发创新思维，创意探索
- 弘扬工匠精神

任务一　制作 App 开屏广告

老洪让米拉为某官方媒体制作一则开屏广告，用于投放在社交类、阅读类、视频类等 App 中，从而培养米拉合成特殊效果的能力。米拉在收集完相关素材后，便开始思考设计方向，她发现可以使用蒙版来合成具有特殊效果的 App 开屏广告。制作的 App 开屏广告参考效果如图 6-1 所示。

素材所在位置：素材文件\项目六\任务一\工匠精神.psd
效果所在位置：效果文件\项目六\任务一\App 开屏广告.psd

图6-1　App开屏广告参考效果

一、任务描述

（一）任务背景

App 开屏广告是在 App 启动时出现的广告，一般展示时间为 3~5 秒，展示完毕后会自动关闭并进入 App 主页面。常见的 App 开屏广告主要由图像、文案、倒计时按钮等组成。本任务将制作以宣传“工匠精神”为主题的 App 开屏广告，在制作时需要运用蒙版合成简约、大气、醒目的工匠图像，然后结合宣传工匠精神的文案进行版式设计，使 App 开屏广告更具视觉吸引力，引导更多浏览者点击。图片的尺寸要求为 1 080 像素 × 2 160 像素，分辨率为 72 像素/英寸。

（二）任务目标

- 综合运用图层混合模式和蒙版培养合成图像的能力。
- 能够通过蒙版灵活调整局部图像，掌握处理素材的方法。

二、相关知识

蒙版是非常重要的图像处理工具，使用蒙版可以轻松完成图像的合成操作，避免在使用橡皮擦等工具时造成误操作。除此之外，对蒙版使用滤镜可以制作出一些让人惊奇的效果。下面对蒙版的相关基础知识进行讲解。

（一）认识蒙版和“蒙版”面板

蒙版就是在图层上贴上一张隐藏的纸，从而控制图像的内容显示，主要用于隔离和保护图像中的某个区域，并将部分图像处理成透明或半透明效果。当对图像的其他部分进行颜色变化和效果处理时，被蒙版蒙住的区域不会发生改变。同样，也可只对蒙住的区域进行处理，而不改变图像的其他部分。蒙版是 256 色的灰度图像，它以 8 位的灰度通道存放在图层或通道中，可以使用绘图、编辑工具对它进行修改。

对蒙版的管理可通过“蒙版”面板进行。在为图层添加蒙版后，选择【窗口】/【属性】菜单命令，即可打开蒙版的“属性”面板，在其中可设置与该蒙版相关的属性，如图 6-2 所示。

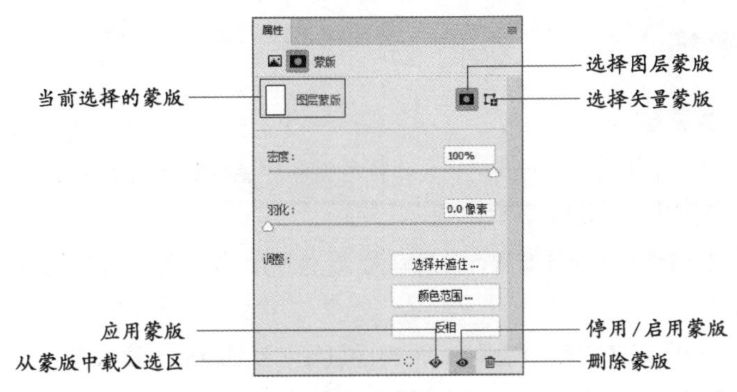

图6-2 蒙版的“属性”面板

主要选项的作用如下。

- **当前选择的蒙版：**用于显示在“图层”面板中所选的蒙版类型，图 6-2 中当前选择的蒙版类型为“图层蒙版”。
- **“选择图层蒙版”按钮：**单击该按钮，可选择图层蒙版。
- **“选择矢量蒙版”按钮：**单击该按钮，可选择矢量蒙版。
- **“密度”数值框：**拖动滑块可控制蒙版的不透明度，即蒙版的遮盖力度。
- **“羽化”数值框：**拖动滑块可柔化蒙版边缘。
- 选择并遮住... **按钮：**单击该按钮，可对图像进行视图模式、边缘检测、调整边缘和输出设置。
- 颜色范围... **按钮：**单击该按钮，可打开“色彩范围”对话框，此时可在图像中对颜色进行取样，并通过调整颜色容差来修改蒙版范围。
- 反相 **按钮：**单击该按钮，可翻转蒙版的遮盖区域，即将之前没被蒙住的区域作为新的蒙版区域。
- **“从蒙版中载入选区”按钮：**单击该按钮，可载入蒙版包含的选区。
- **“应用蒙版”按钮：**单击该按钮，可将蒙版应用到图像中，同时删除被蒙版遮盖的图像。
- **“停用/启用蒙版”按钮：**单击该按钮或按住【Shift】键单击蒙版缩览图，可停用或重新启用蒙版；停用蒙版时，蒙版缩览图上会出现一个红色的“×”标记。
- **“删除蒙版”按钮：**单击该按钮，可删除当前蒙版；将蒙版缩览图拖曳到“图层”面板底部的按钮上，也可删除蒙版。

（二）蒙版类型

Photoshop 提供了 4 种蒙版，在处理图像时可根据具体要求进行选择。

- **快速蒙版：**使用快速蒙版可以在编辑的图像上暂时产生蒙版效果，常用于选区的创建。在正常情况下，有选区的部分显示为白色，没有选区的部分显示为红色。
- **图层蒙版：**通过控制蒙版中的灰度信息，来控制图像在图层蒙版不同区域内隐藏或显示的状态，常用于图像的合成。

- **剪贴蒙版：**通过下方图层的形状来限制上方图层的显示状态，达到一种剪贴画的效果；具体来说，它是利用图层与图层之间的相互覆盖而产生的一种蒙版，位于下方的图层起蒙版的作用，而位于上方的图层以下方的图层为蒙版。
- **矢量蒙版：**通过路径和矢量形状来控制图像的显示区域，可以用矢量工具进行编辑；由于分辨率不会影响矢量图形的显示，所以无论怎样旋转和缩放矢量蒙版，矢量蒙版都能保持光滑的轮廓。

三、任务实施

（一）创建文字蒙版

创建文字蒙版是文字创新设计的方向之一。本任务将利用蒙版制作文字的镂空效果，以透出下层的工匠图像，其具体操作如下。

微课视频

创建文字蒙版

（1）新建大小为 1 080 像素×2 160 像素，分辨率为 72 像素/英寸，名为“App 开屏广告”的图像文件。

（2）打开“工匠精神.psd”图像文件，将其中的所有图层复制到“App 开屏广告.psd”图像文件中，分别调整大小和位置，效果如图 6-3 所示。

（3）在“图层”面板中选择“大国工”图层，使用魔棒工具在图像窗口中“大国工”文字以外的区域单击创建选区，如图 6-4 所示。

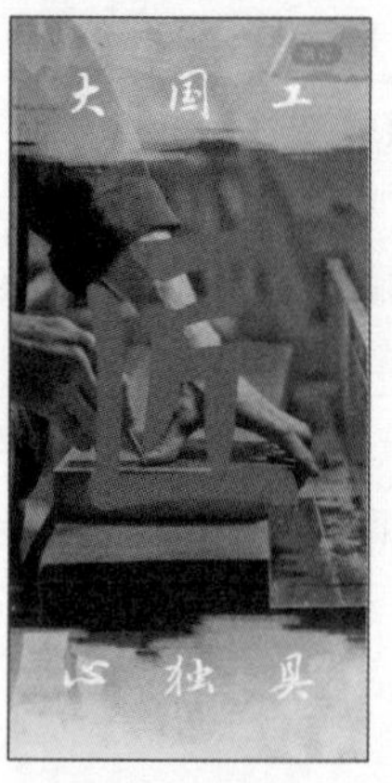

图6-3 复制图层效果

图6-4 创建选区

（4）选择“上刷”图层，单击“图层”面板下方的“添加图层蒙版”按钮，创建“大国工”文字形状的蒙版，完成后隐藏“大国工”图层，效果如图 6-5 所示。此时，“图层”面板如图 6-6 所示。

图6-5 隐藏图层效果

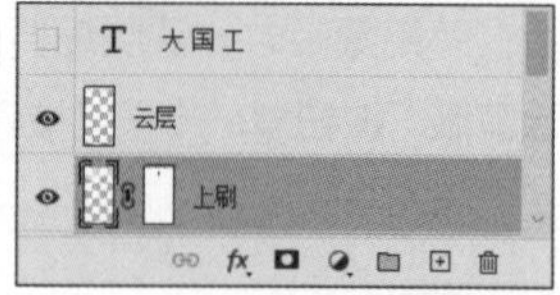

图6-6 “图层”面板

（5）选择“下刷”图层，单击“图层”面板下方的“添加图层蒙版”按钮，创建图层蒙版。

（6）选择“心独具”图层，使用魔棒工具在图像窗口中“心独具”文字以外的区域单击创建选区，按【Shift+Ctrl+I】组合键反选选区，如图 6-7 所示。

（7）选择“下刷”图层中的图层蒙版缩览图，如图 6-8 所示。按【Delete】键清除选区内容，然后隐藏“心独具”图层。此时，图像效果如图 6-9 所示。

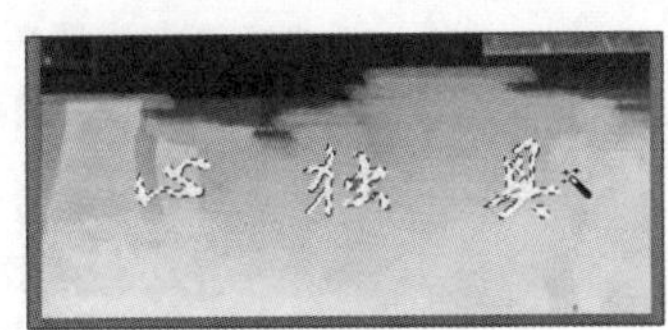

图6-7 创建文字选区

图6-8 选择图层蒙版缩览图

图6-9 图像效果

蒙版的填充颜色

知识补充

在蒙版中，只能使用黑色、白色、灰色进行填充。填充黑色为遮盖图像，填充白色为显现图像，填充灰色为显现具有透明度的图像。

（二）设置图层混合模式

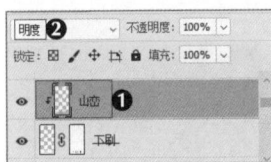

综合运用图层混合模式和剪贴蒙版，可以只对当前图层进行更高级的图像合成操作。本任务需要混合“山峦”“云层”装饰图像，并在合适的位置创建剪贴蒙版，其具体操作如下。

微课视频

设置图层混合模式

（1）选择“山峦”图层，将其拖曳到“下刷”图层上方。

（2）单击鼠标右键，在弹出的快捷菜单中选择【创建剪贴蒙版】命令，将默认向下方的图层创建剪贴蒙版。

（3）设置“山峦”图层的混合模式为“明度”，如图 6-10 所示。可以发现“山峦”图层的颜色已经没有了，只叠加了明暗度，如图 6-11 所示。

图6-10 设置图层混合模式

图6-11 “明度”混合效果

（4）选择“云层”图层，将其拖曳到“上刷”图层上方，单击鼠标右键，在弹出的快捷菜单中选择【创建剪贴蒙版】命令，将默认向下方的图层创建剪贴蒙版，如图 6-12 所示。剪贴蒙版的效果如图 6-13 所示。

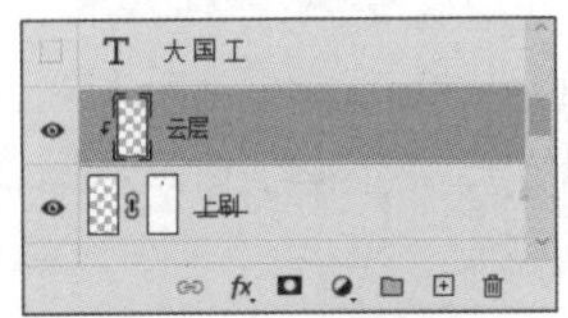

图6-12 创建剪贴蒙版

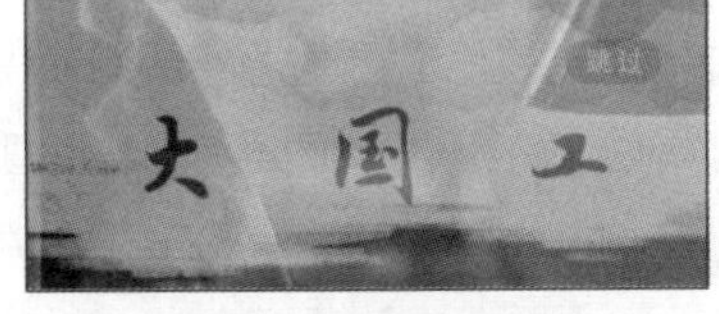

图6-13 剪贴蒙版效果

蒙版与图层之间的切换方法

知识补充

添加图层蒙版后，如果要对图层蒙版进行操作，则需要在图层中选择图层蒙版缩览图；如果需要编辑图像，则需要在图层中选择图像缩览图。

（三）调整蒙版色调

开屏广告中的主体文字“匠”稍显生硬，可考虑结合选区与蒙版的方法来调整局部颜色，其具体操作

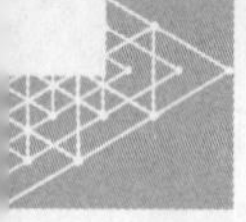

如下。

（1）选择“匠”图层，使用魔棒工具在图像窗口中“匠”文字以外的区域单击创建选区，按【Shift+Ctrl+I】组合键反选选区，如图6-14所示。

（2）隐藏“匠”图层，选择“工匠”图层，单击“图层”面板下方的“创建新的填充或调整图层”按钮，在弹出的快捷菜单中选择【曝光度】命令，打开“属性”面板，设置“曝光度”为“+1.05”，如图6-15所示。

图6-14 创建选区

图6-15 调整曝光度

（3）此时“图层”面板如图6-16所示，可发现图像窗口中只有选区部分的曝光度发生了变化，如图6-17所示。

（4）选择“工匠”图层，单击“图层”面板下方的“创建新的填充或调整图层”按钮，在弹出的快捷菜单中选择【曲线】命令，打开“属性”面板。在曲线上单击添加一个控制点，设置“输入”和“输出”分别为“183”和“219”，如图6-18所示。

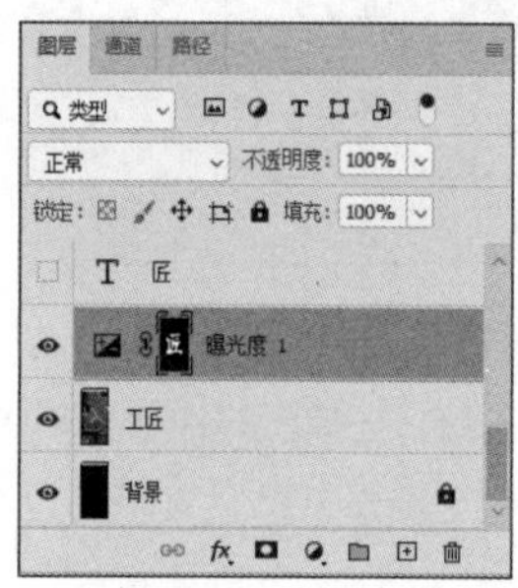

图6-16 “图层”面板

图6-17 调整曝光度后的效果

（5）选择“匠”图层，使用魔棒工具在图像窗口中“匠”文字以外的区域单击创建选区。单击上一步创建的“曲线1”图层中的图层蒙版缩览图，按【Delete】键清除选区内容，可以发现调整效果只应用于蒙版中的白色区域，如图6-19所示。

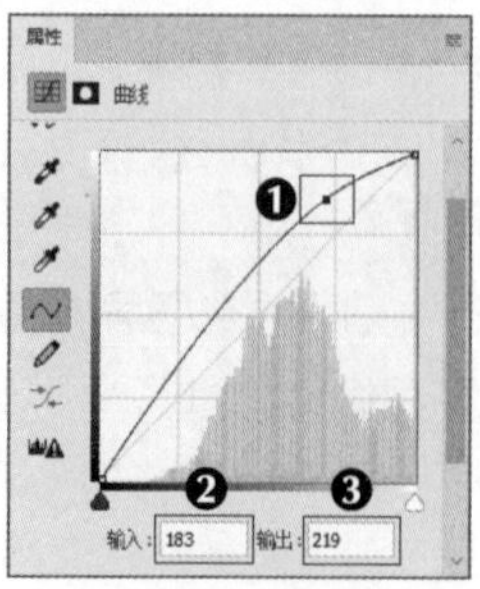

图6-18 调整曲线

图6-19 调整曲线后的效果

（6）使用相同的方法，在“自然饱和度”数值中输入“+100”，如图 6-20 所示。此时“图层”面板如图 6-21 所示。按【Ctrl+S】组合键保存文件，最终效果如图 6-22 所示。

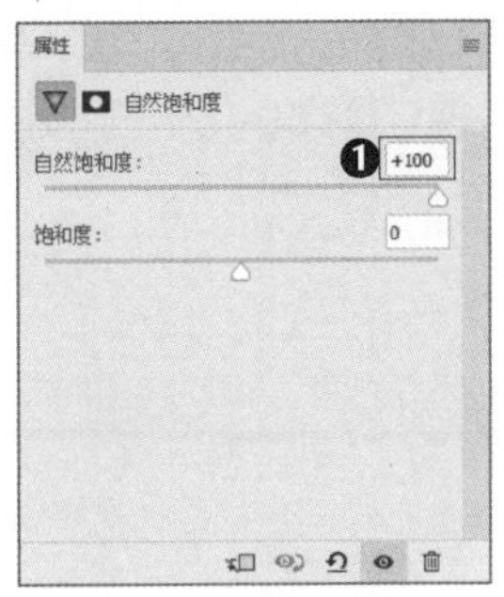

图6-20 调整自然饱和度

图6-21 “图层”面板

图6-22 最终效果

知识补充

蒙版与调整图层的应用区域

如果只想更改某一区域的颜色，则只需要在调整图层的图层蒙版中将该区域变为白色，不想更改的区域变为黑色即可，这样调整效果只会应用于白色的区域。

任务二 制作洗发水直通车图

老洪交给米拉为某品牌制作洗发水直通车图的新设计任务，目前还缺少模特素材。米拉收集了合适的素材，准备将模特图像抠取下来用于设计直通车图。但在抠取模特头发丝时效果不太理想，她便去请教老洪，老洪说：“你可以使用通道来抠取这类复杂的图像。”米拉使用 Photoshop 的通道功能对头发丝进行抠取，发现不仅操作简便，而且抠取出的图像效果美观，同时还能提升精细抠图的能力。洗发水直通车图的前后对比效果如图 6-23 所示。

素材所在位置：素材文件\项目六\任务二\头发.jpg、洗发水.psd
效果所在位置：效果文件\项目六\任务二\洗发水直通车.psd

图6-23 洗发水直通车图前后对比效果

一、任务描述

（一）任务背景

使用直通车图是电商平台中商家进行宣传与推广的重要手段，直通车图不仅可以提高商品的曝光率，还能有效增加店铺的流量，为店铺吸引更多顾客。本任务将为某洗发水品牌制作一张直通车图，需要先抠取模特素材，然后添加背景和宣传文案。直通车图要求卖点简洁，构图合理且具有吸引力。图像尺寸要求为 800 像素 × 800 像素，分辨率为 72 像素/英寸。

（二）任务目标

- 能够灵活运用通道抠取图像，提升高效抠取图像的能力。
- 掌握直通车图的制作方法。

二、相关知识

通道用于存放颜色和选区信息，是选择图层中某部分图像的重要工具。应用通道的实质就是对选区的应用，在通道中可以进行明暗度、对比度等的调整，从而产生各种特殊的图像效果。

（一）认识"通道"面板

在编辑图像的过程中，和通道相关的操作需要在"通道"面板中进行，选择【窗口】/【通道】菜单命令，打开"通道"面板，如图 6-24 所示。默认情况下，"通道"面板、"图层"面板和"路径"面板在同一面板组中显示。

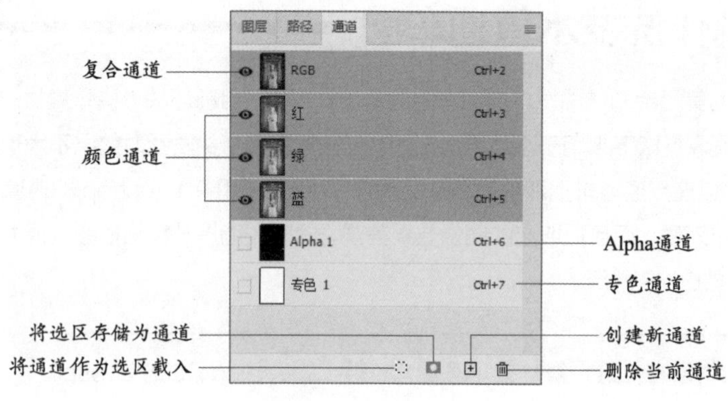

图6-24 "通道"面板

主要选项的作用如下。

- **复合通道：**用于预览和保存图像的综合颜色信息。
- **颜色通道：**用于记录图像内容和颜色信息。
- **Alpha 通道：**用于保存图像的选区。
- **专色通道：**用于保存专色油墨的颜色信息。
- **"将通道作为选区载入"按钮：**单击该按钮，将载入所选通道中的选区，选择【选择】/【载入选区】菜单命令也能起到相同的作用。
- **"将选区存储为通道"按钮：**单击该按钮，将图像中的选区保存为通道，选择【选择】/【存储选区】菜单命令也能起到相同的作用。
- **"创建新通道"按钮：**单击该按钮，将创建一个新的 Alpha 通道。
- **"删除当前通道"按钮：**单击该按钮，将删除所选通道（复合通道无法删除）。

（二）通道类型

通道可分为颜色通道、Alpha 通道和专色通道 3 类。在 Photoshop 中打开或创建一个新的图像文件后，“通道”面板将自动创建颜色通道；而 Alpha 通道和专色通道都需要手动创建。通道的含义与创建方法具体讲解如下。

1. 颜色通道

颜色通道用于记录图像内容和颜色信息，其效果类似于摄影胶片。不同的颜色模式产生的颜色通道数量和名称有所不同，如图 6-25 所示。

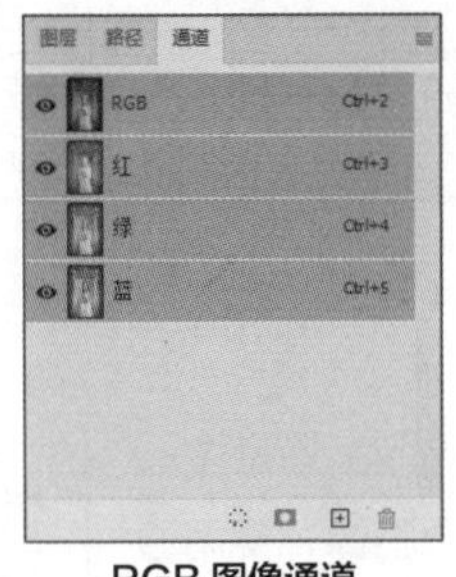

RGB 图像通道

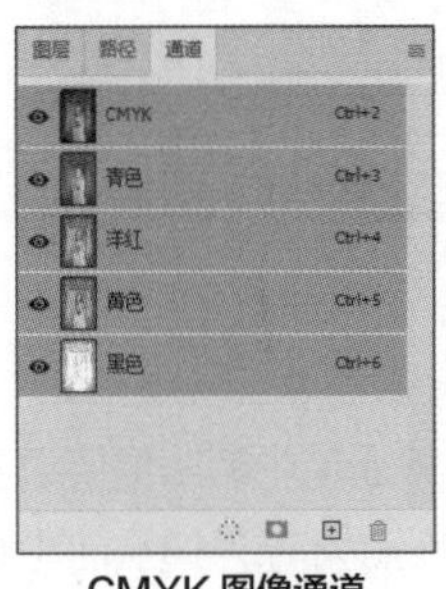

CMYK 图像通道

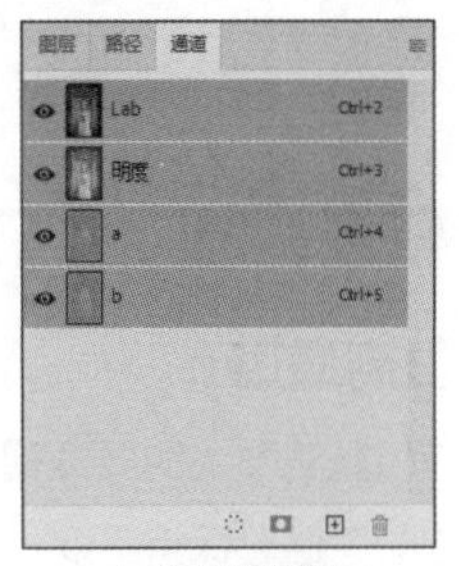

Lab 图像通道

图6-25　颜色通道

RGB 图像通道包括“RGB”“红”“绿”“蓝”通道，CMYK 图像通道包括“CMYK”“青色”“洋红”“黄色”“黑色”通道，Lab 图像通道包括“Lab”“明度”“a”“b”通道。

2. Alpha 通道

Alpha 通道可以保存选区，也可以将选区存储为灰度图像，便于通过画笔、滤镜等修改选区，还可以从 Alpha 通道载入选区。Alpha 通道的创建方法主要有以下 3 种。

- 单击“通道”面板下方的“创建新通道”按钮，即可新建一个 Alpha 通道。
- 单击“通道”面板右上角的按钮，在弹出的快捷菜单中选择【新建通道】命令，打开“新建通道”对话框，设置相关参数，单击确定按钮，如图 6-26 所示，即可新建一个 Alpha 通道。
- 创建选区后，选择【选择】/【存储选区】菜单命令，打开“存储选区”对话框，设置相关参数，单击确定按钮，如图 6-27 所示，在“存储选区”对话框中创建的新通道即 Alpha 通道。

在“通道”面板中，双击需要调整的 Alpha 通道右侧的空白区域，打开“通道选项”对话框，可以在其中重新设置该 Alpha 通道的参数，如图 6-28 所示。

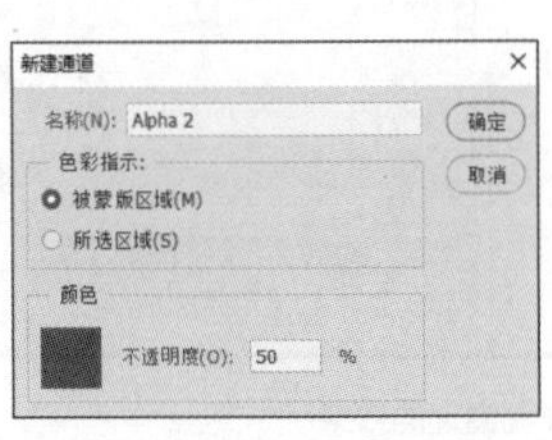

图6-26　“新建通道”对话框

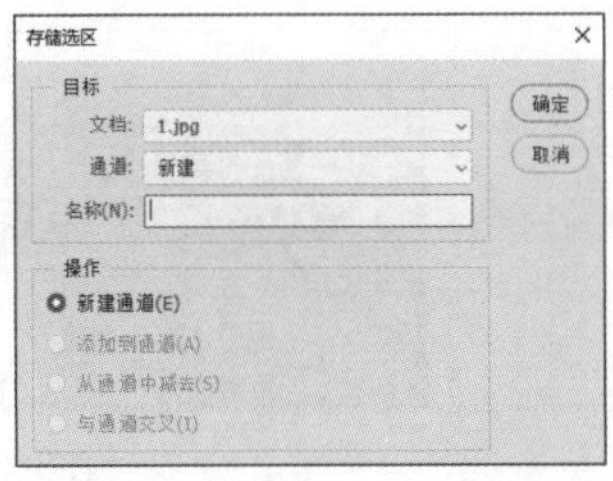

图6-27　“存储选区”对话框

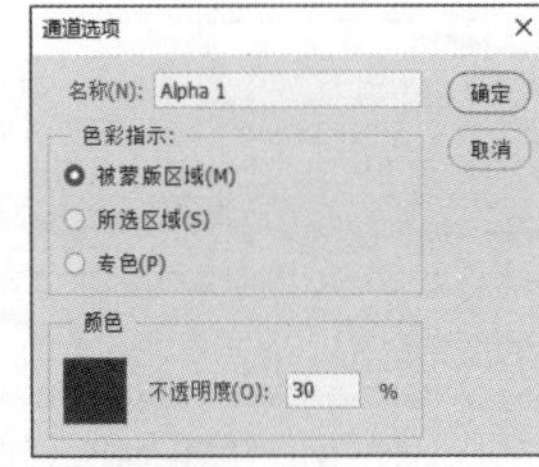

图6-28　“通道选项”对话框

3. 专色通道

专色通道常用于特殊印刷，在包装印刷时经常会使用专色印刷工艺印刷大面积的底色，此时就需要使用专色通道来存储专色油墨的颜色信息。

专色通道的创建方法为：单击“通道”面板右上角的按钮，在弹出的快捷菜单中选择【新建专色通道】命令，打开“新建专色通道”对话框，设置相关参数，单击确定按钮，如图 6-29 所示。其中，“密度”是指在屏幕上模拟印刷的专色密度：数值为 100%时，模拟完全覆盖下层油墨的专色效果；数值为0%时，模拟完全显示下层油墨的透明叠加效果。

在“通道”面板中，双击需要调整的专色通道右侧的空白区域，打开“专色通道选项”对话框，可以在其中重新设置该专色通道的参数，如图 6-30 所示。

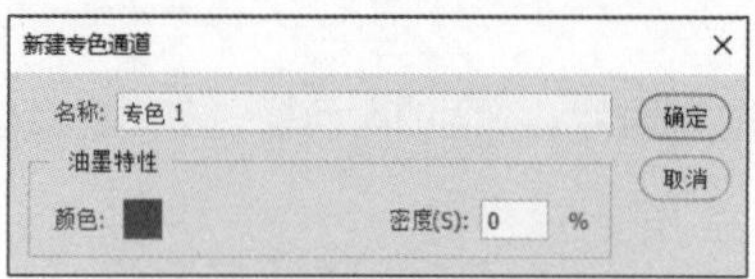

图6-29 “新建专色通道”对话框

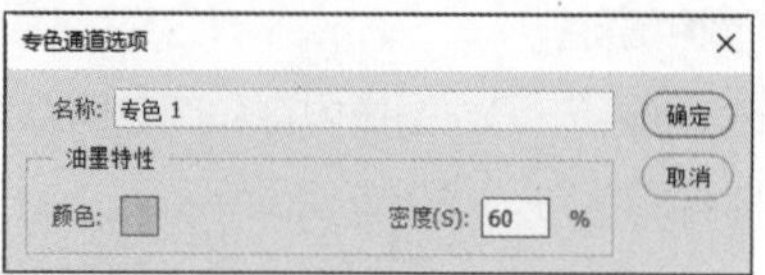

图6-30 “专色通道选项”对话框

三、任务实施

（一）复制通道

复制通道和复制图层的原理相同，是将通道中的图像信息复制粘贴到新通道中，而原通道中的图像信息保持不变。为了避免破坏原通道从而影响素材原图像，使用通道抠取头发时可以先复制通道，其具体操作如下。

（1）打开“头发.jpg”图像文件，选择【窗口】/【通道】菜单命令，打开“通道”面板。

（2）因为“蓝”通道中头发与背景的对比度更强，所以这里选择“蓝”通道。单击“通道”面板右上角的☰按钮，在弹出的快捷菜单中选择【复制通道】命令，打开“复制通道”对话框，保持默认设置不变，单击确定按钮，如图 6-31 所示。

知识补充

快速选择通道的组合键

为了提高工作效率，可以使用组合键来快速选择通道。按【Ctrl+2】组合键可快速选择 RGB 复合通道，按【Ctrl+3】组合键可快速选择红通道，按【Ctrl+4】组合键可快速选择绿通道，按【Ctrl+5】组合键可快速选择蓝通道。新建的通道会依次排列在“通道”面板下方，按【Ctrl】键加上相应的数字，可快速选择对应通道。

（3）此时复制得到的“蓝 拷贝”通道位于“通道”面板底部，如图 6-32 所示。

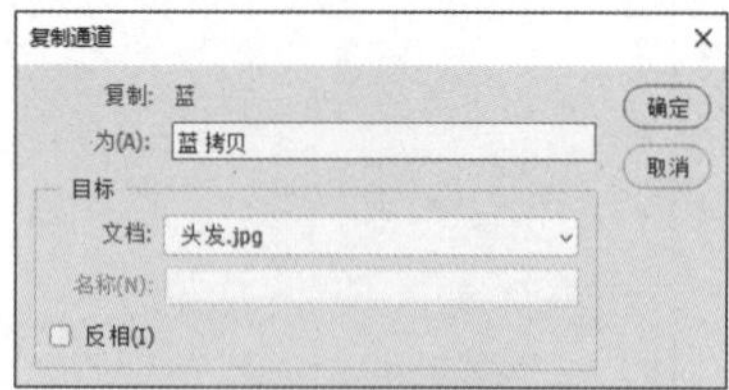

图6-31 “复制通道”对话框

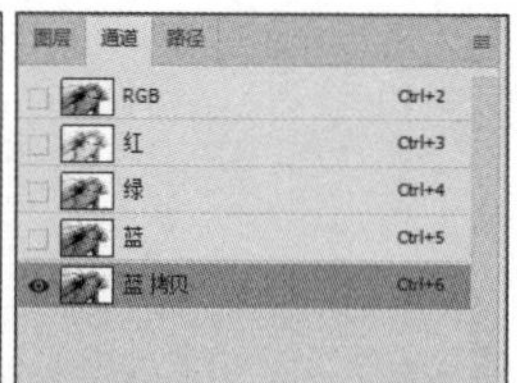

图6-32 复制通道的效果

知识补充

复制通道的其他方法

在通道上单击鼠标右键，在弹出的快捷菜单中选择【复制通道】命令，或选择要复制的通道，将其拖曳到面板底部的“创建新通道”按钮⊞上，当鼠标指针变成形状时释放鼠标左键，可以复制所选通道。

（二）调整通道

部分调整命令除了可以用于调整图层之外，还可以用于调整某一通道。为了更好地抠取头发，需要加强通道中头发与背景的对比度，其具体操作如下。

（1）选择【图像】/【调整】/【曲线】菜单命令，或按【Ctrl+M】组合键打开“曲线”对话框，设置相关参数，单击确定按钮，如图 6-33 所示。因为在调整曲线前，已经在“通道”面板中选择“蓝 拷贝”通道，所以“曲线”对话框中的“通道”下拉列表框已自动选择“蓝 拷贝”通道。

（2）返回图像窗口，调整曲线后的效果如图 6-34 所示。

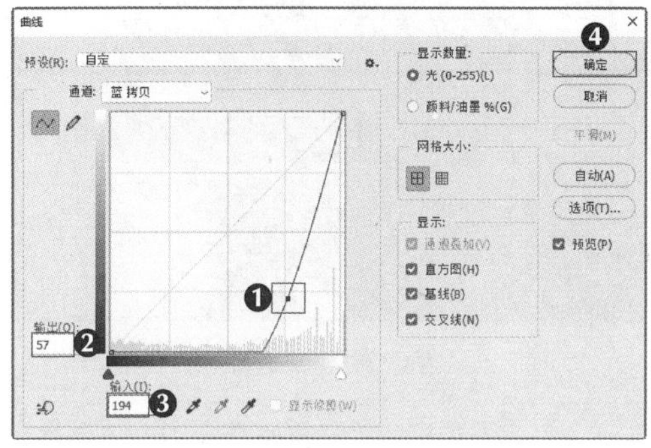

图6-33 设置“曲线”参数

图6-34 调整曲线后的效果

（3）选择【图像】/【调整】/【色阶】菜单命令，或按【Ctrl+L】组合键打开“色阶”对话框，设置相关参数，单击确定按钮，如图 6-35 所示。

（4）返回图像窗口，调整色阶后的效果如图 6-36 所示。

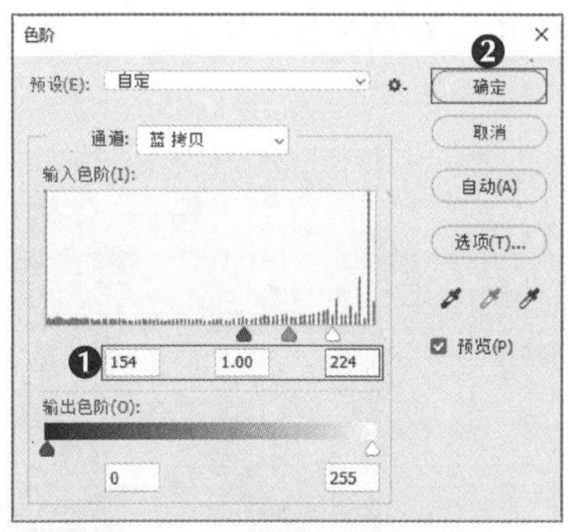

图6-35 设置“色阶”参数

图6-36 调整色阶后的效果

知识补充

调整通道时删除通道的方法

在调整通道时，为了减少系统资源的占用，提高运行速度，可以用以下 3 种方法将多余的通道删除。

- 选择需要删除的通道，在其上单击鼠标右键，在弹出的快捷菜单中选择【删除通道】命令。
- 选择需要删除的通道，单击“通道”面板右上角的≡按钮，在弹出的快捷菜单中选择【删除通道】命令。
- 选择需要删除的通道，将其拖曳到“通道”面板底部的“删除当前通道”按钮🗑上。

（三）载入通道选区并抠图

微课视频

载入通道选区并抠图

调整通道后，头发与背景的对比度明显增大，此时可先载入通道选区进行抠图处理，然后添加一些突出商品卖点的文案进行直通车图的排版，其具体操作如下。

（1）按【Ctrl】键单击“蓝 拷贝”通道缩览图，载入选区，如图 6-37 所示。

（2）选择快速选择工具，在其工具属性栏中单击“从选区减去”按钮，在图像窗口中减去头发内部的白色亮部选区，如图 6-38 所示。

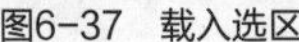

图6-37 载入选区

图6-38 减去选区

（3）选择“RGB”通道后切换到“图层”面板，在“背景”图层上单击鼠标右键，在弹出的快捷菜单中选择【复制图层】命令。隐藏“背景”图层，选择“背景 拷贝”图层，按【Delete】键删除选区中的图像（即删除背景），留下需要的头发图像，如图 6-39 所示。

（4）新建大小为 800 像素×800 像素，分辨率为 72 像素/英寸，名为“洗发水直通车”的图像文件。将抠取的图像复制到“洗发水直通车.psd”图像文件中，调整其大小和位置。

（5）打开“洗发水.psd”图像文件，将其中的所有图层复制到“洗发水直通车.psd”图像文件中，并调整其大小和位置，如图 6-40 所示。

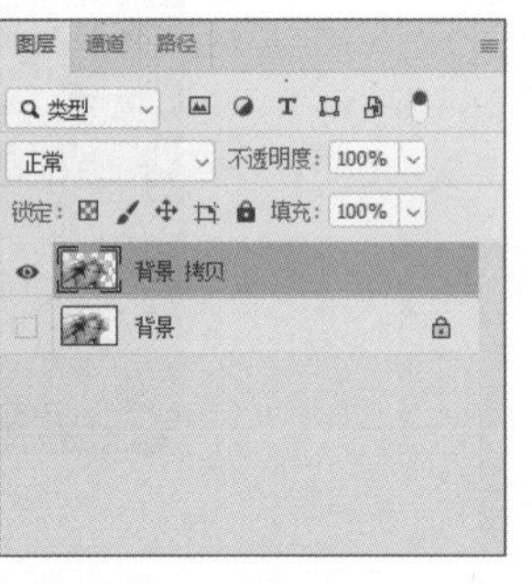

图6-39 抠取图像

图6-40 复制图层效果

（6）按【Ctrl+S】组合键保存文件，完成本任务的制作。

任务三 制作女装焦点图

米拉学习了通道的使用方法后，发现通道的功能非常强大，不但可以用来抠取复杂的图像，还可以用来调整图像的颜色。老洪告诉米拉：“利用通道可以制作出特殊的图像颜色效果，这也是通道的一大特色功能。”米拉决定使用通道为一张模特摄影图调色，并尝试制作女装焦点图，从而掌握焦点图的基本知识，提升使用通道调色的能力。女装焦点图的前后对比效果如图 6-41 所示。

素材所在位置： 素材文件\项目六\任务三\模特.jpg、装饰.jpg、文字.psd

效果所在位置： 效果文件\项目六\任务三\女装焦点图.psd

图6-41 女装焦点图的前后对比效果

一、任务描述

（一）任务背景

焦点图一般位于商品详情页中，是为推广该商品而设计的广告。焦点图通常由商品、主题与卖点 3 部分组成，目的在于吸引顾客购买商品。本任务将为某女装品牌制作一张复古的焦点图，该焦点图以模特摄影图为主体，先对模特摄影图的偏色进行校正，然后添加装饰和文案进行版式设计，注意适当留白，主体人物居中。图片的尺寸要求为 800 像素 × 1 200 像素，分辨率为 7 像素/英寸。

（二）任务目标

- 能够通过分离通道和合并通道调整图像颜色，提升运用通道进行调色的能力。
- 掌握使用【计算】命令美化人物皮肤的方法，提升运用通道进行磨皮的能力。
- 能够运用存储和载入通道的方法制作装饰图案，培养制作焦点图的能力。

二、相关知识

通道的功能非常强大，除了合并、分离等基本操作，通道还经常被用于调整图像颜色、混合图像等方面。使用通道并结合相关高级操作，可以提高处理图像的效率。

（一）颜色通道与调色

颜色通道中每一个通道都包含某种颜色信息，正是这些颜色信息的集合构成了丰富多彩的图像。调整颜色通道的常用方法有以下 4 种。

- **曲线：** 选择【图像】/【调整】/【曲线】菜单命令，打开图 6-42 所示的“曲线”对话框，在“通道”下拉列表框中选择某个颜色通道后，向上拖曳曲线可以增加该颜色在图像中的占比，向下拖曳曲线则会减少该颜色在图像中的占比。
- **色阶：** 选择【图像】/【调整】/【色阶】菜单命令，打开图 6-43 所示的“色阶”对话框，在“通道”下拉列表框中选择某个颜色通道后，向左拖动白色滑块可以增加该颜色在图像中的占比，向右拖动黑色滑块则会减少该颜色在图像中的占比。

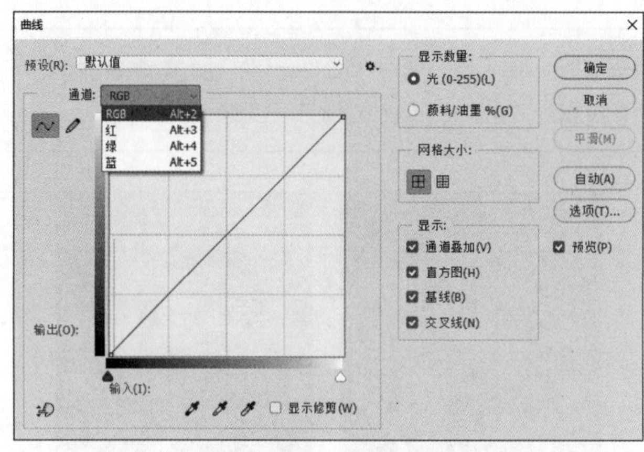

图6-42 “曲线”对话框

- **通道混合器：** 选择【图像】/【调整】/【通道混合器】菜单命令，打开图 6-44 所示的“通道混合器”对话框，在“输出通道”下拉列表框中选择需要修改的通道，然后调整源通道的比例，即借助源通道颜色的亮度和灰度值来改变输出通道的颜色。

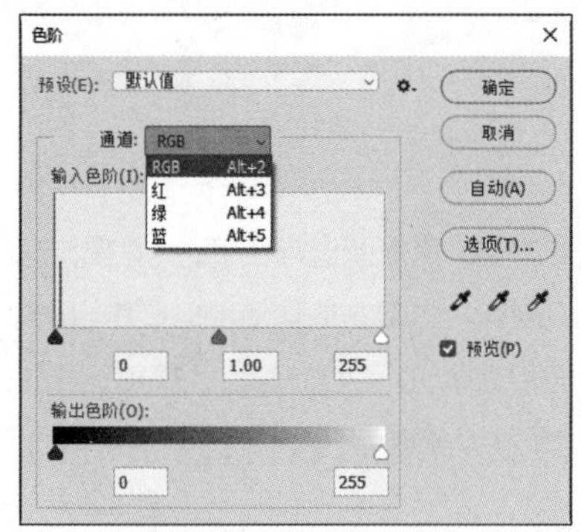

图6-43 “色阶”对话框

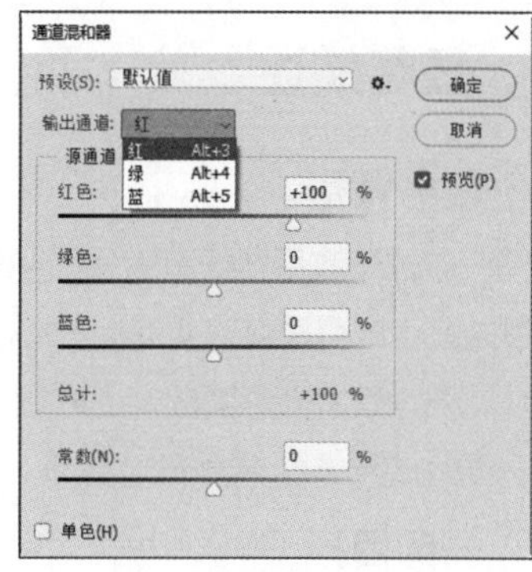

图6-44 “通道混合器”对话框

- **移动颜色通道：** 移动颜色通道可使图像的颜色发生偏移，不同的偏移距离可以带来不同的颜色叠加效果；例如，在“通道”面板中单击“红”通道，并按【Ctrl+A】组合键全选图像，然后使用移动工具将选区中的图像向左上方轻微移动；以同样的方法将“绿”通道、“蓝”通道中的图像向上轻微移动，然后单击“RGB”通道，可以看到移动颜色通道后的效果，如图 6-45 所示。

图6-45 移动颜色通道后的效果

（二）混合通道

通道并不仅用于存储选区、抠图等操作，它还经常被用于混合图像。下面讲解在处理图像时，使用【应用图像】和【计算】命令混合通道的方法。

1. 使用【应用图像】命令

打开需要混合通道的图像文件，选择目标图层，然后选择【图像】/【应用图像】菜单命令，打开“应用图像”对话框，在其中进行相应设置后，单击确定按钮，如图 6-46 所示。目标图层的效果将直接变为混合后的效果。

主要选项的作用如下。

- **“源”下拉列表框：**用于选择混合通道的源文件，源文件需要先在 Photoshop 中打开，才能被选择。
- **“图层”下拉列表框：**用于选择参与混合的图层。
- **“通道”下拉列表框：**用于选择参与混合的通道。

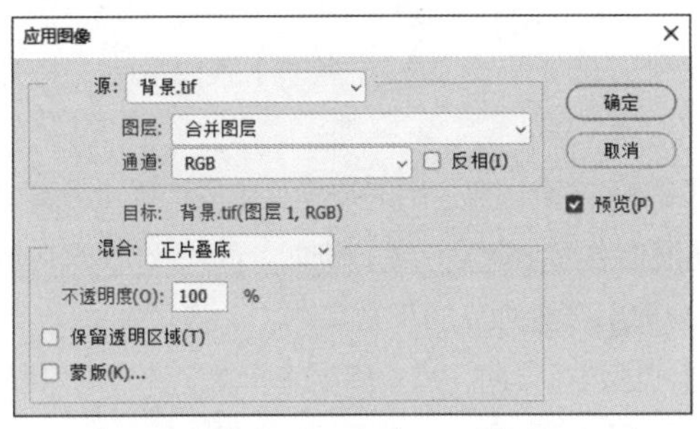

图6-46 “应用图像”对话框

- **“反相”复选框：**勾选该复选框，可使通道中的图像先反相，再进行混合。
- **目标：**用于显示被混合的对象。
- **“混合”下拉列表框：**用于设置混合模式，与图层的混合模式相似。
- **“不透明度”数值框：**用于控制混合图像的透明度。
- **“保留透明区域”复选框：**勾选该复选框，会将混合效果限制在图层的不透明区域内。
- **“蒙版”复选框：**勾选该复选框，将显示“蒙版”的相关选项，可将任意颜色通道或 Alpha 通道作为蒙版。

2. 使用【计算】命令

打开图像文件，选择【图像】/【计算】菜单命令，打开“计算”对话框，设置源 1 通道、源 2 通道和混合模式，单击确定按钮，如图 6-47 所示。在“通道”面板中可以查看计算后新生成的 Alpha 通道，如图 6-48 所示。使用【计算】命令混合图像前，必须保证混合图像的像素、尺寸均相同。

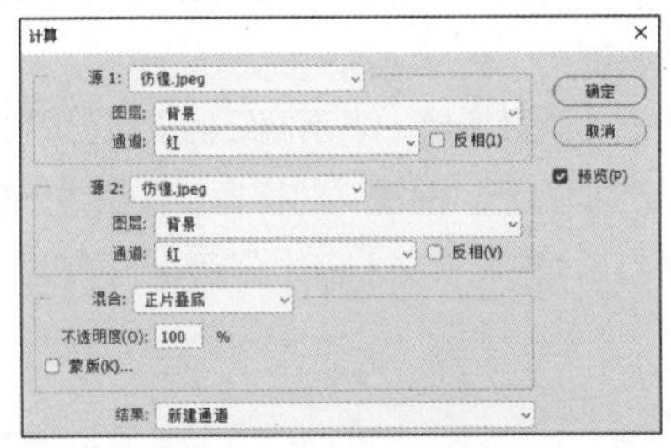

图6-47 “计算”对话框

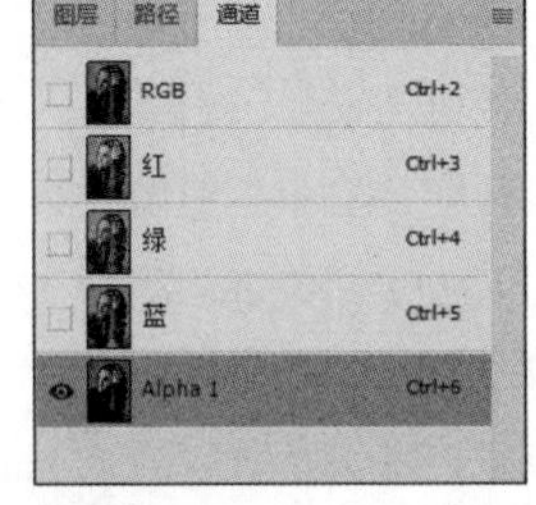

图6-48 新生成的Alpha 通道

主要选项的作用如下。

- **“源 1”下拉列表框：**用于选择计算的第 1 个源图像、图层或通道。
- **“源 2”下拉列表框：**用于选择计算的第 2 个源图像、图层或通道。
- **“图层”下拉列表框：**包含多个图层时，可在此下拉列表框中选择需要参与计算的图层。
- **“结果”下拉列表框：**用于设置计算完成后的结果；选择“新建文档”选项将得到一个灰度图像，选择“新建通道”选项将计算的结果保存到一个新的通道中，选择“选区”选项将生成一个新的选区。

三、任务实施

（一）分离通道

打开“模特.jpg”图像文件，发现该图像偏黄、较暗，色调不正常，由于该图像为RGB模式的图像，因此可通过分离通道单独调整红、蓝或绿通道，从而调整图像色调。其具体操作如下。

（1）打开“模特.jpg”图像文件，选择【窗口】/【通道】菜单命令，打开“通道”面板。

（2）单击“通道”面板右上角的☰按钮，在弹出的快捷菜单中选择【分离通道】命令。在分离通道时，图像的颜色模式直接影响通道分离出的文件数，例如，CMYK模式会分离出4个独立的文件，而在本任务中，RGB模式会分离出3个独立的灰度文件。

（3）此时，将按颜色的不同对通道进行分离，被分离出的图像文件分别保存了原文件各颜色通道的信息，且每个通道分别在单独的图像窗口中显示，查看各个通道的显示效果，如图6-49所示。

图6-49　查看各个通道的显示效果

（4）切换到“模特.jpg_红”图像文件，按【Ctrl+M】组合键打开“曲线”对话框。在曲线上单击添加控制点，向上拖曳调整曲线弧度，这里直接在“输出”和“输入”数值框中分别输入“76”“71”，单击 确定 按钮，如图6-50所示。

（5）返回图像窗口，发现“模特.jpg_红”图像文件中的图像亮度增加，表示偏红的图像已得到校正。

（6）切换到“模特.jpg_绿”图像文件，按【Ctrl+M】组合键打开“曲线”对话框。在曲线上单击添加控制点，向下拖曳调整曲线弧度，这里直接在“输出”和“输入”文本框中分别输入“65”“72”，单击 确定 按钮，如图6-51所示。

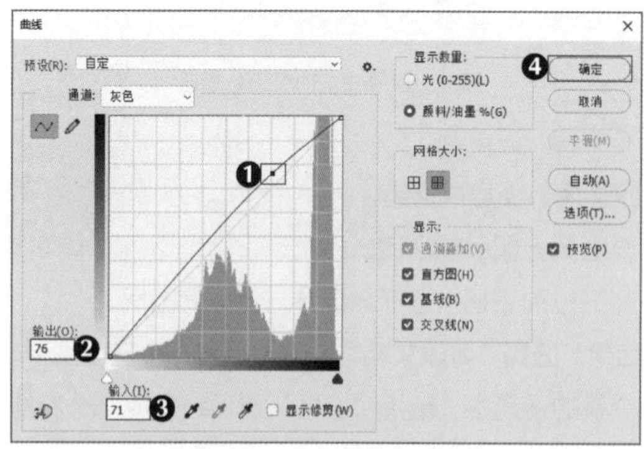

图6-50　设置“曲线”参数1

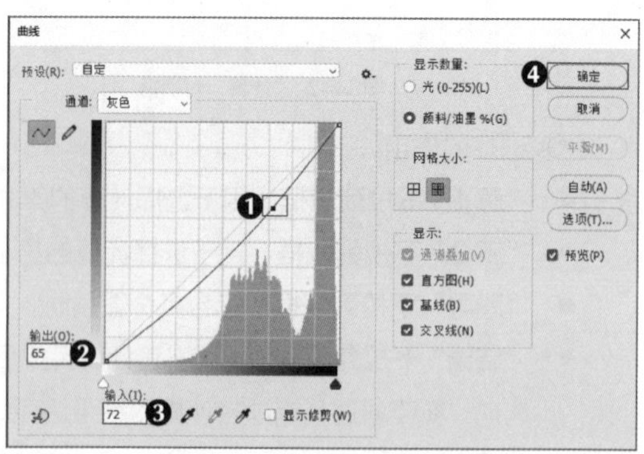

图6-51　设置“曲线”参数2

（7）返回图像窗口，发现“模特.jpg_绿”图像文件中的图像亮度降低，表明偏绿的图像已得到校正。

（8）切换到“模特.jpg_绿”图像文件，按【Ctrl+L】组合键打开“色阶”对话框。在“输入色阶”栏中从左到右依次输入“9”“0.95”“245”，单击确定按钮，如图 6-52 所示。

（9）切换到“模特.jpg_蓝”图像文件，按【Ctrl+M】组合键打开“曲线”对话框。在曲线上单击添加控制点，向下拖曳调整曲线弧度，这里直接在“输出”和“输入”文本框中分别输入“62”和“71”，单击确定按钮，如图 6-53 所示。

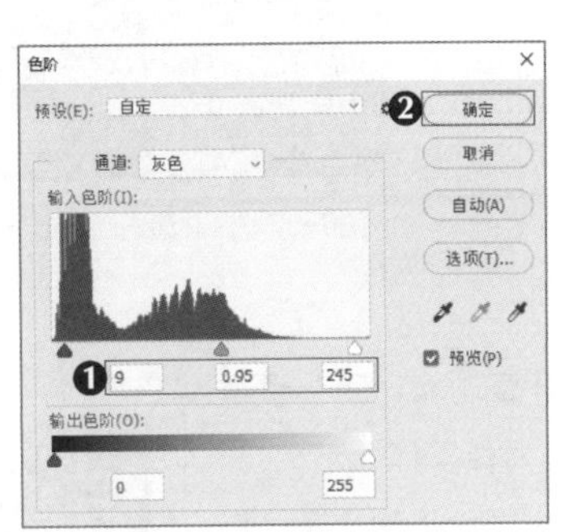

图6-52 设置“色阶”参数

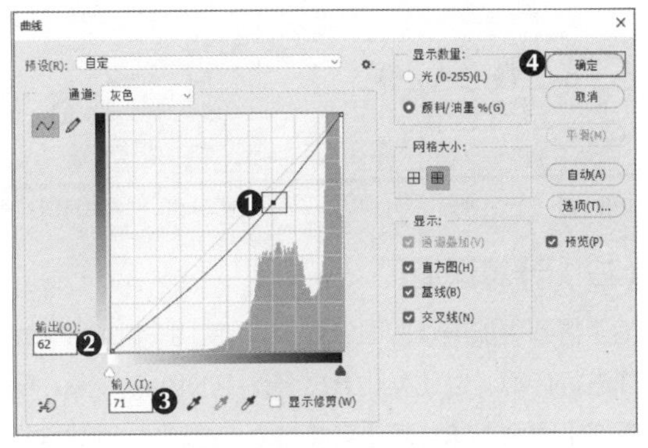

图6-53 设置“曲线”参数3

（10）返回图像窗口，发现“模特.jpg_蓝”和“模特.jpg_绿”图像均已发生变化，调整后的效果如图 6-54 所示。

图6-54 调整后的效果

（二）合并通道

合并通道

分离通道的图像是以灰度模式显示的，导致素材图像无法正常运用到女装焦点图的制作中，此时还需将通道合并，其具体操作如下。

（1）单击“通道”面板右上角☰按钮，在弹出的快捷菜单中选择【合并通道】命令，打开“合并通道”对话框。在“模式”下拉列表框中选择“RGB 颜色”选项，单击确定按钮，如图 6-55 所示。

（2）打开“合并 RGB 通道”对话框，保持默认的指定通道设置不变，单击确定按钮，如图 6-56 所示。

（3）返回图像窗口，发现合并通道后的图像已发生变化，如图 6-57 所示。

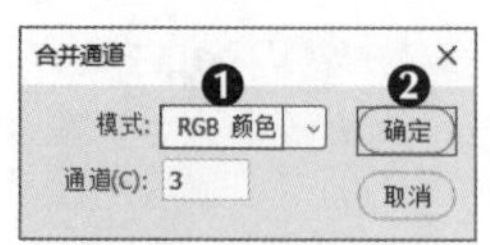

图6-55 “合并通道”对话框

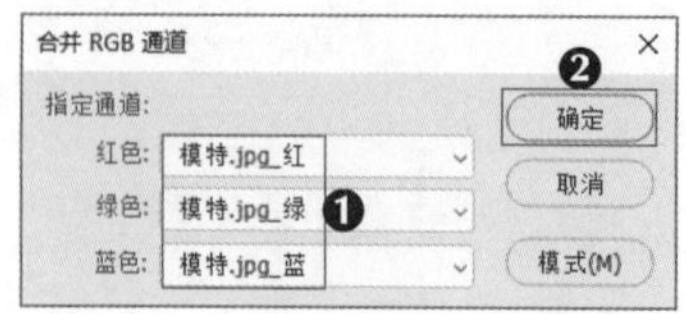

图6-56 “合并RGB 通道”对话框

图6-57 合并通道后的效果

（三）计算通道

为了得到更加美观的图像效果，可使用 Photoshop 中的通道计算功能对两个通道的图像进行计算，以此强化素材图像中的色点，美化模特皮肤，其具体操作如下。

（1）选择【图像】/【计算】菜单命令，打开“计算”对话框。设置“混合”为“强光”，“结果”为“新建通道”，单击确定按钮，如图 6-58 所示，新建的通道将自动命名为“Alpha 1”通道。

（2）使用相同的方法执行两次【计算】命令，强化色点，得到“Alpha 2”通道和“Alpha 3”通道。在强化的过程中随着计算的次数增多，对应的人物颜色也随之加深。

（3）单击“通道”面板底部的“将通道作为选区载入”按钮，将人物载入选区，按【Ctrl+2】组合键返回彩色图像编辑状态，如图 6-59 所示。

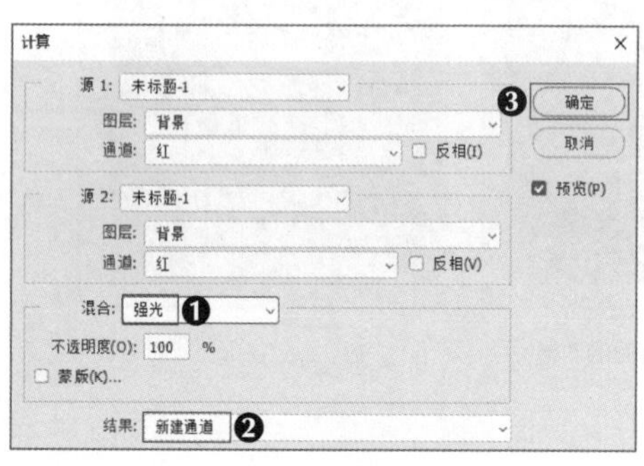

图6-58 设置计算参数图

图6-59 载入选区并返回彩色图像编辑状态

（4）切换到“图层”面板，单击下方的“创建新的填充或调整图层”按钮，在弹出的快捷菜单中选择【曲线】命令，打开“属性”面板，在曲线上单击添加控制点，调整曲线弧度，如图 6-60 所示。

（5）载入“Alpha 3”通道，在“图层”面板中选择“背景”图层，单击下方的“创建新的填充或调整图层”按钮，在弹出的快捷菜单中选择【色彩平衡】命令，打开“属性”面板，在“黄色”数值框中输入“+12”，如图 6-61 所示。

（6）返回图像窗口，发现模特的皮肤变得更光滑、更白，肤色也恢复正常红润，如图 6-62 所示，以“模特”为名保存文件。

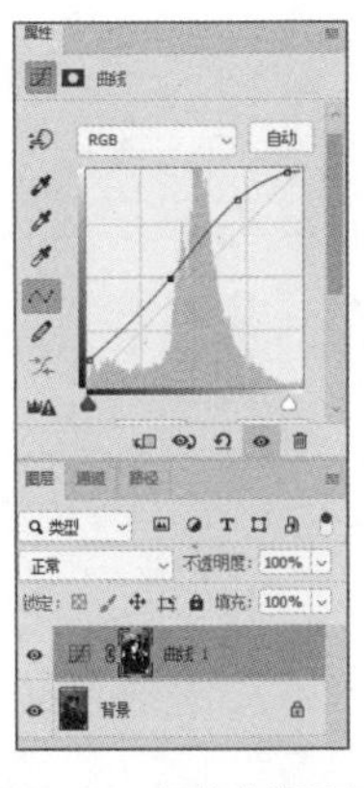

图6-60 调整曲线弧度

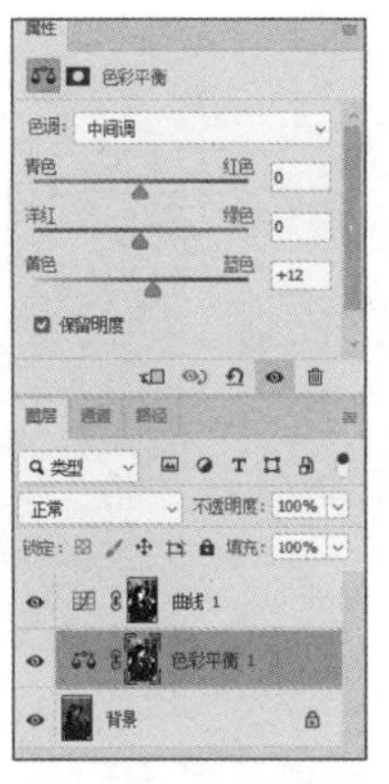

图6-61 调整色彩平衡

图6-62 调整效果

知识补充

返回彩色图像编辑状态的其他方法

在“通道”面板中选择“RGB”通道，可返回彩色图像编辑状态。若只单击“RGB”通道前的 按钮，使其变为显示状态，则将显示彩色图像，但图像仍然处于单通道编辑状态。

（四）存储和载入通道

微课视频 存储和载入通道

存储通道时可将多个选区存储在不同的通道上，当需要编辑选区时，载入存储选区的通道可以方便地编辑图像中的多个选区。本任务打开“装饰.jpg”图像文件，将装饰物存储为通道，并通过载入通道的方法在背景中添加装饰物，然后添加说明性文字，其具体操作如下。

（1）打开“装饰.jpg”图像文件，在工具箱中选择魔棒工具，单击白色区域，按【Shift+Ctrl+I】组合键反选选区，此时装饰物呈被选择状态，如图6-63所示。

（2）打开“通道”面板，单击“通道”面板下方的“将选区储存为通道”按钮，将装饰物存储为通道，此时存储的通道以默认的“Alpha 1”为名显示在“通道”面板中，如图6-64所示。

图6-63 创建选区

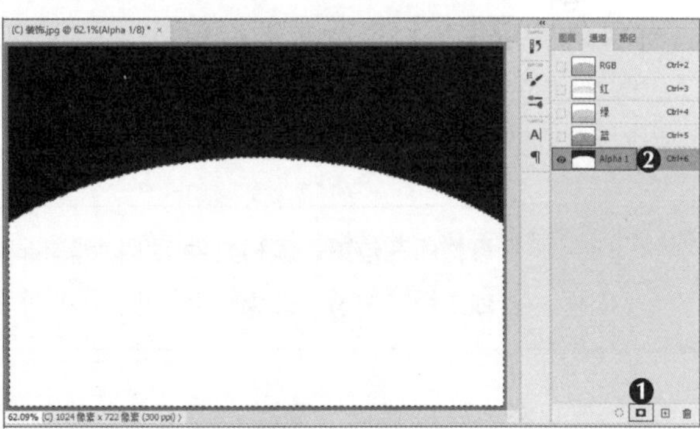

图6-64 储存通道

（3）新建大小为800像素×1 200像素，分辨率为72像素/英寸，名为“女装焦点图”的图像文件。将“模特.psd”图像文件中的所有内容复制到“女装焦点图.psd”图像文件中，调整其大小和位置。

（4）切换到“装饰.jpg”图像文件，选择“Alpha 1”通道，单击“将通道作为选区载入”按钮，按【Ctrl+C】组合键复制通道图像。

（5）切换到“女装焦点图.psd”图像文件，按【Ctrl+V】组合键粘贴通道图像，调整其大小和位置。可发现在“图层”面板中增加了“图层 1”图层，设置该图层的“不透明度”为“84%”，如图 6-65 所示。

图6-65　载入装饰图案效果

（6）打开“文字.psd”图像文件，将其中的所有内容复制到“女装焦点图.psd”图像文件中，调整其大小和位置，如图 6-66 所示。最后按【Ctrl+S】组合键保存文件，完成本任务的制作。

图6-66　复制并调整文字效果

实训一　合成橘子夹心蛋效果

【实训要求】

本实训要求使用蒙版合成图像，使鸡蛋与橘子融为一体，锻炼合成图像的能力。合成橘子夹心蛋前后的对比效果如图 6-67 所示。

素材所在位置：素材文件\项目六\实训一\鸡蛋.png、橘子.jpg

效果所在位置：效果文件\项目六\实训一\橘子夹心蛋.psd

图6-67　合成橘子夹心蛋前后的对比效果

【实训思路】

合成是 Photoshop 的常用功能，在图像设计中，很多工作都需要用到合成功能，如合成海报图片、合成特效等。尤其是特效，如房屋倾倒、星际战场、世界末日等，这些效果仅靠布景、拍摄是无法实现的，此时需要使用图像合成功能合成想要的效果。

微课视频

合成橘子夹心蛋效果

本实训主要是对鸡蛋和橘子进行基本的合成操作，合成后的画面不仅美观，而且更具创意性。

【步骤提示】

本实训包括打开素材、载入并编辑选区、添加蒙版等，其步骤如图 6-68 所示。

① 打开素材

② 载入并编辑选区

③ 添加蒙版

图6-68 合成橘子夹心蛋效果的步骤

（1）打开“橘子.jpg”图像文件。

（2）添加“鸡蛋.png”图像文件，并调整其大小和位置。

（3）添加图层蒙版，使用柔边画笔将鸡蛋壳擦除。

实训二 合成彩色瞳孔特效

【实训要求】

本实训将为模特眼睛制作特效，使整个瞳孔颜色变成彩色，从而锻炼制作特效的能力。合成彩色瞳孔前后对比效果如图 6-69 所示。

素材所在位置：素材文件\项目六\实训二\眼睛.jpg
效果所在位置：效果文件\项目六\实训二\彩色瞳孔.psd

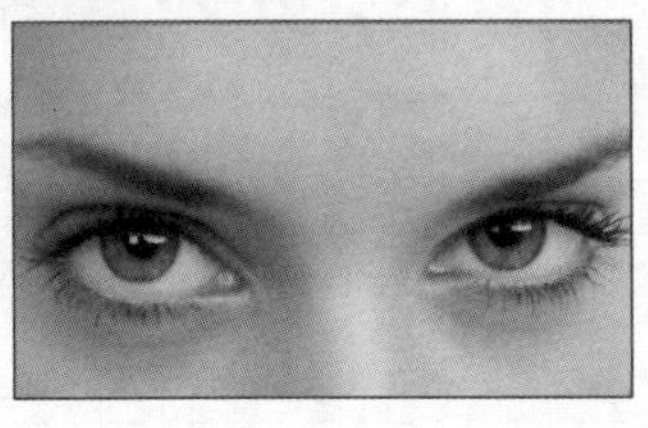

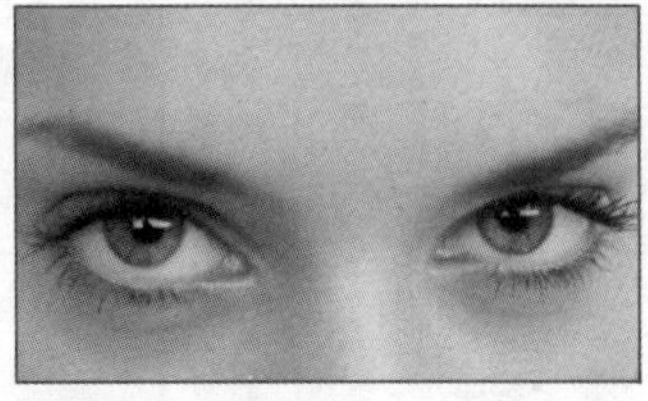

高清彩图

图6-69 合成彩色瞳孔前后对比效果

【实训思路】

一般来说，人像美容、美妆、艺术特效等都可以通过 Photoshop 来完成。本实训中的彩色瞳孔艺术特效主要使用蒙版、渐变工具和橡皮擦工具等来完成。

【步骤提示】

本实训包括打开素材、绘制瞳孔并填充渐变、创建蒙版并擦除颜色等，其步骤如图 6-70 所示。

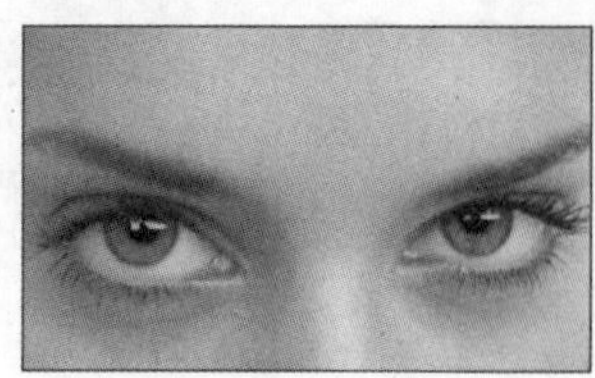

① 打开素材

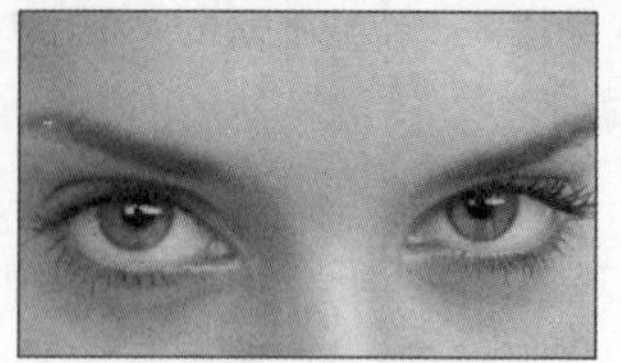

② 绘制瞳孔并填充渐变

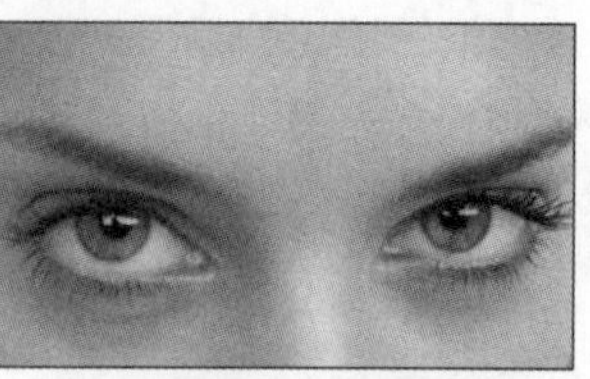

③ 创建蒙版并擦除颜色

图6-70　合成彩色瞳孔特效的步骤

（1）打开“眼睛.jpg”图像文件，选择椭圆工具，按住【Shift】键从眼球中心拖曳鼠标绘制一个圆形，填充渐变颜色。

（2）在填充另一个瞳孔的渐变颜色时，单击“填充”面板中的“反向渐变颜色”按钮，使瞳孔渐变颜色反向显示。

（3）更改瞳孔图层的混合模式为“颜色”，单击“图层”面板下方的“添加图层蒙版”按钮添加蒙版。

（4）选择画笔工具，设置“画笔类型”为“柔边圆”，设置前景色为“#000000”，把瞳孔之外的颜色擦除，降低不透明度，继续擦除睫毛上的颜色。

（5）将两个瞳孔图层的“不透明度”更改为“60%”，保存文件，完成彩色瞳孔特效的制作。

课后练习

本项目主要介绍了蒙版和通道的相关操作，如创建蒙版、创建 Alpha 通道、复制和删除通道、分离通道、合并通道等。掌握蒙版和通道的相关操作，可以为后面综合案例的制作打下基础。

练习 1：制作梦幻壁纸

本练习将制作一张梦幻壁纸，要求云朵与动物融合，制作梦幻壁纸前后对比效果如图 6-71 所示。

素材所在位置： 素材文件\项目六\课后练习\动物.jpg、云朵.jpg

效果所在位置： 效果文件\项目六\课后练习\梦幻壁纸.psd

高清彩图

图6-71　制作梦幻壁纸前后对比效果

操作提示如下。

（1）打开“动物.jpg”图像文件，打开“通道”面板，复制“蓝”通道，调整曲线和色阶，使动物颜色更白，背景颜色更黑。

（2）载入通道选区，选择“RGB”通道，按【Shift+Ctrl+I】组合键反选选区，按【Delete】键删除背景。

（3）打开“云朵.jpg”图像文件，使用相同的抠图方法将云朵图像抠取出来，放置到新建图层中。将抠取的动物图像添加到“图层”面板中抠取的云朵图层下方。

（4）擦除图像中多余的部分，调整图像的色彩平衡、自然饱和度，并为动物图层添加“外发光”和“内发光”的图层样式。

练习 2：制作公益灯箱海报

本练习要求制作一张以“环保”为主题的公益灯箱海报，用于在户外的街道、公交站和地铁站台进行宣传。海报整体风格要求简洁、直观，参考效果如图 6-72 所示。

素材所在位置：素材文件\项目六\课后练习\公益素材.psd
效果所在位置：效果文件\项目六\课后练习\公益灯箱海报.psd

图6-72　公益灯箱海报参考效果

高清彩图

操作提示如下。

（1）新建大小为 30 厘米 × 50 厘米，分辨率为 100 像素/英寸，名为“公益灯箱海报”的图像文件。

（2）打开“公益素材.psd”图像文件，将其中的所有内容复制到新建的图像文件中，调整其大小和位置。

（3）为“石油”图层和“垃圾”图层分别添加图层蒙版，并将不需要的部分擦除。

（4）为“石油”图层和“垃圾”图层分别设置图层混合模式为“变暗”和“滤色”。

（5）调整“背景”图层的“蓝”通道曲线，使天空更蔚蓝、明亮。

技巧提升

1. 从透明区域创建图层蒙版

选择某个图层后（图层为可编辑状态），选择【图层】/【图层蒙版】/【从透明区域】菜单命令，创建图层蒙版，选择渐变工具■，将鼠标指针移动到图像窗口中单击，拖曳鼠标填充渐变区域，可以使图像呈现半透明渐变的效果。

扫一扫

查看详情

2. 调整图层蒙版效果

在图层蒙版中创建图像选区，在图层蒙版上单击鼠标右键，在弹出的快捷菜单中选择【选择并遮住】命令，在打开的“属性”面板中可设置选区边缘效果。

3. 蒙版与选区的运算

通过蒙版和选区的运算可以得到复杂的蒙版和选区，便于进行抠图操作。在图层蒙版缩览图上单击鼠

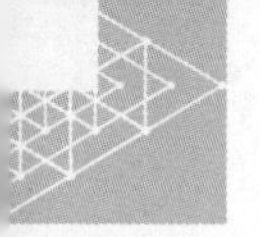

标右键，在弹出的快捷菜单中可以选择“添加蒙版到选区”“从选区中减去蒙版”“蒙版与选区交叉”命令进行运算。

AIGC 高效设计

1. 叠加融合图片

叠加融合图片可以将多张图片进行无缝结合，AIGC 工具能够识别不同图片中的特征，通过智能叠加，使得融合后的图片更加自然、和谐，并保留原图的特点和风格。

- **AIGC 工具：**文心一格。
- **模式：**AI 编辑/图片叠加。
- **上传图片：**上传如图 6-73 所示图片素材。

图6-73　图片叠加前的素材

- **内容描述：**将房屋放置在河流两侧。

- **生成结果：**图片叠加后生成的效果如图 6-74 所示。

图6-74　图片叠加后生成的效果

- **AIGC 工具：**Midjourney 中文站。
- **模式：**工具箱/图片融合。
- **上传图片：**上传如图 6-75 所示图片素材。

图6-75　图片融合前的素材

- **生成结果：**图片融合后生成的效果如图 6-76 所示。

图6-76　图片融合后生成的效果

2. 设计电影特效海报

本项目讲解了运用蒙版和通道可以合成图像特效，而通过 AIGC 也可以达到类似的效果，如使用 AIGC 工具设计电影特效海报。AIGC 工具可以快速生成具有视觉冲击力的特效图像，模拟各种复杂的特效效果，如爆炸、火焰、光影等，使得海报更加逼真、震撼。同时，AIGC 工具还可以根据电影的主题和风格，智能匹配色彩和构图等设计元素，使海报与电影内容高度契合。

- **AIGC 工具：** 文心一格。
- **模式：** AI 创作/海报。
- **排版/海报风格：** 竖版 9：16/平面插画。
- **海报主体：** 科幻电影，机器人，交通，特效，光芒。
- **海报背景：** 赛博朋克风格，科幻城市，高楼大厦，霓虹灯，特效光芒，光效，粒子。
- **生成结果：** 生成效果如图 6-77 所示。

图6-77 智能创作海报（一）

- **海报主体：** 科幻电影，星球，爆炸，破碎，飞船，彗星。
- **海报背景：** 太空，银河系，漩涡，彗星爆炸，恒星，唯美银河，震撼，神秘。
- **生成结果：** 生成效果如图 6-78 所示。

图6-78 智能创作海报（二）

- **AIGC 工具：** 文心一格。
- **模式：** AI 创作/推荐。
- **画面类型/比例：** 艺术创想/竖图。
- **关键词：** 赛博朋克风格，科幻城市，机器，高楼大厦，霓虹灯，霓虹色彩，特效光芒，光效，粒子。
- **生成结果：** 生成效果如图 6-79 所示。

图6-79 使用关键词生成场景（一）

- **关键词：** 科幻电影，银河系，星球，飞船，撞击，爆炸，破碎，彗星，太空，大漩涡，唯美银河，震撼，神秘。
- **生成结果：** 生成效果如图 6-80 所示。

图6-80 使用关键词生成场景（二）

项目七

绘制路径与形状

情景导入

设计部门接到了新的 UI 设计、插画设计和标志设计任务，需要设计师们进行讨论，绘制出原创的图形，老洪让米拉也加入创意分享讨论会。

讨论后，大家各自确定了自己的绘图主题和创意方向，米拉也准备选择合适的绘图软件来进行绘制。

为了避免米拉绘制出无效的作品，老洪事先提醒米拉："如果你用 Photoshop 的画笔工具绘图，放大并打印图形后，图形的边缘会出现明显的锯齿状。"

米拉向老洪请教："那使用什么软件绘图更合适呢？"

老洪回答："对于 UI 设计、插画设计和标志设计，以及需要打印输出的设计作品，可以使用 Illustrator 或 Photoshop 中的矢量绘图工具来绘图，这样就能保证图形的边缘光滑、平整。"

学习目标

- 熟悉矢量图形和路径的基础知识
- 能够使用钢笔工具组绘制婚礼请柬
- 能够使用矩形工具组绘制手机 App 图标
- 掌握借助 AIGC 工具进行 Logo 设计和 UI 设计的方法

素养目标

- 激发绘制矢量图形的兴趣
- 培养 UI 设计能力
- 珍惜人类科技进步成果
- 文化自信，弘扬传统文化

任务一 制作婚礼请柬

老洪让米拉为客户制作一张婚礼请柬，米拉查看了许多婚礼请柬模板，决定使用钢笔工具组绘制新人剪影，锻炼绘制矢量图形的能力；然后添加装饰元素和文字，完成婚礼请柬的制作。制作的婚礼请柬参考效果如图 7-1 所示，下面具体讲解制作方法。

素材所在位置： 素材文件\项目七\任务一\婚礼请柬模板\
效果所在位置： 效果文件\项目七\任务一\婚礼请柬.psd

图7-1 婚礼请柬参考效果

一、任务描述

（一）任务背景

婚礼请柬一般包括封面、标题、新人信息、婚礼信息（婚礼地点、婚礼时间等）、婚纱照形象展示几个部分。本任务将制作典雅、复古风格的婚礼请柬，在制作时需要先绘制新人的婚纱照形象，然后添加装饰元素和婚礼信息。整个请柬要求主要信息清晰明了、设计美观大气。请柬图片的尺寸要求为 42 厘米×29.7 厘米，分辨率为 300 像素/英寸。

（二）任务目标

- 熟悉矢量图形、路径和“路径”面板的基础知识。
- 能够熟练使用钢笔工具组绘制路径，提高绘制矢量图形的能力。
- 掌握编辑、填充和描边路径的方法。

二、相关知识

在 Photoshop 中，使用矢量绘图工具绘制的路径、形状为矢量图形，也称为矢量对象或矢量形状。绘制矢量图形时，大多使用钢笔工具组和矩形工具组来完成。调整矢量图形主要是调整路径和锚点，因此路径与矢量图形密不可分。

（一）认识路径和“路径”面板

路径是一种不包含像素的轮廓，也是一种矢量图形。设计时可以直接对路径进行填充和描边，也可以将其转换为选区或形状图层后再进行相应操作。

1. 认识路径

从外观上看，路径是线条状的轮廓，由锚点连接。路径既可以根据线条的类型分为直线路径和曲线路径，也可以根据起点与终点的情况分为开放式路径和闭合式路径，如图 7-2 所示。多个闭合路径可以构成更为复杂的图形，这些闭合路径被称为“子路径”。

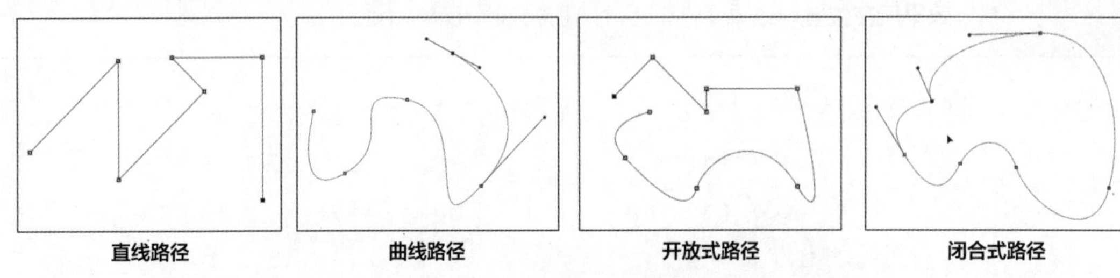

图7-2 路径的类型

路径主要由曲线或直线、锚点、控制柄等部分组成，如图 7-3 所示。

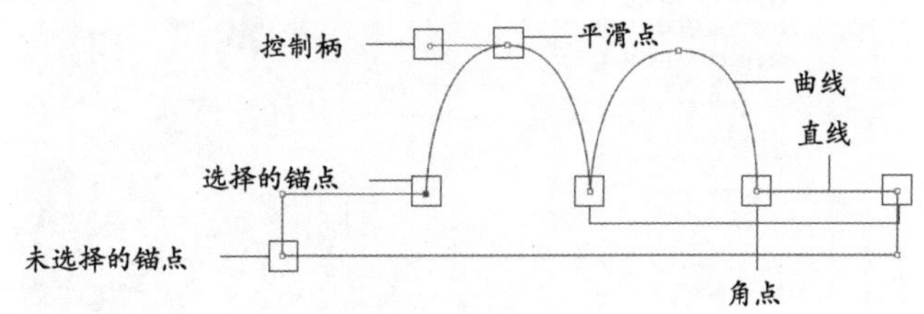

图7-3 路径的组成

- **直线或曲线：** 路径由一个或多个直线或曲线组成。
- **锚点：** 路径上连接线段的小正方形就是锚点，当锚点显示为黑色实心时，表示该锚点为选择状态；路径中的锚点主要有平滑点、角点两种，其中平滑点可以形成曲线，角点可以形成直线或转角曲线。
- **控制柄：** 控制柄由方向线和调整方向线的位置、长短、弯曲度等参数的控制点组成，选择锚点后，该锚点上将显示控制柄，拖曳控制点，可修改该线段的形状和弧度。

2. 认识“路径”面板

“路径”面板主要用于存储、管理与调用路径，该面板中显示了当前路径和矢量蒙版的相关名称、路径类型、缩览图等。选择【窗口】/【路径】菜单命令，打开“路径”面板，如图 7-4 所示。

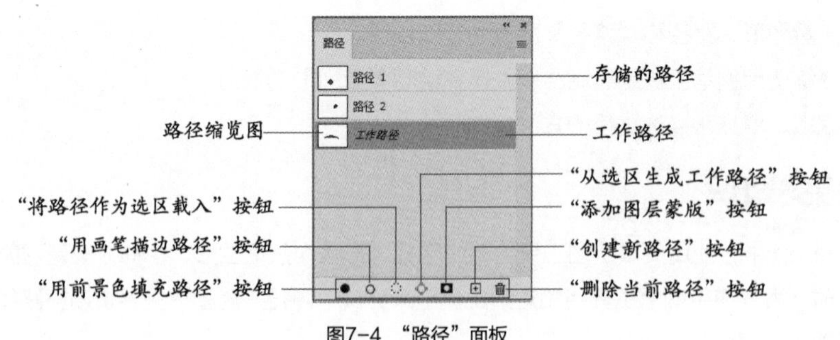

图7-4 “路径”面板

“路径”面板中主要选项的作用如下。

- **路径缩览图：**显示了路径图层中包含的所有内容。
- **存储的路径：**是指存储后的工作路径，可根据需要存储多条路径。
- **工作路径：**是指“路径”面板中的临时路径，在没有新建路径的情况下，当前所有的路径操作都是在这个路径中进行的。
- **“用前景色填充路径”按钮●：**单击该按钮，可使用前景色填充绘制的路径。
- **“用画笔描边路径”按钮○：**单击该按钮，可使用当前设置的画笔样式描边路径。
- **“将路径作为选区载入”按钮⬚：**单击该按钮，可将当前路径转换为选区。
- **“从选区生成工作路径”按钮◇：**单击该按钮，可将选区转换为工作路径并保存。
- **“添加图层蒙版”按钮◘：**单击该按钮，可为当前选区的图层创建蒙版。
- **“创建新路径”按钮⊞：**单击该按钮，可新建一条路径。
- **“删除当前路径”按钮🗑：**单击该按钮，可删除当前选择的路径。

（二）钢笔工具组

钢笔工具组是 Photoshop 中强大的路径绘制工具组，主要用于绘制矢量图形。

1. 钢笔工具

钢笔工具是最基础的路径绘制工具，常用于绘制各种直线或曲线。该工具对应的工具属性栏如图 7-5 所示。

图7-5 钢笔工具的工具属性栏

主要选项的作用如下。

- **“路径”下拉列表框：**用于选择绘图模式，包括形状、路径和像素 3 种。
- **“建立”栏：**包括“建立选区”按钮选区...、“新建矢量蒙版”按钮蒙版和“新建形状图层”按钮形状，用于选择绘制的路径区域的类型。
- **设置其他钢笔和路径选项：**单击⚙按钮，在打开的下拉列表中可设置路径的粗细和颜色，不影响生成的矢量图形的描边和填充颜色。
- **“自动添加/ 删除”复选框：**勾选该复选框后，鼠标指针位于路径上时会自动变成形状或形状，此时在路径上单击可分别添加或删除锚点。
- **“对齐边缘”复选框：**勾选该复选框后，可将矢量图形边缘与像素网格对齐。

使用钢笔工具时，鼠标指针在路径与锚点上会根据不同情况进行变化，这时就需要判断钢笔工具处于什么功能，通过对鼠标指针形状的观察，可以更加熟练地应用钢笔工具。

- ：在绘制路径的过程中，当鼠标指针变为形状时，在路径上单击可添加锚点。
- ：在绘制路径的过程中，当鼠标指针在锚点上变为形状时，单击可删除锚点。
- ：在绘制路径的过程中，当鼠标指针变为形状时，单击并拖曳鼠标可创建一个平滑点，只单击则创建一个角点。
- ：在绘制路径的过程中，将鼠标指针移动至路径起始点上，当鼠标指针变为形状时单击可闭合路径。
- ：绘制新路径之后，若需重新调整之前的开放式路径，则可将鼠标指针移动至需要调整的路径端点上，鼠标指针将变为形状，在该端点上单击，然后可继续绘制该路径。此后，若将鼠标指针移动至另一条开放式路径的端点上，在鼠标指针变为形状时单击，则可将两条路径连接成一条路径。

2．自由钢笔工具

使用自由钢笔工具绘制图形时，会自动添加锚点，无须确定锚点的位置。与钢笔工具相比，使用自由钢笔工具可以绘制出更加自然、随意的路径。该工具对应的工具属性栏与钢笔工具的工具属性栏相似，但单击按钮后，在打开的下拉列表中相关设置有所不同，如图 7-6 所示。

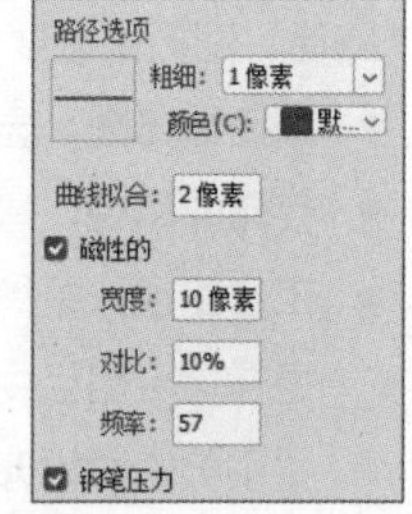

图7-6　自由钢笔工具相关设置

- **“曲线拟合”文本框：**用于设置在绘制路径时，鼠标指针在画布中移动的灵敏度。数值越大，创建的锚点就越少，路径也就越平滑、简单；数值越小，生成的锚点和路径细节就越多。
- **“磁性的”复选框：**勾选该复选框，鼠标指针将变为形状，此时单击后移动鼠标，可沿鼠标指针的移动轨迹绘制路径。其使用方法和磁性套索工具相同，若图像窗口中已存在图像，则可自动捕捉并贴合图像中对比度较大的区域从而形成路径。
- **“宽度”数值框：**勾选“磁性的”复选框后，可设置磁性检测范围，该范围以像素为单位，只有在设置的范围内的图像边缘才会被检测到；宽度值越大，检测范围就越大。
- **“对比”数值框：**勾选“磁性的”复选框后，可设置对图像边缘像素的敏感度。
- **“频率”数值框：**勾选“磁性的”复选框后，可设置绘制路径时产生锚点的频率，频率值越大，产生的锚点就越多。
- **“钢笔压力”复选框：**勾选该复选框后，系统会根据压感笔的压力自动更改工具的检测范围。

3．弯度钢笔工具

使用弯度钢笔工具可便捷地绘制平滑曲线和直线段，并可在无须切换工具的情况下创建、切换、编辑、添加或删除平滑点或角点，适用于绘制或编辑较复杂的路径。

如果想要绘制平滑的曲线，则可选择弯度钢笔工具先创建前两个锚点，在单击创建第 3 个锚点后，将自动连接 3 个锚点，形成平滑的曲线。

4．添加锚点工具

当需要对路径添加锚点时，可在工具箱中选择添加锚点工具，将鼠标指针移动到路径上，当鼠标指针变为形状时单击，可在单击处添加一个锚点。

5．删除锚点工具

在路径上除可添加锚点外，还可删除锚点。选择删除锚点工具，将鼠标指针移动到绘制好的路径锚点上，当鼠标指针呈形状时单击，可将该锚点删除。

6．转换点工具

在绘制路径时，有时会因为路径的锚点类型不同而影响路径形状，此时可使用转换点工具来转换锚点，从而调整路径形状。在使用钢笔工具绘制路径时，将鼠标指针移动到路径锚点上，按住【Alt】键可直接使鼠标指针变成形状，单击锚点即可完成转换。转换点工具主要有以下两种用途。

- **平滑点转换为角点：**选择转换点工具，在平滑点上单击，平滑点将被转换为角点。
- **角点转换为平滑点：**选择转换点工具，在角点上单击，角点将被转换为平滑点，此时拖曳控制柄可调整路径形状。

（三）路径选择工具组

在绘制矢量图形时，很难一次性绘制出需要的矢量图形。此时，可使用路径选择工具和直接选择工具▶来选择和移动锚点、路径段或路径，从而调整矢量图形。

1. 路径选择工具

选择路径选择工具▶后，单击路径即可选择该路径，按住【Shift】键并单击其他路径，可以同时选择多条路径，如图 7-7 所示。另外，单击并拖曳出选框可选择选框范围内的所有路径，如图 7-8 所示。选择路径后，拖曳路径可直接移动路径，若要取消选择，则可直接在空白处单击。

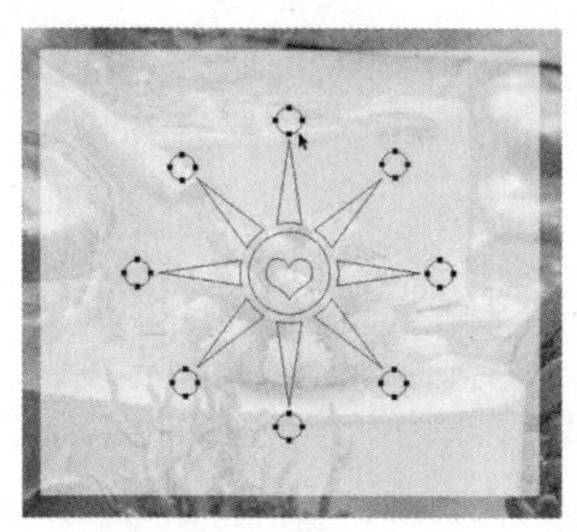

图7-7 选择多个路径

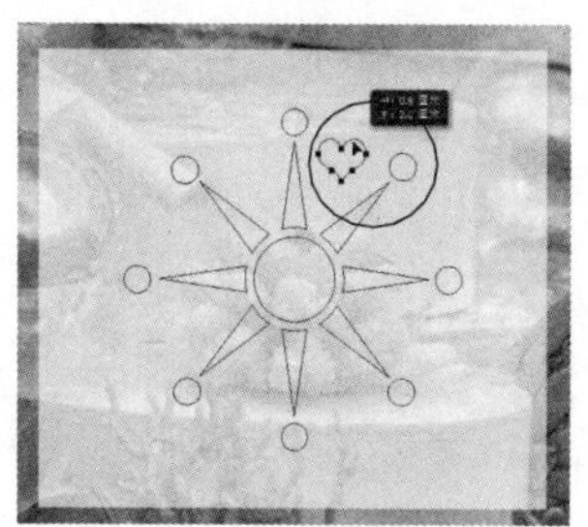

图7-8 框选路径

2. 直接选择工具

选择直接选择工具▷后，单击路径可将其中的锚点和路径全部显现出来。单击某条路径即可选择该路径，拖曳该路径可移动路径，如图 7-9 所示。锚点的选择和移动操作与路径的选择和移动操作相同，需要注意的是，使用直接选择工具▷选择锚点时，未选择的锚点为空心方块，选择的锚点则为实心方块，如图 7-10 所示。

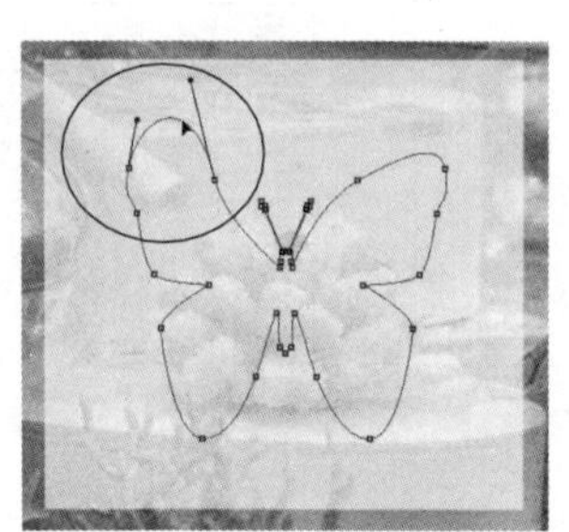

图7-9 选择并移动路径

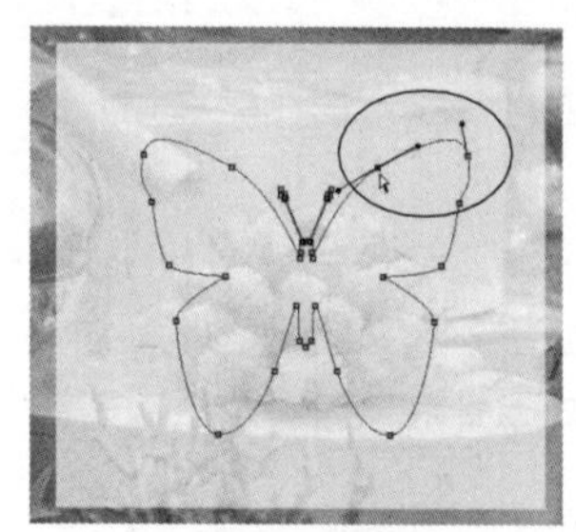

图7-10 选择锚点

使用直接选择工具▷选择锚点后，按【Delete】键可将所选锚点删除，同时锚点两端的路径也会被删除，若是闭合式路径则会变成开放式路径。

三、任务实施

（一）绘制路径

微课视频

绘制路径

绘制形状不规则的矢量图形的第一步是绘制路径。本任务在制作前需要先使用钢笔工具绘制婚礼请柬中的新娘的上半身，其具体操作如下。

（1）新建大小为 42 厘米 × 29.7 厘米，分辨率为 300 像素/英寸，名为“婚礼请柬”的图像文件。

（2）选择【视图】/【新建参考线】菜单命令，打开“新建参考线”对话框。在“取向”栏中选中“垂直”单选项，设置参考线的方向；在“位置”文本框中输入“21 厘米”，设置参考线的位置，创建参考线。

（3）选择矩形选框工具，在参考线左右两侧分别绘制两个矩形作为婚礼请柬的底面，为左边的矩形填充白色，并添加“描边”图层样式，设置描边大小为“3 像素”。为右边的矩形填充颜色“#f6f6f6”。

（4）置入“边框.png”图像文件，并调整其大小和位置，效果如图 7-11 所示。

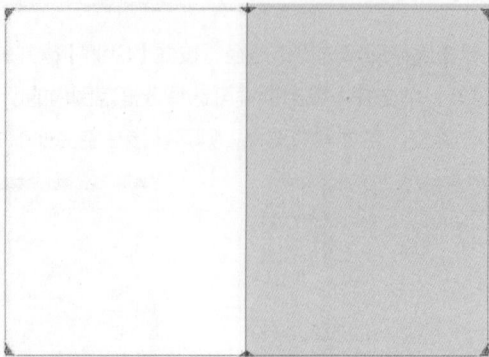

图7-11　添加边框效果

（5）选择钢笔工具，在图像窗口中单击创建一个锚点，然后在其他位置继续单击并拖曳鼠标绘制路径，如图 7-12 所示。

（6）使用钢笔工具在图像上单击并拖曳鼠标，绘制新娘上半身的形状，如图 7-13 所示。

（7）选择【窗口】/【路径】菜单命令，打开“路径”面板，可以发现面板中出现了新绘制的工作路径的路径缩览图，如图 7-14 所示。

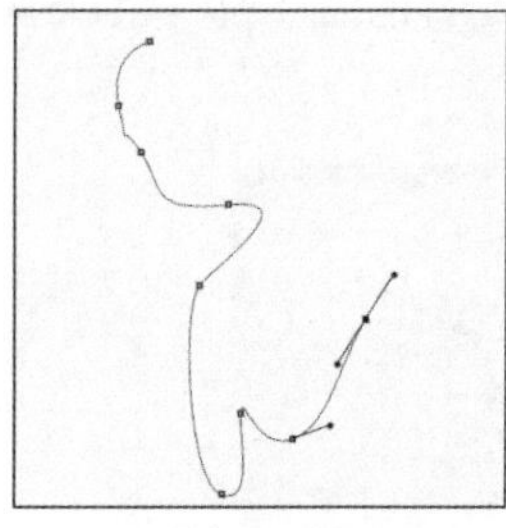

图7-12　绘制路径

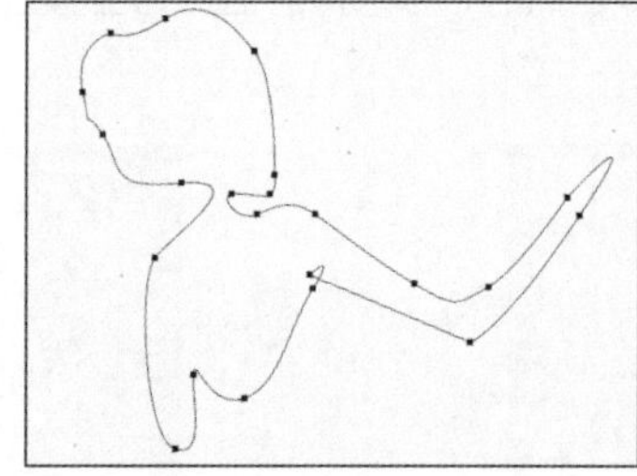

图7-13　绘制新娘上半身

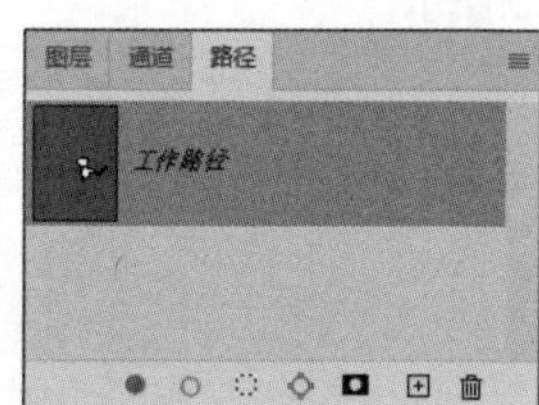

图7-14　查看路径

改变路径缩览图的大小

知识补充

绘制路径后，在“路径”面板中可看到路径图层。若觉得路径缩览图太小，则可根据需要将其调大。其方法为：打开“路径”面板，单击右上角的按钮，在弹出的快捷菜单中选择【面板选项】命令，打开“路径面板选项”对话框，在其中可设置路径缩览图的大小。

（二）编辑路径

初次绘制的新娘上半身的路径往往不够精确，需要对该路径进行修改和调整，其具体操作如下。

微课视频

编辑路径

1. 转换平滑点与角点

为了使新娘的脖颈更接近真实效果，需要将脖颈处的平滑点转换为角点，其具体操作如下。

（1）选择直接选择工具，单击图 7-15 所示的锚点，此时锚点两边出现控制柄，拖曳控制柄，将路径调整平滑。

（2）选择转换点工具，按住【Alt】键并单击锚点，可将平滑点转换为角点，如图 7-16 所示。

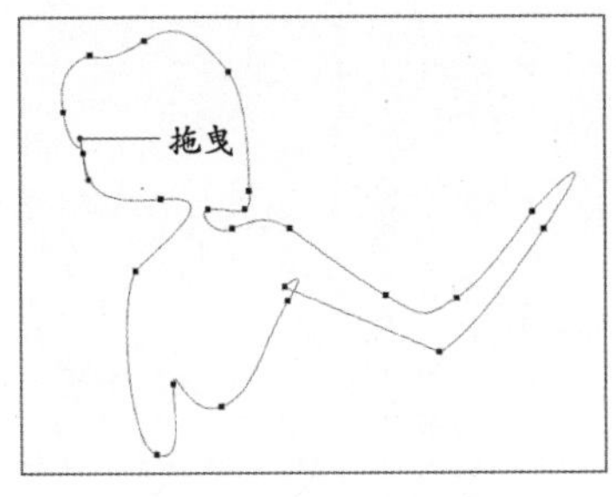

图7-15　拖曳控制柄调整路径

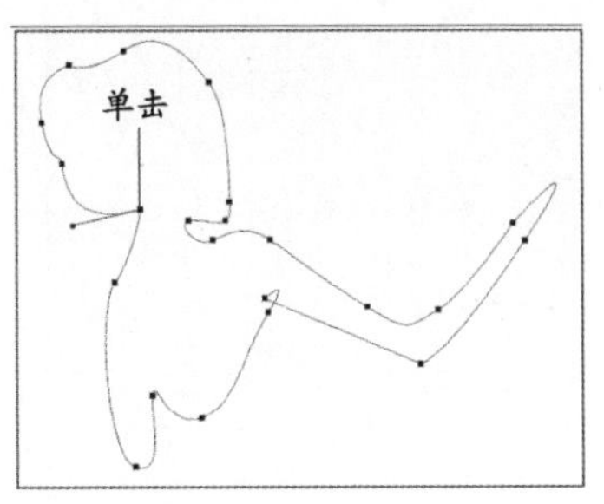

图7-16　转换锚点

2. 添加与删除锚点

为了使最终绘制的新娘上半身效果更加美观，可以调整路径的细节部分，例如，在绘制好的闭合路径上添加新的锚点，或者删除不需要的锚点，其具体操作如下。

（1）选择添加锚点工具，将鼠标指针移到要添加锚点的路径上，当其变为形状时，单击即可添加一个锚点，添加的锚点呈实心状显示，如图 7-17 所示。

（2）拖曳添加的锚点，可以改变路径的形状；拖曳锚点两边出现的控制柄，可调整路径的弧度和平滑度。

（3）选择删除锚点工具，将鼠标指针移到要删除的锚点上，当其变为形状时，单击即可删除该锚点，同时对应的路径也会发生变化，如图 7-18 所示。

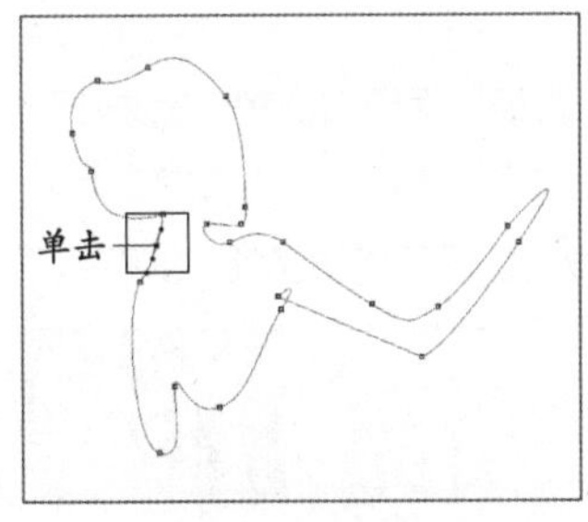

图7-17　添加锚点

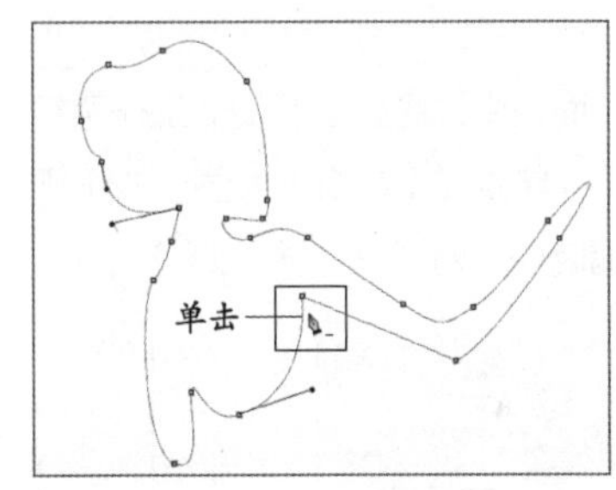

图7-18　删除锚点

知识补充

使用快捷菜单中的命令添加与删除锚点

除了使用工具添加与删除锚点外，还可以使用快捷菜单中的命令添加与删除锚点。其方法为：在路径上单击鼠标右键，在弹出的快捷菜单中选择【添加锚点】命令，可添加锚点；在锚点上单击鼠标右键，在弹出的快捷菜单中选择【删除锚点】命令，可删除锚点。

3. 选择和移动路径

编辑新娘上半身的路径时，除了调整锚点和控制柄外，还可以通过选择和移动路径来直接对路径进行编辑。本任务将对新娘上半身的路径进行移动与调整，其具体操作如下。

（1）选择路径选择工具，将鼠标指针移动到需选择的路径上并单击，可选择整个路径，如图 7-19 所示。

（2）选择直接选择工具，选择锚点或者在路径上添加锚点来移动部分路径，将路径调整至满意的形状，如图 7-20 所示。

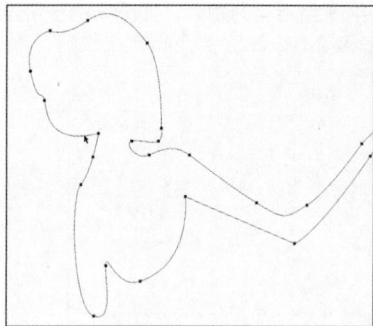

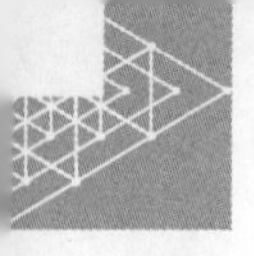

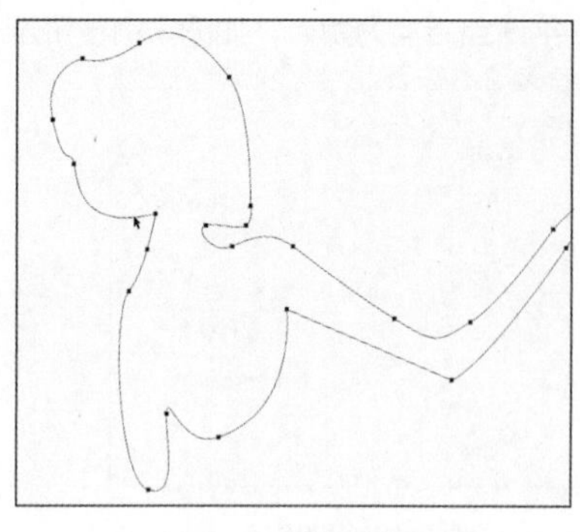

图7-19　选择路径

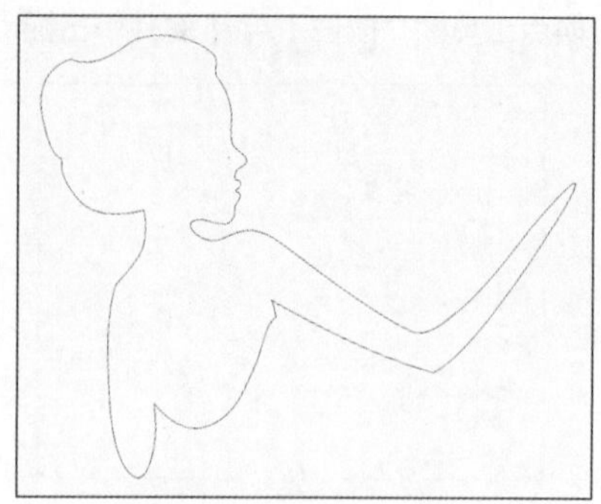

图7-20　移动部分路径

知识补充

变换路径

先选择路径，再选择【编辑】【/自由变换路径】菜单命令，或按【Ctrl+T】组合键，此时路径周围显示边界框，拖曳边界框上的控制点，可使路径像选区和图形一样自由地变换。

4．保存路径

新绘制的新娘上半身路径将以“工作路径”为名显示在“路径”面板中，若没有对路径进行描边或填充操作，则继续绘制其他路径时，原有路径将丢失，因此可先将新娘上半身路径保存，其具体操作如下。

（1）在“路径”面板中选择绘制后的“工作路径”，单击“路径”面板右上角的按钮，在弹出的快捷菜单中选择【存储路径】命令，如图7-21所示。

（2）打开“存储路径”对话框，输入路径名称，单击确定按钮，即可完成路径的保存，如图7-22所示。

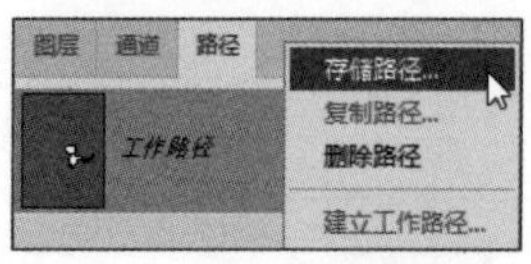

图7-21　选择【存储路径】命令

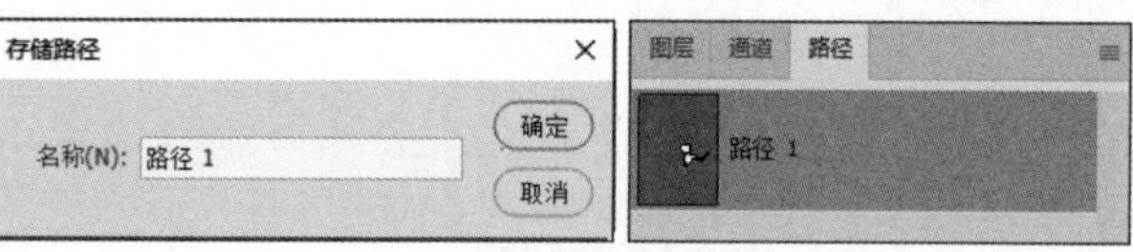

图7-22　存储路径

知识补充

显示与隐藏路径

单击“路径”面板中的路径缩览图或按【Ctrl+H】组合键，可显示路径；单击“路径”面板下方的空白区域或再次按【Ctrl+H】组合键，可隐藏路径。

5．复制与删除路径

绘制路径后，若还需要绘制相同的路径，则可对绘制的路径进行复制；若不需要路径，则可将路径删除，其具体操作如下。

（1）在“路径”面板中将路径拖曳到“创建新路径”按钮上，即可复制路径，如图7-23所示。

（2）在“路径”面板中选择要删除的路径，单击面板底部的“删除当前路径”按钮，或将路径拖曳至该按钮上即可删除路径，如图7-24所示。

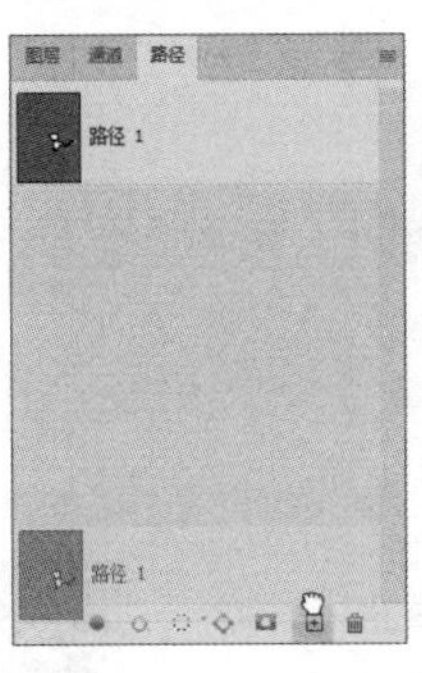
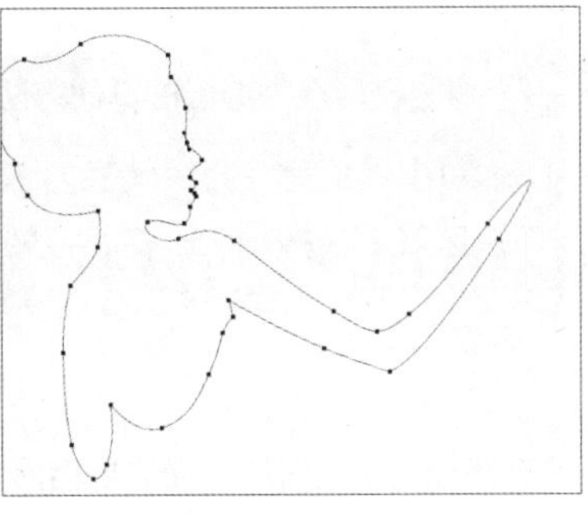

图7-23 复制路径

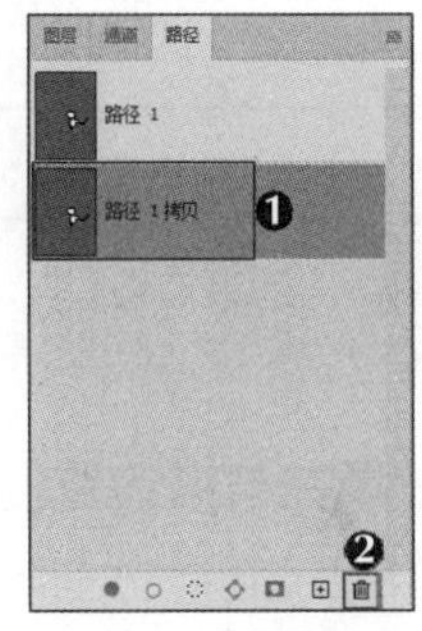
图7-24 删除路径

知识补充

使用快捷菜单复制路径

在“路径”面板中选择需要复制的路径，在其上单击鼠标右键，在弹出的快捷菜单中选择【复制路径】命令，打开“复制路径”对话框，在其中进行相应设置，即可复制路径。

6. 路径与选区的互换

对新娘上半身的路径进行填充或编辑时，需要先将路径转换为选区。在处理图像时，若需要调整选区形状，则可以将选区转换为路径进行编辑，其具体操作如下。

（1）单击“图层”面板底部的“创建新图层”按钮，新建一个图层，按【Ctrl+Enter】组合键将路径转换为选区，如图 7-25 所示。

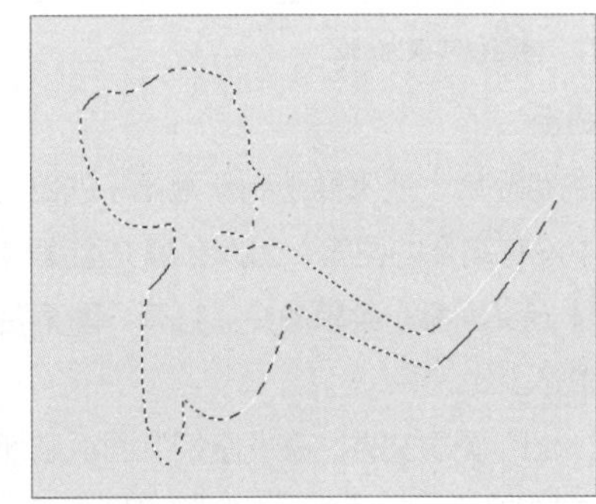
图7-25 将路径转换为选区

（2）单击“路径”面板底部的“从选区生成工作路径”按钮，可将选区转换为路径，如图 7-26 所示。

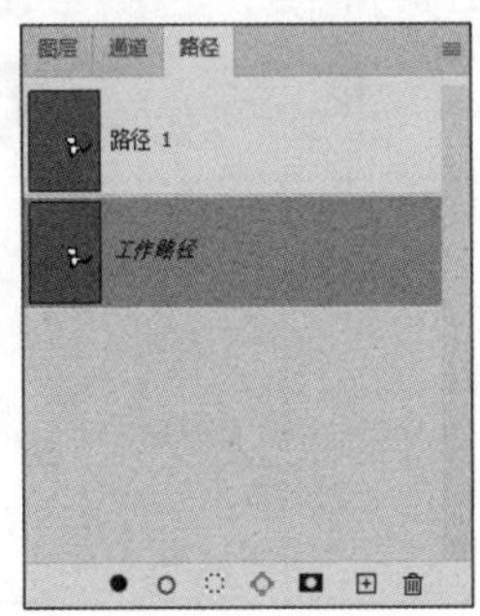
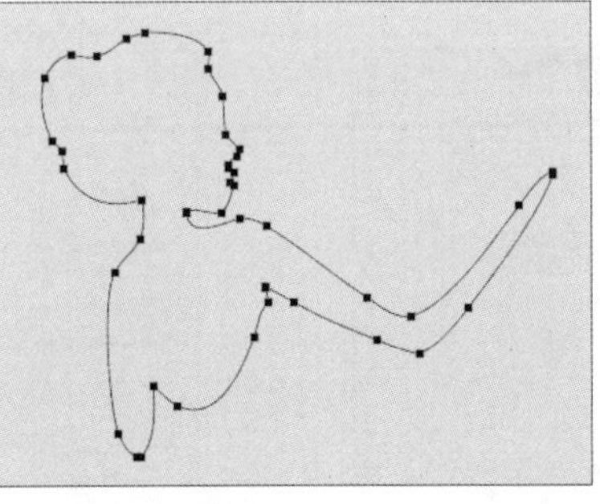
图7-26 将选区转换为路径

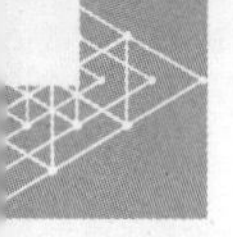

知识补充 **将路径转换为选区的其他方法**

除了可以按【Ctrl+Enter】组合键将路径转换为选区外，还可以单击“路径”面板底部的“将路径作为选区载入”按钮，将路径转换为选区。

（三）填充与描边路径

微课视频

填充与描边路径

填充路径是指用指定的颜色或图案填充路径包围的区域，描边是指沿着路径的轮廓描边颜色。为了把新娘上半身的路径转换为打印后可视的图形，需要对路径进行填充和描边操作，其具体操作如下。

1. 使用纯色填充路径

下面对新娘上半身的路径进行纯色填充，制造剪影效果，其具体操作如下。

（1）按【Ctrl+Enter】组合键将路径转换为选区，如图7-27所示。

（2）设置前景色为“#421f1c”，按【Alt+Delete】组合键填充选区，如图7-28所示。

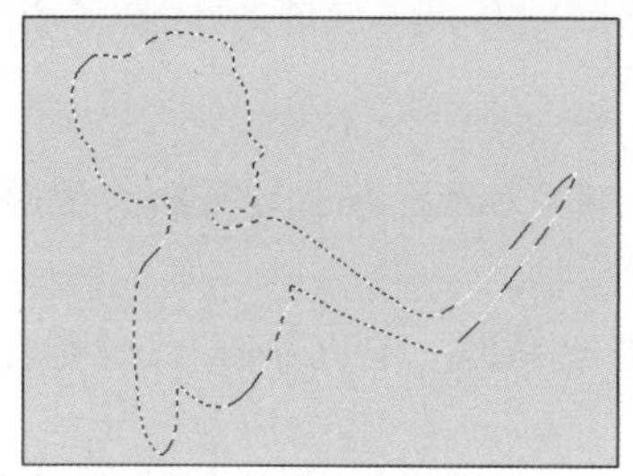

图7-27　将路径转换为选区

图7-28　填充选区

2. 使用图案填充路径

绘制完新娘上半身的路径后，还需要绘制新娘裙子的路径，并使用图案填充裙子，其具体操作如下。

（1）由于Photoshop中没有需要的图案，因此在填充图案前需要先载入图案。打开“花朵.png”图像文件，选择【编辑】/【定义图案】菜单命令，打开“图案名称”对话框，保持默认设置不变，单击（确定）按钮，完成图案的载入。

（2）切换到“婚礼请柬.psd”图像文件，在“路径”面板底部单击“创建新路径”按钮，使用钢笔工具在新娘下半身绘制新娘裙子的路径，如图7-29所示。

（3）在“路径”面板右上角单击按钮，在弹出的快捷菜单中选择【填充路径】命令，打开“填充路径”对话框。在“内容”下拉列表框中选择“图案”选项，在“自定图案”下拉列表框中选择需填充的图案，单击（确定）按钮。返回图像窗口，可以看到路径中已填充了图案，如图7-30所示。

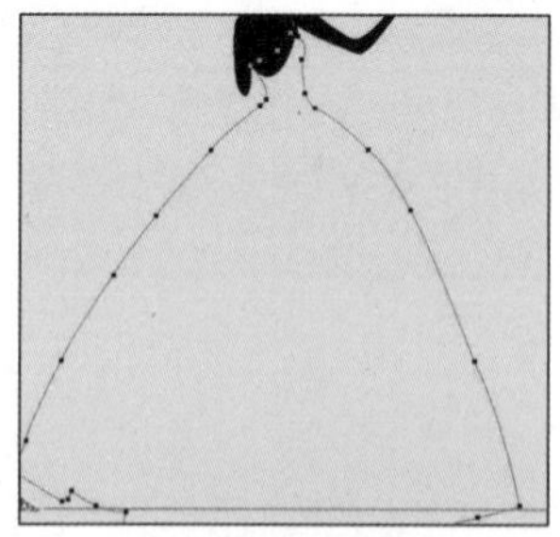

图7-29　绘制路径

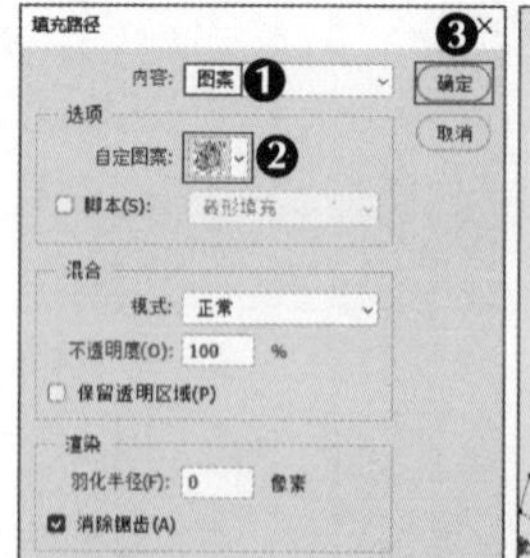

图7-30　使用图案填充路径

3. 通过“描边”对话框描边路径

通过“描边”对话框可以以线条的形式对路径进行描边操作，并且可以设置描边的颜色、粗细、位置和混合模式等，其具体操作如下。

（1）按【Ctrl+Enter】组合键将裙子的路径转换为选区，如图 7-31 所示。

（2）选择【编辑】/【描边】菜单命令，打开“描边”对话框，设置“宽度”为“2 像素”，“颜色”为“#421f1c”，单击 确定 按钮，如图 7-32 所示。

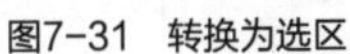

图7-31 转换为选区

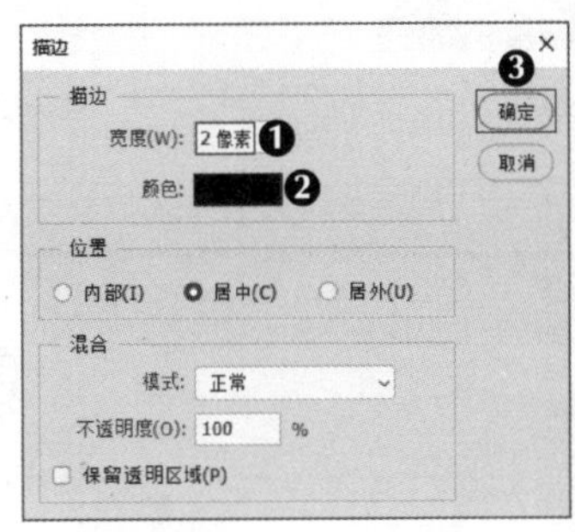

图7-32 描边路径

4. 使用画笔工具描边路径

使用画笔工具也可以对路径进行描边操作，但在描边前需要切换画笔工具，并设置画笔属性，其具体操作如下。

（1）使用钢笔工具在新娘头上绘制头花路径。新建图层，选择画笔工具，在其工具属性栏中设置“大小”为“2 像素”，笔尖样式为“硬边圆”，如图 7-33 所示，然后设置前景色为“#421f1c”。

（2）在“路径”面板中选择“路径 3”路径，单击“路径”面板底部的“用画笔描边路径”按钮，即可描边路径，如图 7-34 所示。

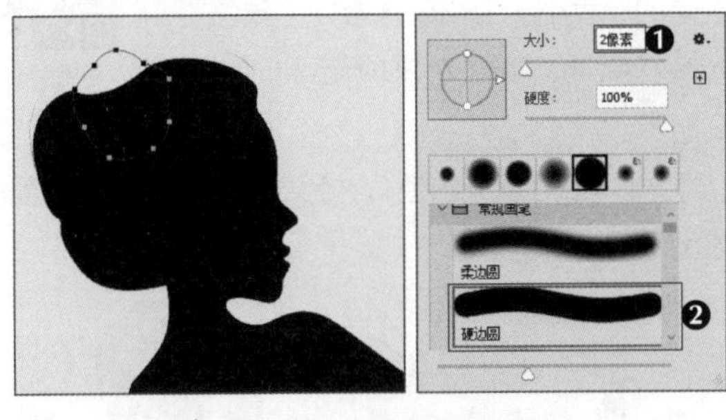

图7-33 绘制路径并设置画笔参数

图7-34 描边路径

5. 通过“描边路径”对话框描边路径

通过“描边路径”对话框进行相关设置，可以添加更丰富的描边效果，其具体操作如下。

（1）新建图层，为新娘头花路径填充白色，如图 7-35 所示。

（2）使用钢笔工具绘制新娘头花的纹路，完成纹路的绘制后，按住【Ctrl】键并单击空白处，可绘制开放式路径，如图 7-36 所示。

（3）新建图层，设置前景色为“#421f1c”，画笔的“大小”为“2 像素”。选择绘制的路径，在“路径”面板右上角单击按钮，在弹出的快捷菜单中选择【描边路径】命令，打开“描边路径”对话框，在“工具”下拉列表框中选择“画笔”选项，单击 确定 按钮，对纹路进行描边，如图 7-37 所示。

图7-35 填充颜色

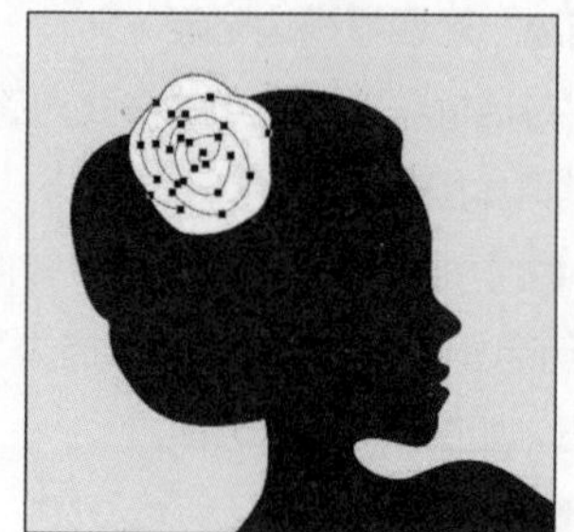

图7-36 绘制开放式路径

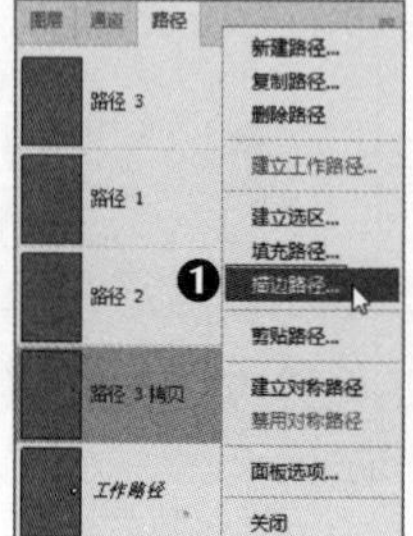

图7-37 对纹路进行描边

（四）绘制剩余部分并添加文字

接下来将绘制新郎部分和其他装饰物，并添加文字和其他素材，使婚礼请柬更加完整，其具体操作如下。

微课视频

绘制剩余部分并添加文字

（1）复制一次头花，将颜色更改为“#e72919”，将头花复制多个，并调整其大小和位置，绘制捧花，如图 7-38 所示。

（2）使用钢笔工具绘制捧花飘带路径，设置画笔的“大小”为“5 像素”，“颜色”为“#421f1c”，使用画笔描边路径，绘制出捧花飘带，如图 7-39 所示。

（3）使用钢笔工具绘制新郎路径，如图 7-40 所示。

（4）为新郎的头部和手部填充颜色“#421f1c”，为身体部分填充白色，并为身体部分描边，设置描边宽度为“2 像素”，“颜色”为“#421f1c”，如图 7-41 所示。

图7-38 绘制捧花

图7-39 绘制捧花飘带

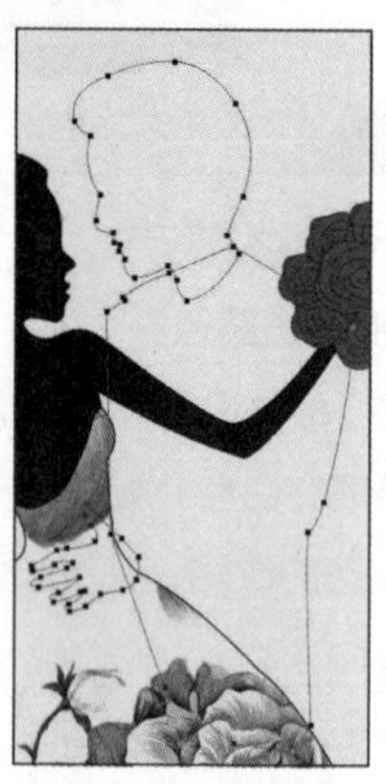

图7-40 绘制新郎路径

图7-41 填充新郎颜色

（5）绘制新郎衣服上的褶皱，并描边路径，设置描边宽度为“2 像素”，“颜色”为“#421f1c”，如图 7-42 所示。使用同样的方法绘制新娘裙子上的褶皱，如图 7-43 所示。

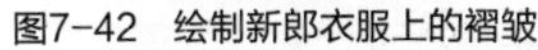

图7-42 绘制新郎衣服上的褶皱

图7-43 绘制新娘裙子上的褶皱

（6）置入“花朵.png”图像文件，调整图像大小，并将其置于请柬右下角，如图 7-44 所示。

（7）在人物上方输入中文文字，设置字体为“方正行楷简体”，字体大小为“25 点”，“颜色”为“#421f1c”。在中文文字上方输入英文文字，设置字体为“HelveticaExtObl”，字体大小为“12 点”，如图 7-45 所示。

图7-44 导入图像

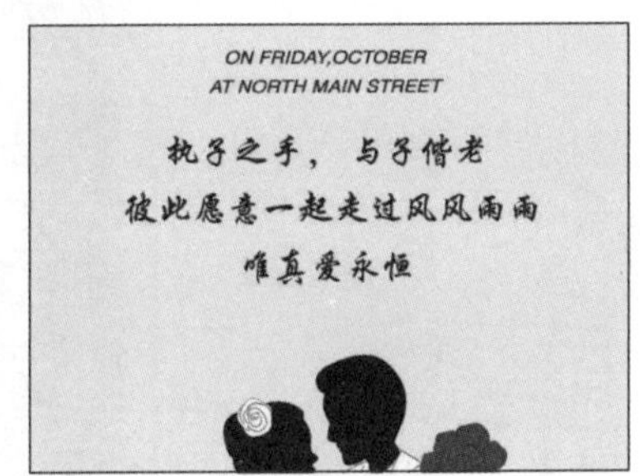

图7-45 输入文字

（8）置入“花朵 2.png”图像文件，调整图像大小，并将其置于请柬左边的顶部，按【Ctrl+Shift+U】组合键去色，设置图层“不透明度”为“10%”。按【Ctrl+J】组合键复制花朵，并将花朵垂直翻转，置于请柬左边的底部，如图 7-46 所示。

（9）打开“文字.psd”图像文件，将其中的所有内容复制到“婚礼请柬.psd”图像文件中，调整其大小和位置，如图 7-47 所示。

图7-46 置入图像

图7-47 添加素材

（10）按【Ctrl+S】组合键保存文件，完成本任务的制作。

任务二　绘制手机App图标

老洪正在绘制手机图标，米拉在旁边学习，发现使用矩形工具组也可以绘制路径。米拉自告奋勇地接过老洪的工作，决定自己使用各种形状工具绘制手机 App 图标，同时了解 UI 设计规范，培养 UI 设计能力。绘制的手机 App 图标参考效果如图 7-48 所示。

素材所在位置： 素材文件\项目七\任务二\手机背景.jpg
效果所在位置： 效果文件\项目七\任务二\手机 App 图标.psd

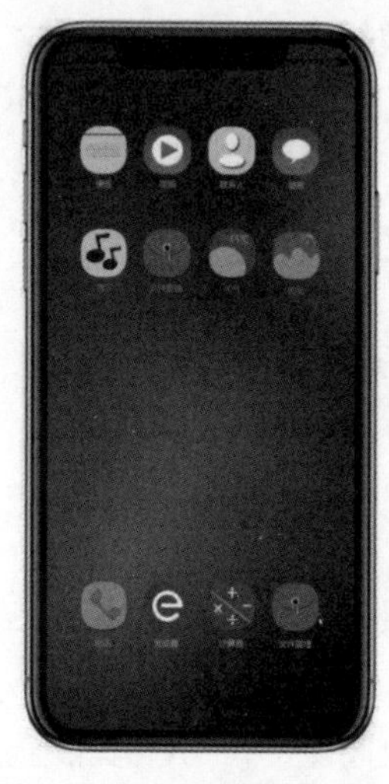

图7-48　手机App图标参考效果

一、任务描述

（一）任务背景

手机 App 图标是一组能快捷传达信息、便于记忆的图形，不仅能直观地展现应用信息，还比单一的文字描述更加形象，极大地提升了 App 视觉效果。在进行手机 App 图标设计时，只有对图标的使用环境、所要实现的功能有清晰的把握，才能设计出辨识度高、易于理解的图标。在绘制手机 App 图标时，需要使用 Photoshop 中的矢量绘图工具，如矩形工具组等，通过对不同形状进行组合，绘制出形象美观、含义明确的图标。图标的尺寸要求为 1 125 像素 × 2 436 像素，分辨率为 72 像素/英寸。

（二）任务目标

- 能够了解手机 App 图标设计的格式、尺寸、版式等标准。
- 能够灵活运用矩形工具组绘制手机 App 图标，提升 UI 设计能力。

二、相关知识

在 Photoshop 中，钢笔工具组多用于绘制不规则的形状路径，而矩形工具组主要是通过选取内置的样式绘制较为规则的形状路径。

（一）矩形工具组

矩形工具组在平面设计中较为常用，设计 DM 单、书籍装帧、招贴海报、标志、插画等都需要使用它们。矩形工具组中包括矩形工具、圆角矩形工具、椭圆工具、多边形工具、直线工具、自定形状工具等，运用矩形工具组可以绘制出不同的形状路径和形状图形，再通过对形状的组合，绘制出丰富的图像效果。

1. 矩形工具

使用矩形工具可绘制矩形和正方形。绘制时，单击并拖曳鼠标可绘制矩形；按住【Shift】键单击并拖曳鼠标，可绘制正方形；按住【Alt】键单击并拖曳鼠标，可以以单击点为中心绘制矩形；按住【Shift+Alt】组合键单击并拖曳鼠标，可以以单击点为中心绘制正方形。该工具对应的工具属性栏如图 7-49 所示。

图7-49　矩形工具的工具属性栏

主要选项的作用如下。

- **“填充”色块：**单击“填充”色块，打开下拉列表框，如图 7-50 所示；单击“无颜色”按钮，可不为形状填充颜色；单击“纯色”按钮，可为形状填充“最近使用的颜色”或预设颜色；单击“渐变”按钮，可为形状填充渐变颜色；单击“图案”按钮，可为形状填充图案；单击“拾色器”按钮，打开“拾色器”对话框，可自定义填充颜色。
- **“描边”色块：**单击“描边”色块，打开下拉列表框，其功能与“填充”色块的功能相似。
- **“设置形状描边宽度”数值框：**用于设置描边的粗细，单击按钮，可通过滑块设置描边的粗细。
- **“设置形状描边类型”下拉列表框：**用于选择描边的线条类型，单击按钮，打开“描边选项”下拉列表框，如图 7-51 所示。在中间列表框中，可设置描边的线条类型；在“对齐”下拉列表框中，可设置描边与路径的对齐方式；在“端点”下拉列表框中，可设置路径端点的样式；在“角点”下拉列表框中，可设置路径转角处的样式；单击更多选项...按钮后，可打开“描边”对话框，如图 7-52 所示，在该对话框中可设置虚线描边中“虚线”的长度和“间隙”的长度。

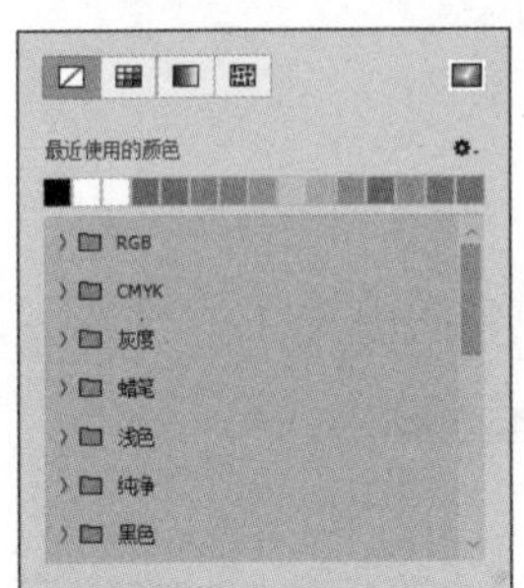

图7-50　设置形状颜色

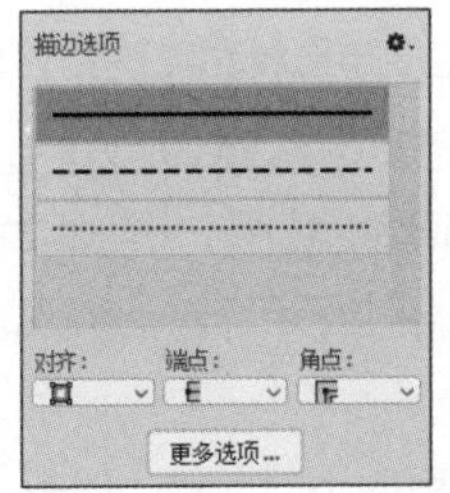

图7-51　“描边选项”下拉列表框

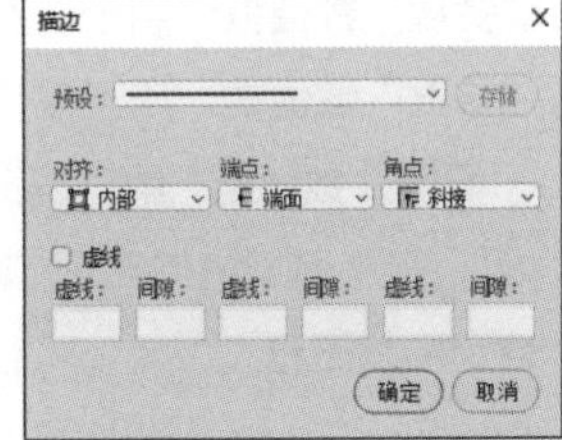

图7-52　“描边”对话框

- **“W”和“H”数值框：**“W”数值框用于设置形状的宽度，“H”数值框用于设置形状的高度。
- **“链接形状的宽度和高度”按钮：**单击该按钮，可以锁定形状的宽高比，在调整形状时不会改变形状的比例。
- **“路径操作”按钮：**单击该按钮，在打开的下拉列表中可设置形状之间的交互方式。
- **“路径对齐方式”按钮：**单击该按钮，在打开的下拉列表中可设置形状的对齐与分布方式。
- **“路径排列方式”按钮：**单击该按钮，在打开的下拉列表中可设置形状的堆叠顺序。

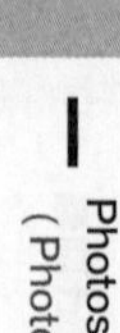

2．圆角矩形工具

使用圆角矩形工具可绘制具有圆角半径的矩形，其绘制方法和工具属性栏都与矩形工具的相似。但在圆角矩形工具的工具属性栏中可以设置“半径”数值，其数值越大，圆角弧度就越大。

3．椭圆工具

使用椭圆工具可以绘制椭圆和圆形，其绘制方法和工具属性栏都与矩形工具的相似。

4．多边形工具

使用多边形工具可以绘制具有不同边数的正多边形和星形，其绘制方法和工具属性栏都与矩形工具的相似。但在多边形工具的工具属性栏的“边”数值框中，可先设置形状的边数，再进行绘制。单击按钮，在打开的区域中可设置其他参数，如图 7-53 所示。

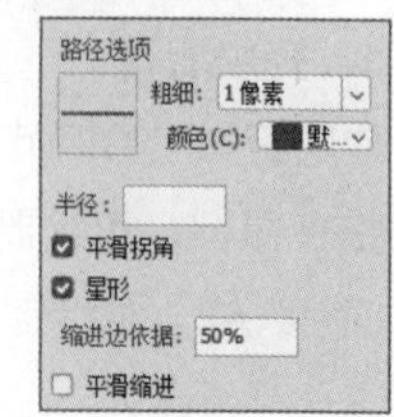

图7-53　多边形工具相关设置

- **“粗细”下拉列表框：** 用于选择路径的粗细。
- **“颜色”下拉列表框：** 用于选择路径的颜色。
- **“半径”数值框：** 用于设置形状的半径，数值越小绘制出的图形越小。默认情况下“半径”数值框为空白，表示绘制时可任意拖曳确定形状的大小。
- **“平滑拐角”复选框：** 勾选该复选框后，可创建有平滑拐点效果的形状。
- **“星形”复选框：** 勾选该复选框后，可绘制星形。
- **“缩进边依据”数值框：** 用于设置星形边缘向中心缩进的百分比，其数值越大，星形的锐角越尖。
- **“平滑缩进”复选框：** 勾选该复选框后，绘制的星形的每条边将向中心缩进。

5．直线工具

使用直线工具可以绘制出具有不同粗细、颜色、箭头的直线。其工具属性栏与多边形工具的属性栏相似，只是“边”数值框变成了“粗细”数值框，用于设置直线的粗细。单击按钮，在打开的区域中可设置需要绘制的直线的参数，如图 7-54 所示。

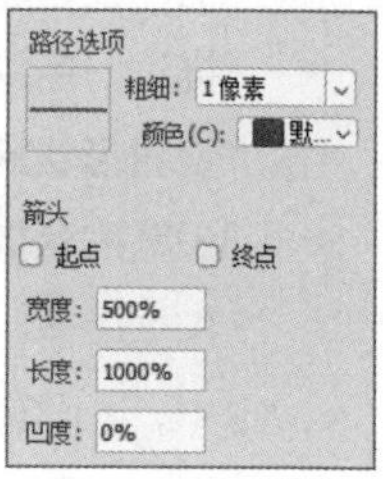

图7-54　直线工具相关设置

- **“起点”复选框：** 勾选该复选框，可为绘制的直线起点添加箭头。
- **“终点”复选框：** 勾选该复选项，可为绘制的直线终点添加箭头。
- **“宽度”数值框：** 用于设置箭头宽度与直线宽度的百分比。
- **“长度”数值框：** 用于设置箭头长度与直线宽度的百分比。
- **“凹度”数值框：** 用于设置箭头的凹陷程度。当数值为 0%时，箭头尾部齐平；当数值大于 0%时，箭头尾部将向内凹陷；当数值小于 0%时，箭头尾部将向外凸出。

6．自定形状工具

使用自定形状工具可以绘制系统自带的不同形状，如树、动物、小船、箭头、画框、自然和符号等，如图 7-55 所示，大大降低了绘制复杂形状的难度。

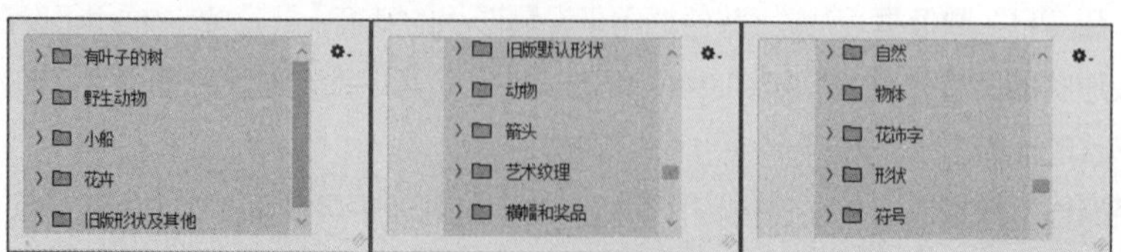

图7-55　预设形状

（二）形状的“属性”面板

在绘制形状后，可选择【窗口】/【属性】菜单命令，打开“属性”面板，在面板中可以快速调整形状的大小、位置、描边、角半径等，如图 7-56 所示。

- **“W”和“H”数值框：**用于设置形状的宽度（W）和高度（H）。单击按钮，可以等比例缩放形状。
- **“X”和“Y”数值框：**用于设置形状在图像中的水平位置（X）和垂直位置（Y）。

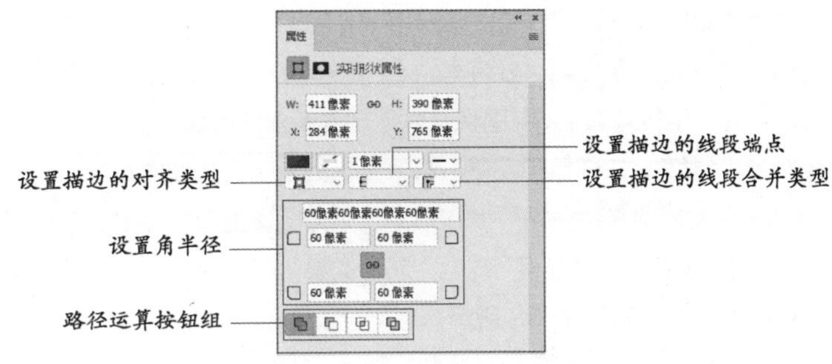

图7-56　形状的“属性”面板

- **“设置描边的对齐类型”下拉列表框：**可以选择内部、居中和外部3 种描边对齐类型。
- **“设置描边的线段端点”下拉列表框：**可以选择端面、圆形和方形3 种描边线段端点。
- **“设置描边的线段合并类型”下拉列表框：**可以选择斜接、圆形和斜面3 种描边线段合并类型。
- **“设置角半径”栏：**绘制矩形或者圆角矩形后，可以设置角半径。为矩形设置角半径，可以将其更改为圆角矩形。单击按钮，可单独设置每个角的角半径。
- **路径运算按钮组：**用于运算两个或两个以上的形状或路径，包括“合并形状”按钮、“减去顶层形状”按钮、“交叉形状区域”按钮、“排除重叠形状”按钮。

（三）路径对齐方式

在绘制多个路径或形状时，有时还需要将其按照一定的规律进行对齐与分布操作，具体有以下两种方法。

- 按住【Shift】键使用路径选择工具选择多个子路径，单击工具属性栏中的“路径对齐方式”按钮，在打开的下拉列表中选择常用的对齐和分布方式，即可对所选路径进行对齐与分布操作。
- 选择移动工具，在“路径”面板中按住【Shift】键选择多个子路径，单击工具属性栏中的“对齐并分布”按钮，在打开的下拉列表中也可以选择常用的对齐和分布方式，如图 7-57 所示。

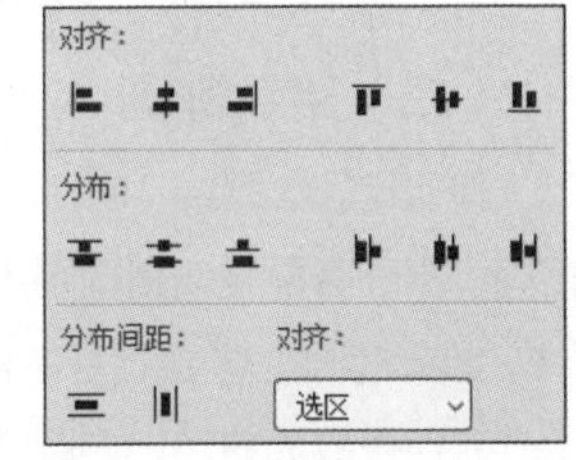

图7-57　路径对齐和分布方式

对齐和分布方式中主要选项的作用如下。

- **“对齐”栏：**用于选择对齐的方式，包括“左对齐”按钮、“水平居中对齐”按钮、“右对齐”按钮、“顶对齐”按钮、“垂直居中对齐”按钮、“底边对齐”按钮。
- **“分布”栏：**用于选择分布的方式，包括“按顶分布”按钮、“垂直居中分布”按钮、“按底分布”按钮、“按左分布”按钮、“水平居中分布”按钮、“按右分布”按钮。
- **“分布间距”栏：**用于选择按照高度或宽度均匀分布的方式，包括“垂直分布”按钮、“水平分布”按钮▮。

- **“对齐”下拉列表框：**用于选择按照框选的选区或画布大小进行对齐。

三、任务实施

（一）绘制圆角矩形

使用圆角矩形工具▢可绘制具有圆角半径的矩形路径，在手机App图标设计中常用于绘制图标背景，其具体操作如下。

微课视频

绘制圆角矩形

（1）新建大小为1 125像素×2 436像素，分辨率为72像素/英寸，名为“手机App图标”的图像文件，将“手机背景.jpg”图像文件复制到新建的图像文件中。

（2）在工具箱中单击矩形工具▭，按住鼠标左键，打开工具列表，选择圆角矩形工具▢，在其工具属性栏中设置填充颜色为“#ffe3ba”。单击图像窗口，弹出“创建圆角矩形”对话框。在打开的对话框中设置“宽度”和“高度”均为“167像素”，“半径”均为“67像素”，然后单击（确定）按钮，完成圆角矩形的绘制，如图7-58所示。

（3）此时在“图层”面板中自动生成一个名为“圆角矩形 1”的图层，如图7-59所示。

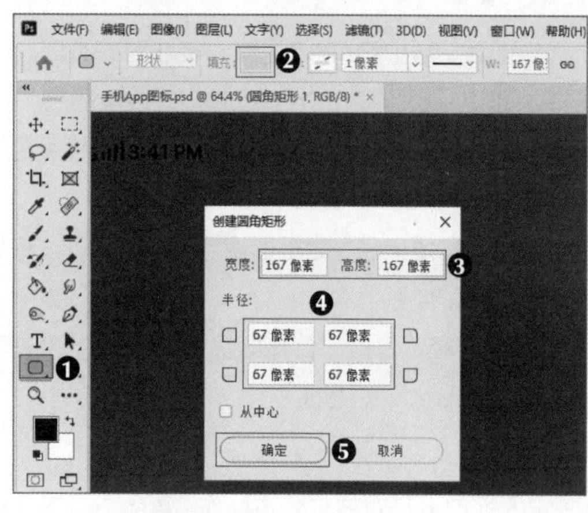

图7-58　设置圆角矩形参数

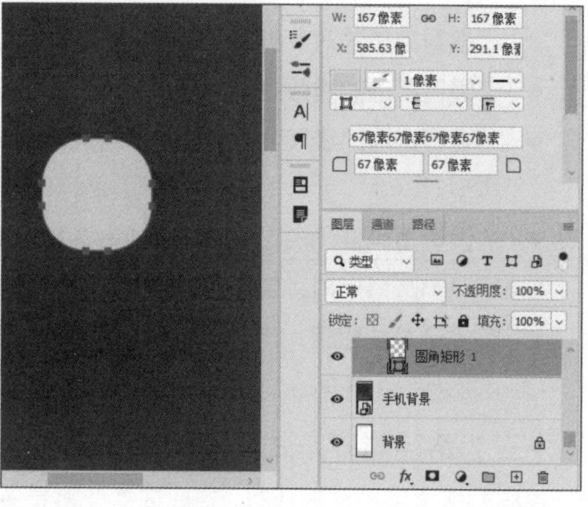

图7-59　“圆角矩形1”图层

（二）绘制椭圆

使用椭圆工具◯可以绘制圆形或椭圆形状的路径，其设置方法与圆角矩形工具▢相同。本任务需要使用椭圆工具◯绘制简洁的人像图形，其具体操作如下。

微课视频

绘制椭圆

（1）选择椭圆工具◯，在圆角矩形上方绘制一个竖向的椭圆，在工具属性栏中将填充颜色更改为白色，如图7-60所示。

（2）使用相同的方法，在竖向椭圆的下方绘制一个横向的椭圆，如图7-61所示。

（3）按住【Shift】键选择刚刚绘制的3个形状图层，选择移动工具✥，在工具属性栏中单击“水平居中对齐”按钮⫩，将3个形状图层水平居中对齐，如图7-62所示。

（4）双击“椭圆 1”图层，打开“图层样式”对话框，勾选“投影”复选框，保持默认设置不变，单击（确定）按钮，为“椭圆 1”图层添加投影。使用相同的方法为“椭圆 2”图层添加投影，如图7-63所示。

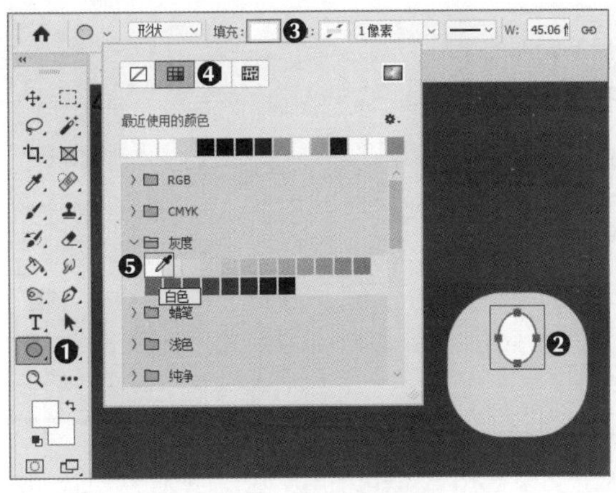

图7-60 绘制竖向椭圆

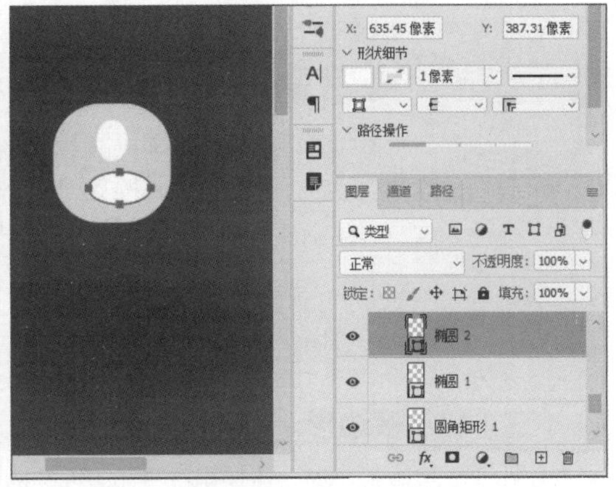

图7-61 绘制横向椭圆

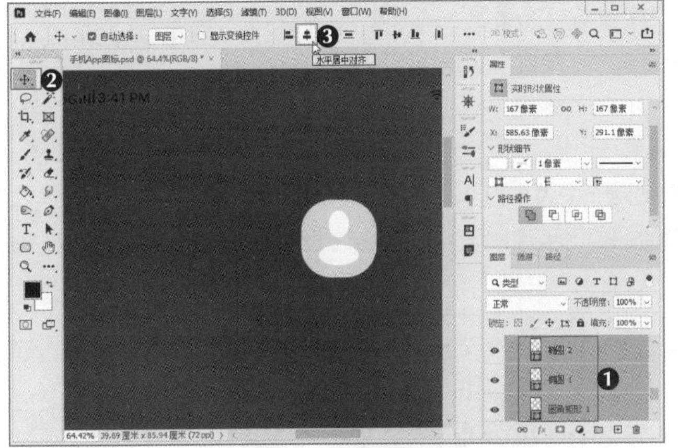

图7-62 水平居中对齐图层

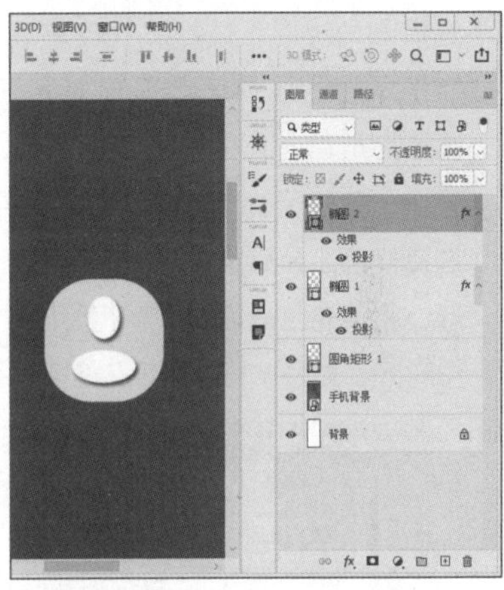

图7-63 添加投影

（5）选择横排文字工具T，在工具属性栏中设置字体为“方正兰亭纤黑”，字体大小为“29.23 点”，在圆角矩形下方输入“联系人”文字，如图 7-64 所示。

（6）在“图层”面板中单击“创建新组”按钮，双击图层组名称，将图层组名称修改为“联系人”。将“圆角矩形 1”“椭圆 1”“椭圆 2”“联系人”图层依次拖入“联系人”图层组中，如图 7-65 所示。

图7-64 输入文字

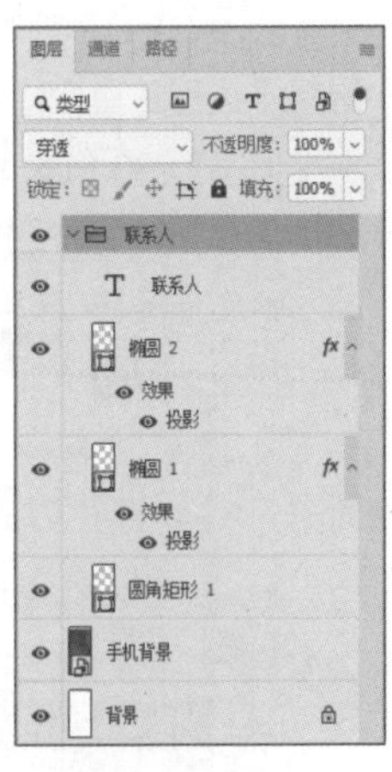

图7-65 群组图层

知识补充

绘制圆形的技巧

在使用椭圆工具绘制圆形时，单击图像窗口打开“创建椭圆”对话框，在其中输入相同大小的宽和高即可绘制圆形。若需要手动绘制圆形，则可按住【Shift】键单击并拖曳鼠标；按住【Shift+Alt】组合键单击并拖曳鼠标，可以以单击点为中心绘制圆形。

绘制椭圆后，若想将椭圆调整为圆形，则可在“图层”面板中选择该形状图层，然后在“属性”面板或椭圆工具◯的工具属性栏的“W”和“H”数值框中输入相同的数值。

（三）绘制多边形

绘制视频 App 图标时，可使用具有代表性的播放按钮来展示，这里可使用多边形工具◯绘制播放按钮形状，其具体操作如下。

（1）选择圆角矩形工具▢，在工具属性栏中设置填充类型为“渐变”，渐变颜色为“#ff7777”到“#ff3030”，指定渐变样式为“线性”，旋转渐变为顺时针“90”。设置完成后，在图像窗口中绘制大小为 167 像素 × 167 像素的圆角矩形，如图 7-66 所示。

（2）选择椭圆工具◯，在圆角矩形的上方绘制一个大小为 109 像素 × 109 像素的圆形，将填充色设置为“#ffffff”，将“椭圆 3”图层和“圆角矩形 2”图层分别垂直居中对齐和水平居中对齐，如图 7-67 所示。

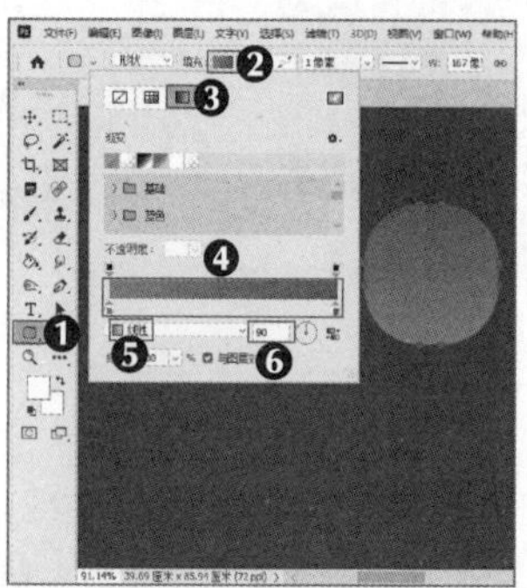

图7-66 绘制圆角矩形

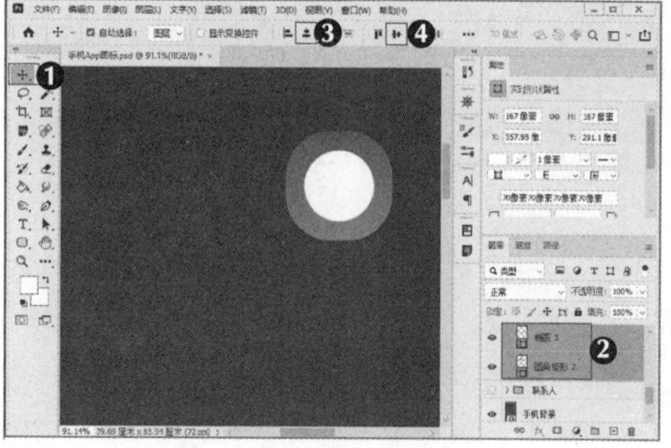

图7-67 绘制圆形并对齐

（3）选择多边形工具⬡，在工具属性栏中设置填充颜色为“#ff5a67”，“边”为“3”，在圆形的中央绘制一个大小为 60 像素 × 60 像素的三角形，如图 7-68 所示。

（4）为该图标添加“视频”文字，并创建名称为“视频”的图层组，如图 7-69 所示。

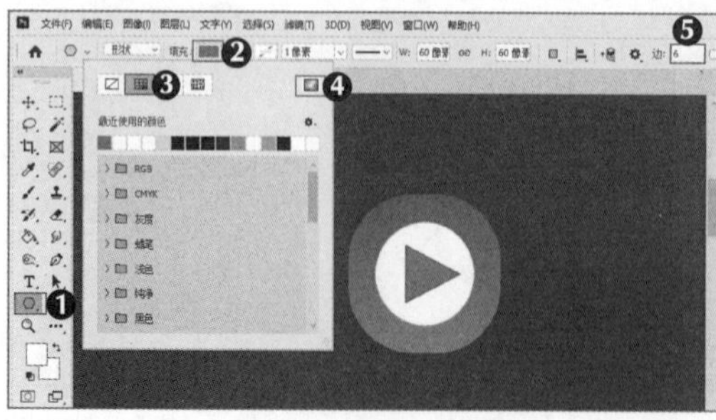

图7-68 绘制三角形

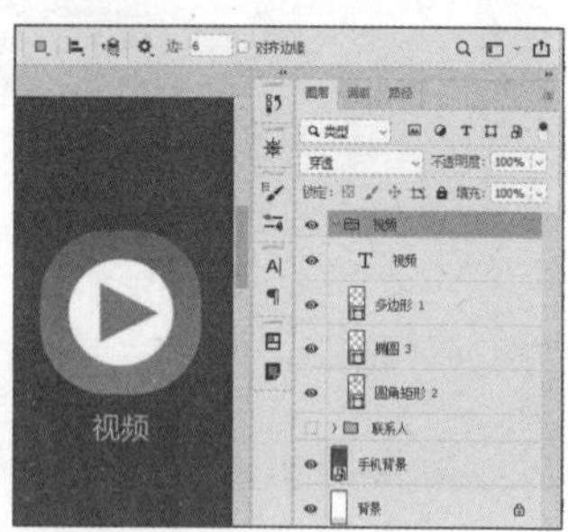

图7-69 添加文字和创建图层组

（四）绘制直线

使用直线工具 可以绘制具有不同宽度的直线，还可以根据需要为直线增加单向或双向箭头。本任务将使用直线工具 绘制便签图标，其具体操作如下。

（1）选择圆角矩形工具 ，绘制一个大小为 167 像素 × 167 像素，填充颜色为“#ffe3ba”的圆角矩形。

（2）选择直线工具 ，设置填充颜色为“#ff0000”，绘制一条“宽”和“高”分别为“147 像素”和“5 像素”的直线，如图 7-70 所示。

（3）选择直线工具 ，设置填充颜色分别为“#cfa972”“#b28850”“#996c33”，绘制 3 条“宽”和“高”分别为“122 像素”和“2 像素”的直线，如图 7-71 所示。

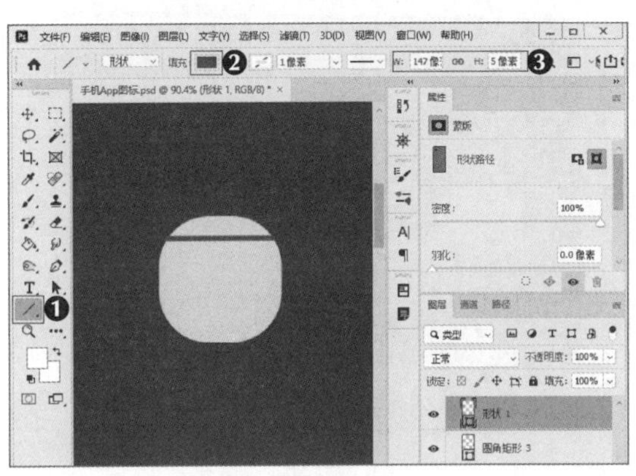

图7-70　绘制一条直线

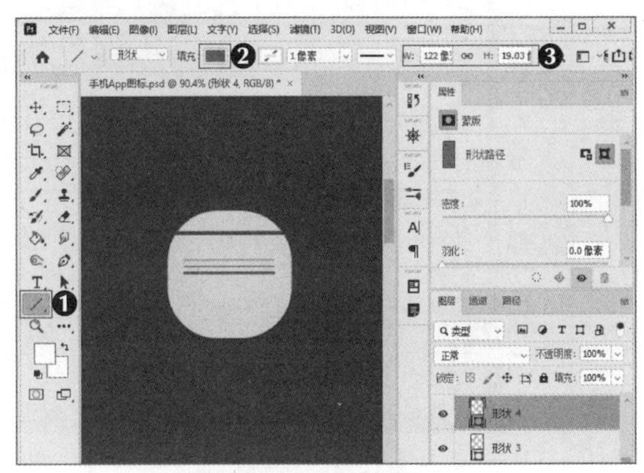

图7-71　绘制3条直线

（4）按住【Shift】键选择“形状 2”“形状 3”“形状 4”图层，将其拖曳到“创建新图层”按钮 上复制图层，然后将“形状 2 拷贝”“形状 3 拷贝”“形状 4 拷贝”图层向下移动一定的距离。

（5）选择所有图层，选择移动工具 ，单击工具属性栏中的“对齐并分布”按钮 ，在打开的下拉列表中单击“垂直居中分布”按钮 ，将 6 条直线垂直居中分布，如图 7-72 所示。

（6）为该图标添加“便签”文字，并创建名称为“便签”的图层组，如图 7-73 所示。

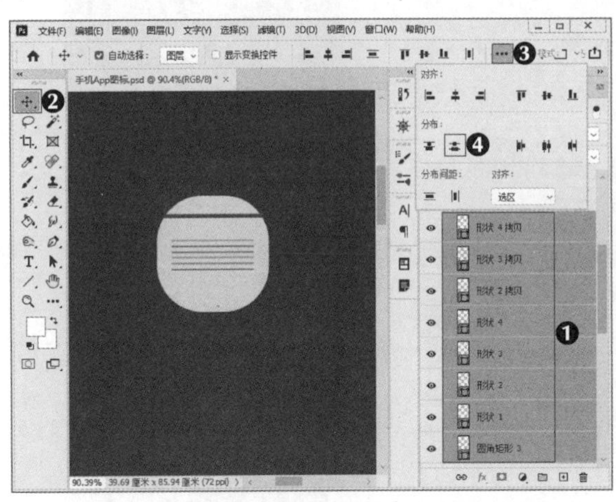

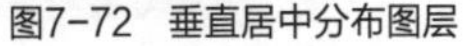

图7-72　垂直居中分布图层

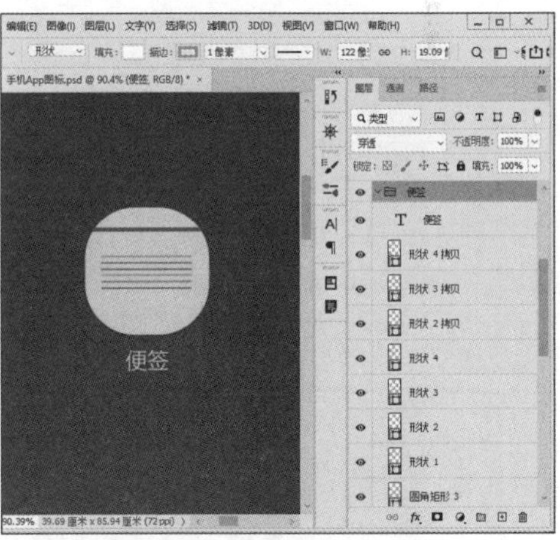

图7-73　添加文字和创建图层组

（五）绘制会话形状

使用自定形状工具 可以快速绘制系统自带的形状，大大降低了绘制复杂形状的难度。本任务使用

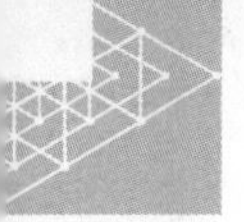

自定形状工具中的会话形状绘制信息 App 图标，其具体操作如下。

微课视频

绘制会话形状

（1）选择圆角矩形工具，绘制一个大小为 167 像素 × 167 像素的圆角矩形，在工具属性栏中设置渐变颜色为“#ff7777”到“#ff3030”，指定渐变样式为“线性”，旋转渐变为逆时针“90”，如图 7-74 所示。

（2）选择自定形状工具，在工具属性栏中单击“形状”下拉按钮，打开“形状”下拉列表，在展开的形状组中选择“会话 1”形状，在圆角矩形中绘制大小为 100 像素 × 86 像素的“会话”图形，设置填充颜色为“#ffffff”，如图 7-75 所示。

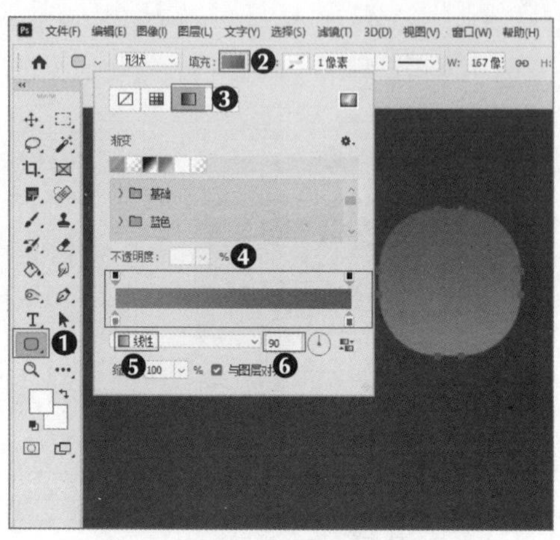

图7-74　绘制圆角矩形

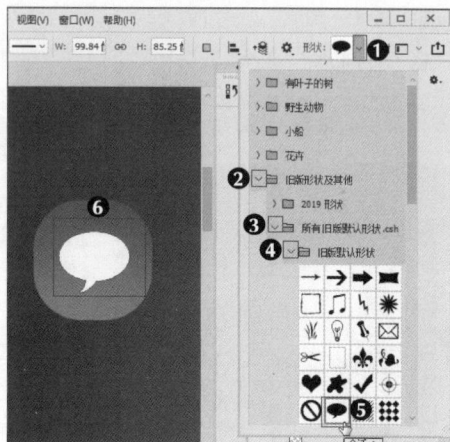

图7-75　选择并绘制形状

（3）将会话图形和圆角矩形进行水平居中和垂直居中对齐，为该图标添加“信息”文字，并创建名称为“信息”的图层组，如图 7-76 所示。

（4）使用以上方法绘制剩下的图标，最终效果如图 7-77 所示。

（5）按【Ctrl+S】组合键保存文件，完成本任务的制作。

图7-76　添加文字和创建图层组

图7-77　最终效果

知识补充

添加旧版形状和管理形状的方法

如果 Photoshop 2020 的自定形状中没有旧版本的箭头、纹理、画框等形状，则可以选择【窗口】/【形状】菜单命令，打开"形状"面板，单击面板右上角的≡按钮，在弹出的快捷菜单中选择【旧版形状及其他】命令，添加旧版形状，如图 7-78 所示。

管理形状同样在"形状"面板中进行，按住【Shift】键并选择多个形状或形状组，单击面板下方的"创建新组"按钮可以将所选内容创建为新的形状组，单击面板下方的"删除形状"按钮可以删除所选形状或形状组。在面板中拖曳形状组可调整形状组的顺序，单击形状缩览图或形状组名称可以进行重命名操作。

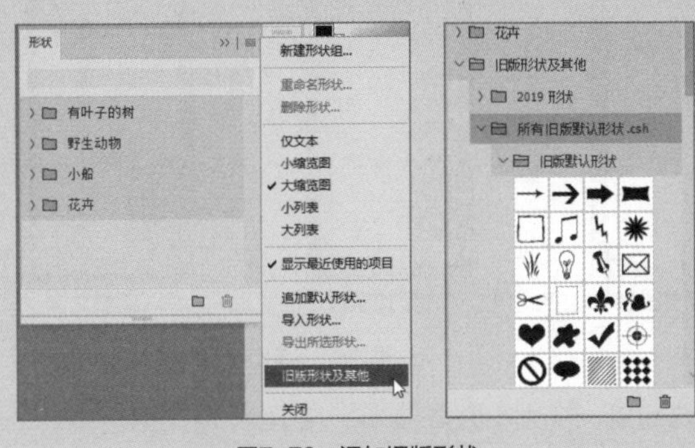

图7-78 添加旧版形状

实训一 制作书签

【实训要求】

本实训要求为一家木制品公司制作一张书签，要求书签要体现公司特色。通过本实训，读者可掌握制作书签的方法。制作的书签参考效果如图 7-79 所示。

素材所在位置： 素材文件\项目七\实训一\书签素材.psd

效果所在位置： 效果文件\项目七\实训一\书签.psd

高清彩图

图7-79 书签参考效果

【实训思路】

书签一般用于标记纸版读物、记录阅读心得，也可用作装饰。本实训将使用钢笔工具制作木制品公司的书签，该书签不但要体现公司名称，还要能体现出该公司木制品工艺的特点。

【步骤提示】

本实训包括使用钢笔工具绘制书签形状、添加素材、添加文字和绘制背面等，其步骤如图 7-80 所示。

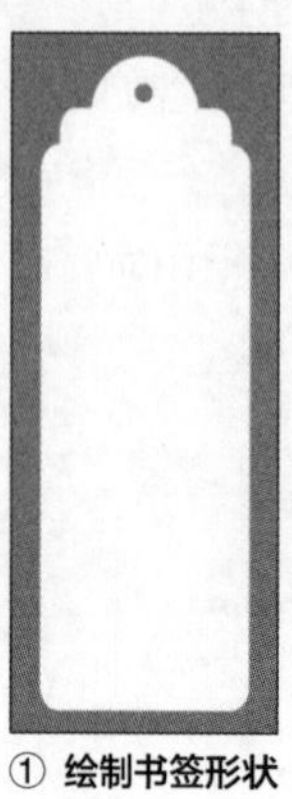

① 绘制书签形状

② 添加素材

③ 添加文字

④ 绘制背面

图7-80　制作书签的步骤

（1）使用钢笔工具绘制一个大小为 8 厘米 × 12 厘米的书签。

（2）打开“书签素材.psd”图像文件，将所有素材复制到书签图像文件中，并调整其大小和位置。

（3）选择横排文字工具，输入“李木匠”文字，并设置字体为“方正舒体简体”，字体大小为“65 点”，“颜色”为“#59493c”。

（4）选择竖排文字工具，输入“专注装配式现代木结构”文字，设置字体为“黑体”，字体大小为“26 点”，“颜色”为“#59493c”。

（5）复制书签，复制“李木匠”图层，将文字更改为竖排文字，设置字体大小为“72 点”。

（6）将书签素材复制到书签中，使用橡皮擦工具擦除云朵素材。

（7）使用椭圆选框工具，按住【Shift】键绘制圆形，并填充颜色“#a4a3a3”，使其与两面书签均居中对齐。

实训二　设计企业标志

【实训要求】

本实训为企业设计标志，要求标志具有可识别性，从而提升标志设计能力。设计的企业标志参考效果如图 7-81 所示。

效果所在位置： 效果文件\项目七\实训二\企业标志.psd

图7-81 企业标志参考效果

【实训思路】

标志是一种具有象征意义的大众传播符号，它借助人们的符号识别、联想等思维能力，以形象传达特定的信息。企业标志应该具备可识别性、造型性、系统性的特点，因此本实训的标志设计可通过寻找与企业名称相关联的元素来构思，并用简洁的线条简化标志的造型，可设置相同或相近的颜色使标志文字和图形具有系统性。

【步骤提示】

本实训包括创建并编辑路径、填充路径、添加文字等，其步骤如图 7-82 所示。

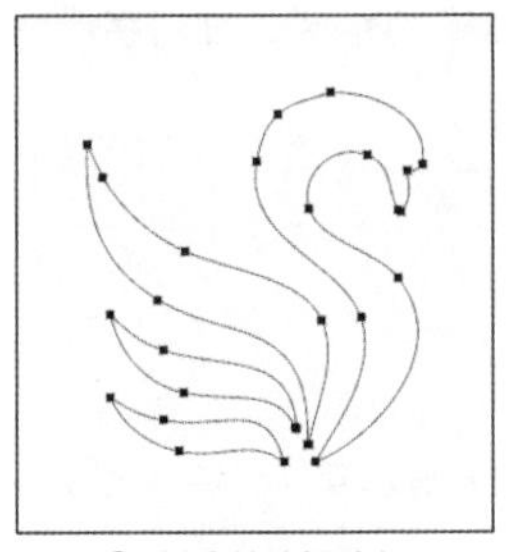

① 创建并编辑路径

② 填充路径

③ 添加文字

图7-82 设计企业标志的步骤

（1）新建一个空白图像文件，使用钢笔工具绘制出天鹅头部、身体和翅膀的路径。

（2）使用转换点工具、路径选择工具调整锚点和路径。

（3）选择所有路径，按【Ctrl+Enter】组合键将所有路径转换为选区，并填充颜色“#c9242b”。

（4）使用横排文字工具，在天鹅形状下方输入“红天鹅”文字，并设置字体为“方正粗活意简体”，“颜色”为“#c9242b”，完成后调整文字大小。

（5）在天鹅形状两边分别输入“Red”和“Swan”文字，并设置字体为“Brush Script Std”，“颜色”为“#c9242b”，调整其大小和位置。

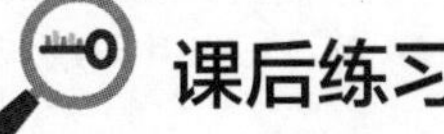

课后练习

本项目主要介绍了路径和形状的基本操作，包括使用钢笔工具绘制路径、使用路径选择工具选择路径、编辑路径、路径和选区的互换等知识。熟练掌握本项目的内容，可以为图形的绘制打下良好的基础。

练习 1：设计 T 恤图案

本练习要求为一件 T 恤绘制个性化图案，参考效果如图 7-83 所示。

高清彩图

图7-83 T恤图案参考效果

素材所在位置： 素材文件\项目七\课后练习\T 恤.psd
效果所在位置： 效果文件\项目七\课后练习\T 恤图案.psd

操作提示如下。

（1）打开“T 恤.psd”图像文件，输入英文字母，设置文本格式，将其转换为路径，并对字母进行变形处理。

（2）使用钢笔工具绘制形状。

（3）为字母和形状路径填充颜色。

练习 2：制作个人名片

本练习要求为一家科技公司人员制作名片，要求名片简洁大方，参考效果如图 7-84 所示。

效果所在位置： 效果文件\项目七\课后练习\个人名片.psd

高清彩图

图7-84 个人名片参考效果

操作提示如下。

（1）使用椭圆工具绘制圆形，设置渐变填充颜色为从“#00b2b8”到“#004143”。添加“描边”图层样式，设置渐变描边颜色为“#924623”“#f8d6c3”“#6a2d19”“edd9cc”。

（2）使用矩形工具绘制矩形，设置渐变填充颜色为从“#00b2b8”到“#004143”。绘制一个矩形，设置渐变填充颜色为“#924623”“#f8d6c3”“#6a2d19”“edd9cc”。

（3）输入联系人姓名、公司名称、地址和电话等文字，设置字体为“方正兰亭中黑”，并调整其大小和位置。

技巧提升

1．快速制作镂空图形

绘制多个重叠的单独路径，在工具属性栏中单击“路径操作”按钮，在打开的下拉列表中选择“减去顶层形状”选项，可实现镂空或边缘效果。

2．与形状区域相交

绘制多个重叠的单独路径，在工具属性栏中单击“路径操作”按钮，在打开的下拉列表中选择“与形状区域相交”选项，可将相交区域创建为图形。

扫一扫

查看详情

3．排除重叠形状

绘制多个重叠的单独路径，在工具属性栏中单击“路径操作”按钮，在打开的下拉列表中选择“排除重叠形状”选项，可将多个形状相交的区域排除，将剩余区域创建为图形。

4．路径排列方式

在钢笔工具组或矩形工具组的工具属性栏中，单击“路径排列方式”按钮，在打开的下拉列表中可以选择具体的选项来调整路径的堆叠顺序，以达到不同的视觉效果。

5．保存形状和载入外部形状

选择要保存的形状，通过【编辑】/【定义自定形状】菜单命令，可将形状保存到自定形状工具的工具属性栏的“形状”下拉列表中。单击“形状”右侧的下拉按钮，打开“形状”下拉列表，单击按钮，在弹出的快捷菜单中选择“导入形状”命令可载入外部形状。

AIGC 高效设计

1．设计 Logo

使用 AIGC 工具设计 Logo 时，一般需要明确 Logo 名称、用途、主体形象、具象或抽象、风格、色彩等。AIGC 工具通过这些关键词，能够迅速理解设计理念和定位，从而设计 Logo。

- **AIGC 工具：**文心一格。
- **模式：**AI 创作/自定义。
- **关键词：**企业标志设计，红天鹅，优雅，简洁，抽象，极简，艺术性，白色背景。
- **AI 画师/画面风格/艺术家：**创意/扁平化、极简、抽象/原研哉。
- **生成结果：**生成效果如图 7-85 所示。

图7-85　智能创作Logo

2. UI 图标和 UI 界面

使用 AIGC 工具设计 UI 图标和 UI 界面时，首先要明确设计主题，如针对一个音乐 App 设计界面，那么关键词可能包括“音乐”“音符”“App 界面”等；其次，描述风格与色彩，如“极简”“复古”“科技感”“蓝色调”“渐变色”等；最后要强调细节与元素，如“圆形按钮”“扁平化图标”“动态背景”等。

- **AIGC 工具：** IPensoul 绘魂。
- **模式：** 文生图/自由创作。
- **关键词：** 一组音乐图标，UI 设计，音乐，音符，乐器，蓝紫色渐变，明亮，简约。
- **生成结果：** 生成效果如图 7-86 所示。

图7-86　智能创作UI图标

- **关键词：** 音乐 App 界面，用户界面设计，现代感，直观简洁，音乐元素，音波，旋律，画面明亮，渐变，氛围感，光效，冷色调。
- **生成结果：** 生成效果如图 7-87 所示。

图7-87　智能创作UI界面

项目八

添加并编辑文字

情景导入

近期设计任务繁重，许多设计师在完成视觉图像的设计后，来不及梳理作品中的文字内容，老洪便将这些作品交给米拉，让她完成文字方面的收尾工作。

老洪说："你的图像处理能力已经不错了，接下来希望你可以在这些网页横幅广告、招聘宣传单上对文字内容进行设计，积累一些文字版式设计的经验。"

米拉知道文字不仅能够丰富图像，还能更好地对图像内容进行说明。为了成长为更优秀的设计师，她开始努力学习文字的编辑操作，使设计作品更具说服力。

学习目标

- 熟悉文字工具的类型
- 熟悉"字符"面板和"段落"面板
- 掌握为家居网页横幅广告输入并编辑文字的方法
- 掌握文字转换的相关知识
- 掌握使用点文本、变形文本、路径文本等制作招聘宣传单的方法
- 能够使用 AIGC 工具编写文案、设计艺术字和设计版式

素养目标

- 提升设计文字版式的创新能力
- 提升文字的设计能力
- 珍爱生命，保护弱小，爱护动物
- 文化自信，弘扬传统文化

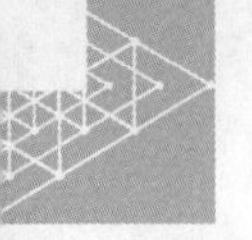

任务一　制作家居网页横幅广告

老洪看米拉对设计很有见解，便交给米拉为家居店铺制作网页横幅广告的新任务。老洪帮助米拉分析道："这个作品的图像设计客户很满意，整个广告布局和颜色搭配都很合理，只是中间有很大一部分空白，你可以适当添加一些文案。这样不仅可以填补广告中空缺的部分，还可以提高广告的设计美感。"于是米拉着手为广告添加文案，使整个画面更加完整。家居网页横幅广告的前后对比效果如图 8-1 所示。

素材所在位置： 素材文件\项目八\任务一\家居背景.jpg

效果所在位置： 效果文件\项目八\任务一\家居网页横幅广告.psd

图8-1　家居网页横幅广告的前后对比效果

一、任务描述

（一）任务背景

网页横幅广告分为全横幅广告、半横幅广告和垂直旗帜广告 3 种，根据形式又可分为动态广告和静态广告 2 种。网页横幅广告在网页中占的比例较小，其设计要醒目、吸引人。本任务将为家居店铺制作关于促销活动的全横幅广告，在设计时只需在家居背景的基础上设计文案，并对文案进行合理布局，使广告主题清晰明了、整体效果美观大气。全横幅广告的尺寸要求为 1 920 像素 × 900 像素，分辨率为 72 像素/英寸。

（二）任务目标

- 掌握文字的输入与选择方法。
- 了解文字工具类型。
- 了解并掌握"字符"面板和设置字符格式的方法。

二、相关知识

在完成本任务前，需要先了解文字工具类型和"字符"面板，为制作家居网页横幅广告做好准备。

（一）横排文字工具组

Photoshop 提供了 4 种文字工具，其中横排文字工具T和直排文字工具IT主要用于输入横排和竖排的文字，以及选择文本框中的部分文字；直排文字蒙版工具和横排文字蒙版工具用于输入带有虚线选区的文字，输入时文字将自动以快速蒙版的形式显示，输入后的效果如图 8-2 所示。

图8-2 文字蒙版

这 4 种文字工具的工具属性栏十分相似，这里以横排文字工具T的工具属性栏为例进行介绍，如图 8-3 所示。

图8-3 横排文字工具的工具属性栏

主要选项的作用如下。

- **“切换文本取向”按钮：** 单击该按钮可以在文字的横排和竖排之间切换。
- **“搜索和选择字体”下拉列表框：** 用于选择文字的字体。
- **“设置字体样式”下拉列表框：** 如果所选字体包含变换样式，则可在该下拉列表框中选择正常（Regular）、斜体（Italic）、粗体（Bold）、粗斜体（Bold Ttalic）等样式。
- **“设置字体大小”下拉列表框：** 该下拉列表框中提供了多种预设的字体大小，可直接选择；也可手动输入数值；还可将鼠标指针移动到图标上，当鼠标指针变为形状时，向左或向右轻微拖曳鼠标可以减小或增大字体。
- **“设置消除锯齿的方法”下拉列表框：** 用于选择是否消除文字边缘的锯齿效果，以及选择消除锯齿的方法，如锐利、犀利、浑厚、平滑等，选择【文字】/【消除锯齿】菜单命令下的子菜单，也可以达到同样的效果。
- **文本对齐方式按钮组：** 横排文字工具T和横排文字蒙版工具的工具属性栏中包括“左对齐文本”按钮、“居中对齐文本”按钮、“右对齐文本”按钮；直排文字工具IT和直排文字蒙版工具的工具属性栏中包括“顶对齐文本”按钮、“居中对齐文本”按钮、“底对齐文本”按钮。
- **“文本颜色”色块：** 单击该色块将打开“拾色器（文本颜色）”对话框，在其中可设置文本的颜色。
- **“创建文字变形”按钮：** 单击该按钮将打开“变形文字”对话框，在其中可设置文字的变形样式，如“扇形”“拱形”“波浪”“旗帜”“膨胀”“挤压”等。
- **“切换字符和段落面板”按钮：** 单击该按钮将显示或隐藏“字符”面板和“段落”面板，默认情况下，“字符”面板和“段落”面板在同一个面板组中。
- **“从文本创建 3D”按钮：** 单击该按钮将以所选文字为基础创建该文字的 3D 模型。

（二）认识“字符”面板

在“字符”面板中可以设置文字的各项属性。选择【窗口】/【字符】菜单命令，或单击工具属性栏中的“切换字符和段落面板”按钮，打开“字符”面板，如图 8-4 所示。

主要选项的作用如下。

- **“设置行间距”下拉列表框：** 用于设置多行文字的行间距。
- **“设置字距微调”下拉列表框：** 用于微调两个字符间的字间距，设置时无须选择文字，只需使用文字工具在两个字符之间单击，当出现闪烁的光标后，在该下拉列表框中设置数值。

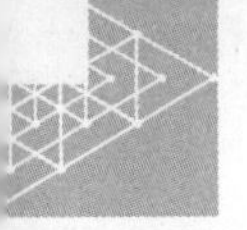

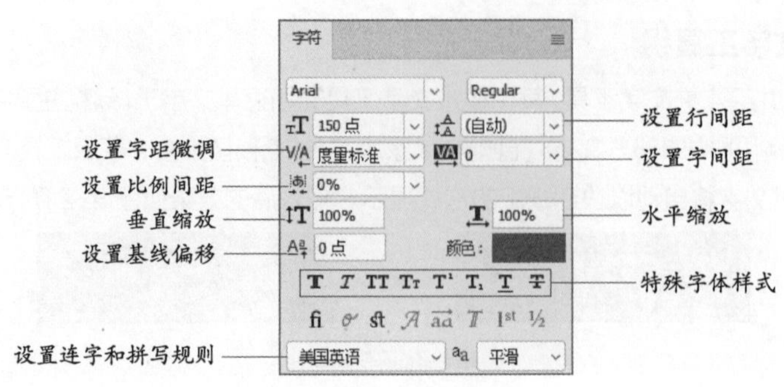

图8-4 “字符”面板

- **“设置字间距”下拉列表框：** 用于设置所选文字的字间距。
- **“设置比例间距”下拉列表框：** 用于设置所选文字字间距的收缩比例。
- **“垂直缩放”数值框：** 用于设置所选文字的垂直缩放效果。
- **“水平缩放”数值框：** 用于设置所选文字的水平缩放效果。
- **“设置基线偏移”数值框：** 默认情况下，绝大部分字符都位于基线之上；当设置参数为正数时，文本向上偏移；当设置参数为负数时，文本向下偏移。
- **“特殊字体样式”按钮组：** 用于为文字添加特殊字体样式；单击“仿粗体”按钮T可对文字进行加粗；单击“仿斜体”按钮T可使文字向右倾斜；单击“全部大写字母”按钮TT可使英文字母全部大写；单击“小型大写字母”按钮Tт可将小写字母转换成缩小尺寸的大写字母；单击“上标”按钮T¹可将文字变成右上角小标；单击“下标”按钮T₁可将文字变成右下角小标；单击“下画线”按钮T可为文字添加下画线；单击“删除线”按钮T可为文字添加删除线。
- **“设置连字和拼写规则”下拉列表框：** 可对所选文字进行有关连字和拼写规则的设置。

三、任务实施

（一）输入文字

本任务的目的是宣传促销活动，在设计时可使用文字工具在家居背景中直接输入活动主题、宣传标语、优惠信息和活动时间，方便查看活动内容，其具体操作如下。

微课视频

输入文字

（1）打开“家居背景.jpg”图像文件，选择横排文字工具T，在图像中单击，以此来定位插入点，此时“图层”面板中自动创建了“图层 1”文字图层，如图 8-5 所示。

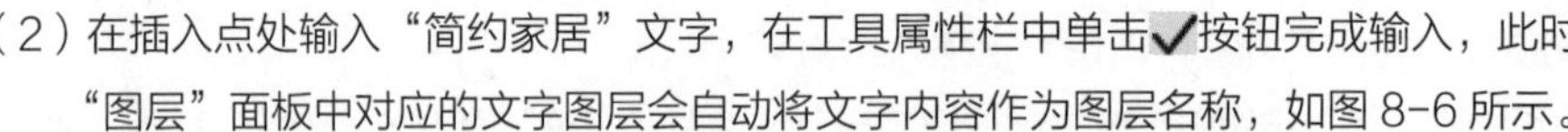

（2）在插入点处输入“简约家居”文字，在工具属性栏中单击✓按钮完成输入，此时“图层”面板中对应的文字图层会自动将文字内容作为图层名称，如图 8-6 所示。

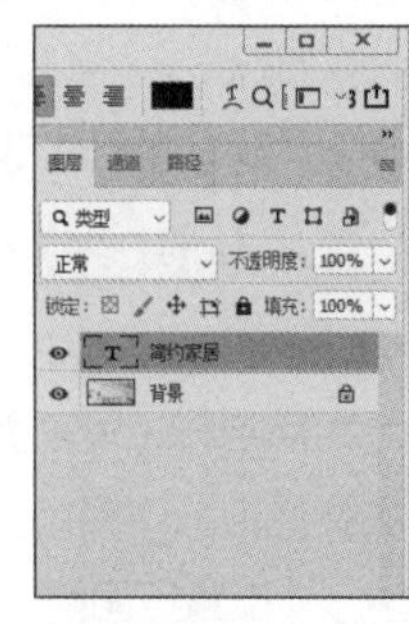

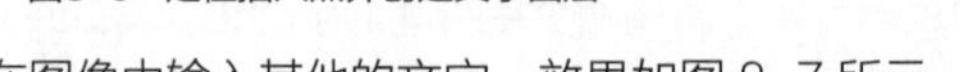

图8-5 定位插入点并创建文字图层

图8-6 输入文字

（3）使用相同的方法，在图像中输入其他的文字，效果如图 8-7 所示。

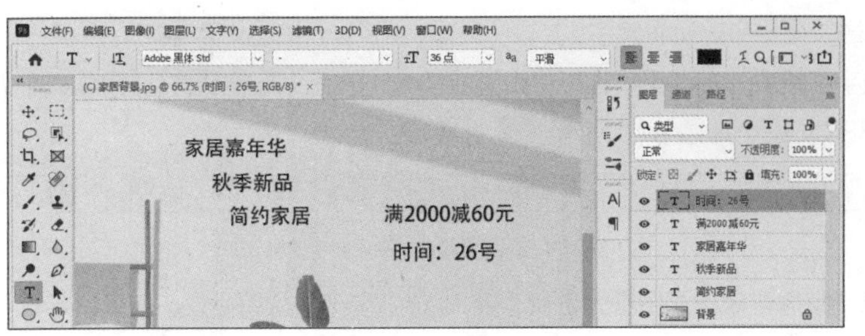

图8-7　输入其他文字

取消输入和确认输入的快捷方法

知识补充

若要取消输入文字，则可在工具属性栏中单击⊘按钮，此时，输入的文字被删除。若要确认完成输入，则可单击其他工具按钮、单击其他图层、按【Esc】键或按【Ctrl+Enter】组合键。在输入文字的过程中，若要换行，则可按【Enter】键。

（二）选择文字

为了体现广告内容的主次，以及增加广告的美观度，需要对文字进行编辑。在编辑前，除了需要选择要编辑的文字所在的图层，还需要选择想要编辑的文字，其具体操作如下。

微课视频

选择文字

（1）在“图层”面板中选择“简约家居”图层，选择横排文字工具T。

（2）将鼠标指针移动到图像中的“简约家居”文字处，当鼠标指针变为I形状时，拖曳鼠标选择“简约家居”文字，如图8-8所示。

图8-8　选择文字

快速选择文字的方法

知识补充

在文字输入状态下，连续单击3次可选择一行文字，连续单击4次或5次可选择整段文字，按【Ctrl+A】组合键可选择全部文字。

（三）设置字符格式

微课视频

设置字符格式

选择文字后，可以开始设置字符格式，包括设置字体、大小和颜色等，其具体操作如下。

（1）将文字移动到图像的中间区域，隐藏除“简约家居”图层外的所有文字图层，选择“简约家居”图层中的所有文字。

（2）选择横排文字工具T，在工具属性栏中设置字体为“方正大标宋简体”，字体大小为“150 点”，“颜色”为“#381108”，如图 8-9 所示。

图8-9　在工具属性栏中设置字符格式

（3）显示并选择“家居嘉年华”图层，选择【窗口】/【字符】菜单命令，打开“字符”面板，设置字体为“方正粗倩简体”，字体大小为“60 点”，“颜色”为“#f 21111”，单击“仿粗体”按钮T对文字进行加粗，居中对齐“家居嘉年华”与“简约家居”文字，如图 8-10 所示。

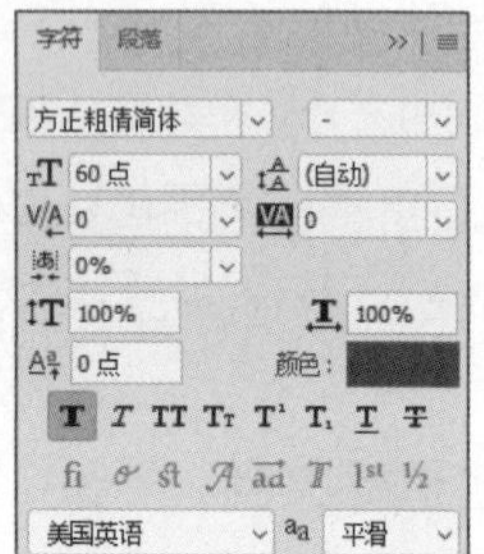

图8-10　在“字符”面板中设置字符格式

安装字体

知识补充

系统自带的字体是有限的，为了使制作的图像效果更加美观，用户可在网上下载一些美观的字体安装使用。需要注意的是，如果在使用 Photoshop 时安装字体，则需重启 Photoshop 才能在“字体”下拉列表框中找到新安装的字体。安装字体的方法为：下载好字体文件后，在字体文件上单击鼠标右键，在弹出的快捷菜单中选择【安装】命令。若需要同时安装多个字体，则还可直接将字体文件复制到系统盘的“Windows\Fonts”文件夹下，若系统盘是 C 盘，则安装路径为“C:\Windows\Fonts”。

（4）显示并选择“满 2000 减 160 元”图层，设置字体为“Adobe 黑体 Std”，字体大小为“40 点”，“颜色”为“#f9f2f0”，单击“仿粗体”按钮T对文字进行加粗，如图 8-11 所示。

（5）新建“图层 1”图层，设置背景色为“#000000”，使用矩形选框工具绘制一个矩形，按【Ctrl+Delete】组合键填充背景色，将该图层拖动到“满 2000 减 160 元”图层下方。新建“图层 2”图层，使用椭圆选框工具绘制两个圆形，填充颜色为“#ffffff”，将其分别放置于文字两侧，如图 8-12 所示。

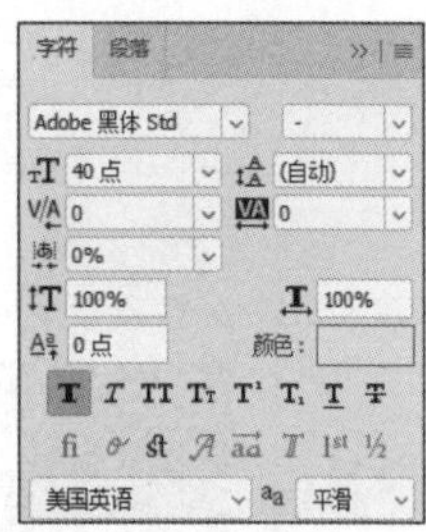

图8-11　设置字符格式

图8-12　绘制矩形和圆形

知识补充

通过快捷键在“字符”面板中进行设置

若要设置字体大小，则使用文字工具选择文字后，按住【Shift+Ctrl】组合键并连续按【<】键，能以1点为减量将文字调小；按住【Shift+Ctrl】组合键并连续按【>】键，能以1点为增量将文字调大。

若要设置字距，则在选择文字后，按住【Alt】键并连续按【←】键，能以20为减量减小字距；按住【Alt】键并连续按【→】键，能以20为增量增大字距。

若要设置行距，则在选择多行文字后，按住【Alt】键并连续按【↑】键，能以1点为减量减小行距；按住【Alt】键并连续按【↓】键，能以1点为增量增大行距。

（6）使用相同的方法设置“秋季新品”的字体为“Adobe 黑体 Std”，字体大小为“30点”，“颜色”为“#0e0d0d”。设置“时间：26号”的字体为“方正中雅宋简体”，字体大小为“38点”，“颜色”为“#725b56”，如图8-13所示。

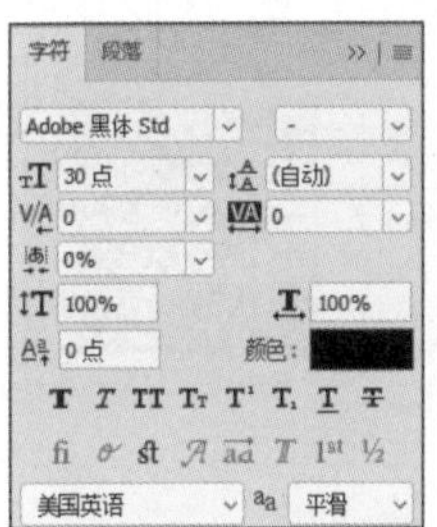

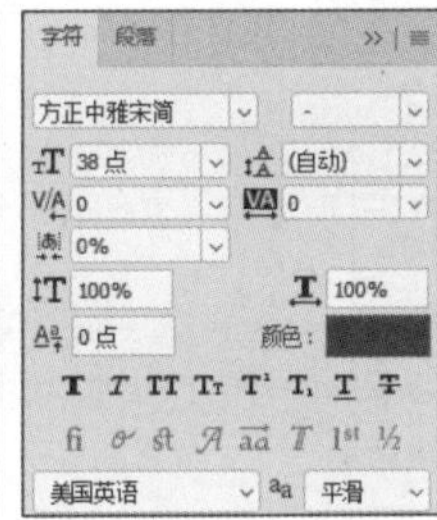

图8-13 设置其他文字的字符格式

（7）选择直线工具，在“满2000减160元”的矩形下绘制一条与矩形长度相同的直线，并设置“高度”为“1像素”。在“秋季新品”文字两侧分别绘制一条直线，并设置“长度”为“70像素”，“高度”为“1像素”。

（8）选择椭圆工具，在“秋季新品”文字两侧各绘制一个圆形，并填充颜色为“#000000”，然后将文件命名为“家居网页横幅广告”并保存，最终效果如图8-14所示。

图8-14 最终效果

任务二 制作招聘宣传单

最近老洪在为一家母婴店制作招聘宣传单，该母婴店要求宣传单的招聘信息要醒目、有新意，要将公司信息完整地展示出来。老洪见米拉已有不少的创作经验，决定将这个任务交给米拉，培养米拉在宣传单

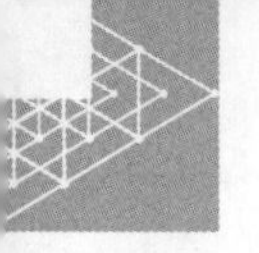

中进行文字排版的能力。米拉决定先创建点文本，然后创建变形文本和路径文本，并对文字进行排版。制作的招聘宣传单参考效果如图 8-15 所示。

素材所在位置： 素材文件\项目八\任务二\母婴店招聘\
效果所在位置： 效果文件\项目八\任务二\招聘宣传单.psd

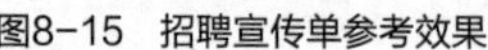

图8-15 招聘宣传单参考效果

一、任务描述

（一）任务背景

宣传单是商家为宣传自己而制作的一种印刷品，主要分为营业点宣传单、派发宣传单、张贴宣传单和搭配商品赠送的宣传单。本任务制作的宣传单为标准 A4 派发宣传单，可通过添加不同形式的文字来达到宣传效果，可选用较可爱的字体和较鲜明的颜色，来营造符合母婴场景的童趣、温暖氛围。宣传单尺寸要求为 21 厘米 × 29.7 厘米，分辨率为 300 像素/英寸。

（二）任务目标

- 了解并掌握“段落”面板和设置段落格式的方法。
- 能够熟练掌握文字转换的方法，提升文字的综合运用能力。
- 综合运用点文本、变形文本、路径文本等多种文本形式，设计出活泼的宣传单版式。

二、相关知识

在设计文字较多的图像时，通常需要以段落为单位调整格式，此时需要使用“段落”面板来完成。除此之外，为了使文本富有变化，可对文字进行转换，使文字更具有创意性。

（一）认识“段落”面板

在“段落”面板中可以设置段落的各项属性。选择【窗口】/【段落】菜单命令，或单击工具属性栏中的“切换字符和段落面板”按钮，打开“段落”面板，如图 8-16 所示。

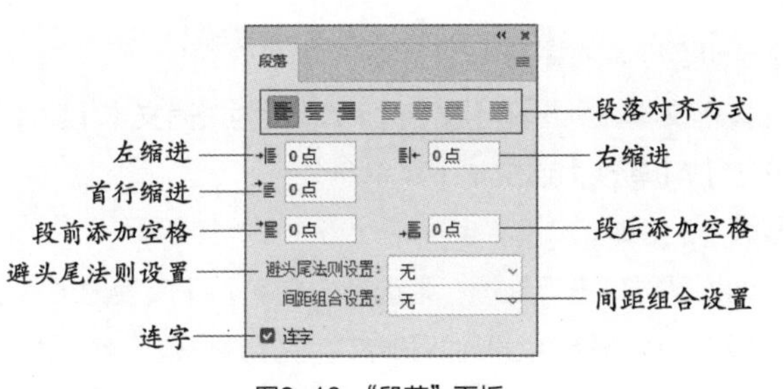

图8-16 “段落”面板

主要选项的作用如下。

- **“段落对齐方式”按钮组：**用于设置段落文本的对齐方式，包括“左对齐文本”按钮、“居中对齐文本”按钮、“右对齐文本”按钮、“最后一行左对齐”按钮、“最后一行居中对齐”按钮、“最后一行右对齐”按钮、“全部对齐”按钮。
- **“右缩进”数值框：**用于设置所选段落文本右边向内缩进的距离。
- **“左缩进”数值框：**用于设置所选段落文本左边向内缩进的距离。
- **“首行缩进”数值框：**用于设置所选段落文本首行缩进的距离。
- **“段前添加空格”数值框：**用于设置光标所在段落与前一个段落间的距离。
- **“段后添加空格”数值框：**用于设置光标所在段落与后一个段落间的距离。
- **“避头尾法则设置”下拉列表框：**用于选择避免头尾字符的规则，可避免行首和行尾显示某些不合适的字符；图 8-17 所示为 Photoshop 2020 版本规定的“JIS 宽松”选项的规则，图 8-18 所示为 Photoshop 2020 版本规定的“JIS 严格”选项的规则。

不能用于行首的字符

’”、。々〉》」』】〕ゝゞ・ヽヾ！），．：；？］｝

不能用于行尾的字符

‘“〈《「『【〔（［｛

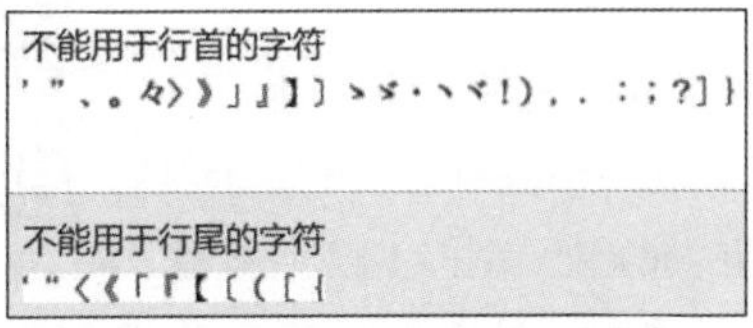

图8-17 “JIS 宽松”选项的规则

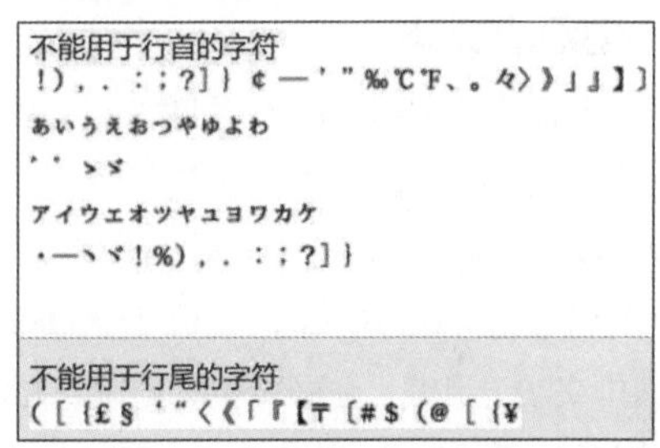

图8-18 “JIS 严格”选项的规则

- **“间距组合设置”下拉列表框：**用于选择自动调整字符间距时的规则；选择“间距组合 1”选项将对标点使用半角间距；选择“间距组合 2”选项将对行中除最后一个字符外的大多数字符使用全角间距；选择“间距组合 3”选项将对行中的大多数字符和最后一个字符使用全角间距；选择“间距组合 4”选项将对所有字符使用全角间距。
- **“连字”复选框：**勾选该复选框，可将一行文字中最后一个英文单词拆开并添加连字符号，使剩余的部分自动换到下一行。

（二）文字转换

Photoshop 提供了多种文字转换方式，便于对文字进行创意处理。

1. 将点文本转换为段落文本

在转换之前，需要了解点文本和段落文本的区别。

- **点文本：**是使用文字工具直接在图像窗口中单击后输入的文字，点文本不会自动换行。
- **段落文本：**是使用文字工具在图像窗口中单击并拖曳鼠标形成文本框后输入的文字，段落文本会沿着文本框边缘自动换行。

若需将点文本转换为段落文本，则选择【文字】/【转换为段落文本】菜单命令；若需将段落文本转换为点文本，则选择【文字】/【转换为点文本】菜单命令。

2. 将文字转换为形状

如果想要对单个文字的局部区域进行处理，则选择【文字】/【转换为形状】菜单命令，将文字转换为矢量形状后再进行变换操作。因为转换为形状后的文字将无法修改内容、调整字体或间距等属性，所以在转换为形状前，建议先复制一个文字图层作为备份。

3. 将文字转换为路径

如果想要对文字进行填充或描边操作，或调整锚点得到变形的文字，则选择【文字】/【创建工作路径】菜单命令，将所选文字转换为路径。在转换前，同样建议复制一个文字图层作为备份。

4. 栅格化文字

Photoshop 文字图层中的文字属于矢量对象，既可以随时修改文字内容、颜色、字体等属性，也可以任意缩放、旋转而不会出现锯齿状边缘。栅格化文字是将矢量对象的文字进行栅格化处理，处理后容易造成文字清晰度下降。

在 Photoshop 中不能直接对文字图层进行调色、涂抹、添加滤镜等操作，而在栅格化文字后则可进行这些操作。栅格化文字的方法为：选择文字图层，在其上单击鼠标右键，在弹出的快捷菜单中选择【栅格化文字】命令。

三、任务实施

（一）创建点文本

本任务将新建“母婴店宣传单”图像文件，先置入素材背景，再输入店铺的招聘信息与公司信息等内容，其具体操作如下。

微课视频

创建点文本

（1）新建大小为 21 厘米 × 29.7 厘米，分辨率为 300 像素/英寸，名为“招聘宣传单”的图像文件，将“宣传单背景.jpg”置入图像文件中。

（2）选择横排文字工具T，在图像中需要输入文本的位置的起始处单击，输入“童慧招募”文字，按【Enter】键换行，再输入“新人计划”文字，按【Ctrl+Enter】组合键确认输入并生成文字图层。在“字符”面板中设置字体为“华康海报体”，字体大小为“95 点”，行间距为“100 点”，单击“仿粗体”按钮，对文字进行加粗，如图 8-19 所示。

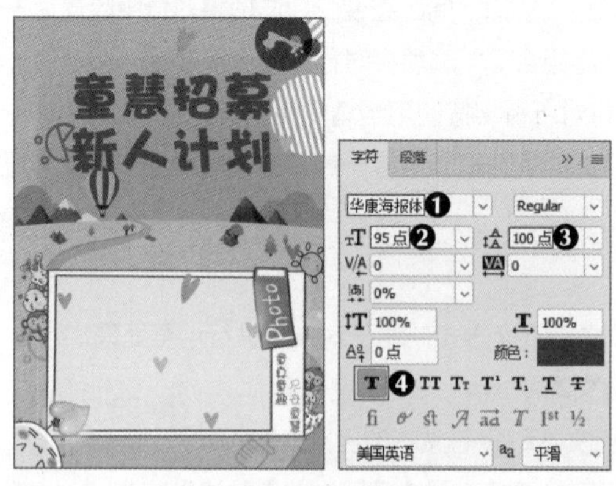

图8-19　输入文字并设置格式

（3）选择【图层】/【图层样式】/【颜色叠加】菜单命令，打开“图层样式”对话框，设置颜色为“#169fff”。

勾选“描边”复选框，设置描边“大小”为“14”，“颜色”为“#ffffff”。勾选“投影”复选框，设置“混合模式”为“正片叠底”，“颜色”为“#470e5f”，设置“不透明度”“距离”“扩展”“大小”分别为“75%”“19”“24”“62”，单击确定按钮，如图 8-20 所示。

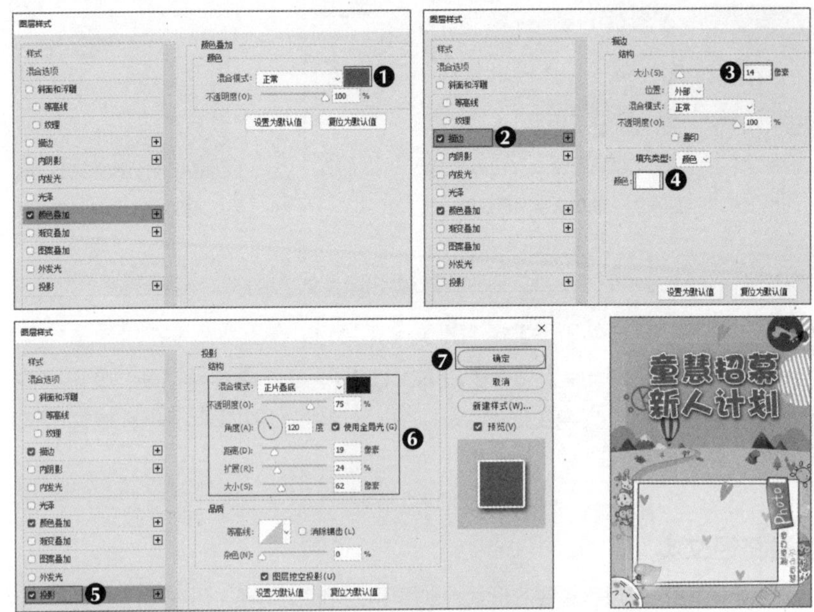

图8-20 设置图层样式

（二）创建变形文字

创建文字后，可使用编辑图形的方法编辑文字，如调整文字的大小、倾斜角度等，也可直接通过文字变形得到波浪、旗帜、上弧、扇形、挤压、凸起等效果，其具体操作如下。

微课视频

创建变形文本

（1）选择横排文字工具T，在工具属性栏设置字体为“Swis721 Blk BT”，字体大小为“27 点”，“颜色”为“#ff154b”，在宣传单左上角输入“Join us”文字。

知识补充

拼写检查

使用 Photoshop 的“拼写检查”功能可以方便地检查输入的英文单词是否正确，并可以修改错误的单词。其方法为：选择【编辑】/【拼写检查】菜单命令，系统将自动检查出所有图层中不符合拼写规则的英文单词并将其选中，在“建议”列表框中选择符合拼写规则的英文单词，单击更改(C)按钮或更改全部(L)按钮，系统将自动进行替换。

（2）选择文字，单击工具属性栏中的“创建文字变形”按钮，打开“变形文字”对话框。在“样式”下拉列表框中选择“旗帜”选项，将“弯曲”设置为“+35”，单击确定按钮，如图 8-21 所示。

（3）选择文字，按【Ctrl+T】组合键进入自由变换状态，将鼠标指针移动至控制点上，当鼠标指针变成形状时，拖曳鼠标对文字进行旋转操作，如图 8-22 所示。

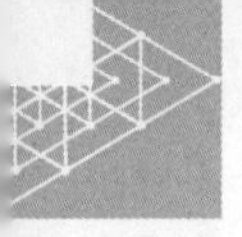

图8-21 编辑文字变形效果

图8-22 添加变形效果

知识补充

修改和取消文字变形

选择横排文字工具T或直排文字工具IT，在工具属性栏中单击“创建文字变形”按钮，或直接选择【文字】/【文字变形】菜单命令，打开“变形文字”对话框，在其中可以修改文字变形的参数。在对话框的“样式”下拉列表框中选择“无”选项，然后单击确定按钮即可取消文字变形。

（三）创建路径文本

如果“变形文字”对话框中没有想要的形状，则可手动绘制出路径，再在路径上输入招聘宣传标语。在创建路径文本时，编辑路径的锚点可以使路径的轨迹更符合要求，文字效果也更为丰富，其具体操作如下。

微课视频

创建路径文本

（1）选择钢笔工具，在工具属性栏中更改钢笔的绘图模式为“路径”，在“新人计划”文字左下方单击确定起始点，在右下方单击并拖动控制柄，创建一段带弧度的路径，如图 8-23 所示。

（2）选择横排文字工具T，在工具属性栏中设置字体为“华文琥珀”，字体大小为“40 点”，“消除锯齿”为“平滑”，“颜色”为“白色”。将鼠标指针移至路径上，当其呈形状时，单击定位插入点，输入“筑梦路上童慧助力”文字，按【Ctrl+Enter】组合键确认输入，文字将沿着路径轨迹排列，如图 8-24 所示。

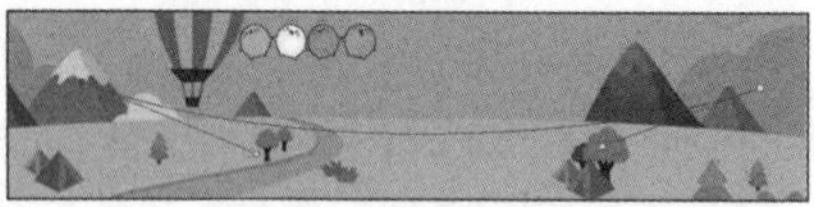

图8-23 创建路径

图8-24 设置文字属性并输入文字

知识补充

关于创建“路径文本”

在路径上输入文字后，有时会出现文字没有显示出来或者只显示了一两个字的情况，出现这种情况可能有 3 个原因：字号太大，超出了路径的范围；选择了右对齐或居中对齐的方式，造成了路径不够排列；文字起点太靠近路径的终点。此时可根据具体情况进行修改。

（3）使用矩形工具在文字的下方绘制一个矩形，将填充颜色更改为“#c00202”，如图 8-25 所示。

（4）按【Ctrl+T】组合键进入自由变换状态，在矩形上单击鼠标右键，在弹出的快捷菜单中选择【变形】命令，此时文字上方将出现变形框。在工具属性栏的“网格”下拉列表框中选择“3×3”选项，然后拖动变形框上的控制柄，将矩形调整为与文字相同的形状，如图 8-26 所示。

图8-25 绘制矩形

图8-26 变形矩形

（四）创建并编辑段落文本

招聘宣传单中需要包含对招聘岗位的职责描述，这部分内容通常字数较多，若采用直接输入的方式则显得过于麻烦，这里可采用创建段落文本的方式输入文字，便于自动换行、调整行间距、显示位置等。在创建段落文本之前，需要先绘制定界框，以定义段落文本的边界，使输入的文本位于指定的区域内，其具体操作如下。

微课视频

创建并编辑段落文本

（1）选择横排文字工具T，在工具属性栏中设置字体为“华康海报体 W12”，字体大小为“12 点”，在图像下方的白色方框中输入“店长 2 名”文字，如图 8-27 所示。

（2）在“店长 2 名”文字下方拖曳鼠标绘制文本框，将插入点定位到文本框中，输入“文字.txt”文本文件中的文字，并设置字体为“思源黑体 CN”，调整字体大小和位置，如图 8-28 所示。

图8-27 输入文本

图8-28 绘制定界框并输入文字

（3）复制“店长”和“岗位职责”文字图层，将“店长 2 名”更改为“门店导购 数名”文字，将岗位职责更改为“文字.txt”文本文件里对应的文字，如图 8-29 所示。

（4）使用圆角矩形工具在文字上方绘制一个矩形，设置填充颜色为“#f58306”。使用钢笔工具绘制一个飘带，设置填充颜色为“#009c91”。使用圆角矩形工具绘制一个圆角矩形，设置填充颜色为“#3f4247”，描边颜色为“#ffffff”，描边大小为“2 点”，如图 8-30 所示。

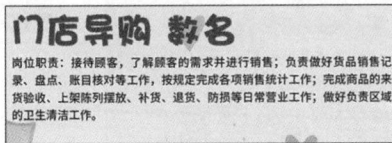

图8-29 继续输入文字

图8-30 绘制装饰形状

无格式粘贴文字

知识补充

复制文字后，选择横排文字工具T或直排文字工具IT在图像窗口中创建插入点，然后选择【编辑】/【选择性粘贴】/【粘贴且不使用任何格式】菜单命令，可以去除任何文字原来的样式或属性并将其粘贴，使其适应目标文字图层的样式和属性。

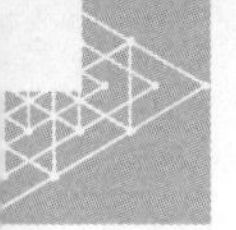

（5）在矩形上使用横排文字工具T.输入“招聘岗位”文字，设置字体为“方正兰亭中粗黑简体”，字体大小为“45点”，“颜色”为“#e94e5c”，如图8-31所示。

（6）打开“素材.psd”图像文件，将里面的素材复制到“招聘宣传单.psd”图像文件中，调整其大小和位置，如图8-32所示。

（7）按【Ctrl+S】组合键保存文件，查看完成后的效果，如图8-33所示。

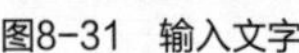

图8-31 输入文字

图8-32 复制素材

图8-33 查看完成后的效果

实训一 制作幼儿园招生DM单

【实训要求】

本实训要求为幼儿园制作招生DM单，要求画面清新、活泼，突出童真、童趣。本实训主要涉及绘制矩形、输入文字等操作，用于培养制作DM单的能力。制作的幼儿园招生DM单参考效果如图8-34所示。

素材所在位置： 素材文件\项目八\实训一\幼儿园招生\

效果所在位置： 效果文件\项目八\实训一\幼儿园招生DM单\

高清彩图

图8-34 幼儿园招生DM单参考效果

【实训思路】

DM 是 Direct Mail 的缩写，DM 单是区别于传统广告刊载媒体的新型广告发布载体，一般免费赠送给用户阅读，其形式多种多样，如信件、订货单、宣传单和折价券等都属于 DM 单。DM 单的设计旨在吸引潜在消费人群的注意，在设计时应重点突出其用途、功能或优势。

【步骤提示】

本实训需要先打开素材，然后输入文字并设置文字格式，其步骤如图 8-35 所示。

① 打开正面素材

② 输入“幼儿园招生”文字

③ 添加剩余文字

④ 打开背面素材

⑤ 输入“招生对象”等文字

⑥ 添加装饰

图8-35 制作幼儿园招生DM单的步骤

（1）新建大小为 21 厘米 × 29.7 厘米，分辨率为 300 像素/英寸，名为“正面”的图像文件，置入“正面背景.jpg”图像文件。

（2）输入“幼儿园招生”文字，设置字体为“汉仪太极体简”，“颜色”为“#042b7b”。复制文字图层，将填充颜色修改为“#0396e9”，向上和向左分别移动 2 像素，并为其添加“内阴影”图层样式。

制作幼儿园招生DM单

（3）输入招生时间、广告语等剩余文字，然后保存文件。

（4）新建大小为 21 厘米 × 29.7 厘米，分辨率为 300 像素/英寸，名为“背面”的图像文件，置入“背面.jpg”图像文件，输入“办班目的”“招生对象”“教学内容”“地址”等文字，并使用矩形工具组绘制箭头等装饰元素。

（5）将“背面素材.psd”图像文件里的素材复制到“背面.psd”图像文件中，调整至合适的位置，并添加“画画”“艺术、音乐”“运动”“加入我们！”等文字。

（6）保存文件，完成幼儿园招生 DM 单的制作。

实训二　制作海鲜盛宴智钻图

【实训要求】

本实训要求为一家海鲜店铺制作智钻图，在该智钻图中要突出海鲜商品的高端品质，同时还需将优惠券信息清楚地展示出来。本实训主要涉及横排文字工具T的使用和剪贴蒙版的创建等操作。制作的海鲜盛宴智钻图参考效果如图 8-36 所示。

素材所在位置： 素材文件\项目八\实训二\海鲜背景.jpg、金色背景.jpg
效果所在位置： 效果文件\项目八\实训二\海鲜盛宴智钻图.psd

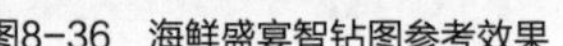

图8-36　海鲜盛宴智钻图参考效果

【实训思路】

智钻图也称钻石展位图，是淘宝网图片类广告竞价投放的广告图，属于营销工具，主要依靠图片创意吸引买家点击，从而获取巨大流量。为了使营销效果最大化，本实训的海鲜盛宴智钻图需要图片新颖、排版美观，还需搭配与商品匹配的文案，在有限的版面中将主要信息展示出来。对于促销信息，可添加装饰进行强调突出，以此迎合买家的消费心理。

【步骤提示】

本实训需要先打开素材，然后输入文字，并添加装饰形状，其步骤如图 8-37 所示。

① 打开素材

② 输入文字

③ 添加形状

图8-37　制作海鲜盛宴智钻图的步骤

（1）打开“海鲜背景.jpg”图像文件，选择横排文字工具T，在工具属性栏中设置字体为“方正兰亭黑简体”，字体大小为“27 点”，在“设置消除锯齿的方法”下拉列表框中选择“平滑”选项，设置“颜色”为“#fcd16e”，输入“海/鲜/盛/宴”文字。

（2）设置字体为“方正兰亭大黑简体”，字体大小为“75 点”，“设置消除锯齿的方法”为“平滑”，设置“颜色”为“#f6d480”，输入“极”文字。

微课视频

制作海鲜盛宴智钻图

（3）添加“金色背景.jpg”图像文件，在“金色背景”图层上单击鼠标右键，在弹出的快捷菜单中选择【创建剪贴蒙版】命令。

（4）使用相同的方法，分别制作拥有金色背景剪贴蒙版的“致”“狂”“欢”文字。

（5）选择横排文字工具T，在工具属性栏中设置字体为“Impact”，字体大小为“28.5 点”，“颜色”为“#f4cc80”，输入“领券满 100 元减 20 元>”文字，置入“金色背景.jpg”图像文件，并为其创建剪贴蒙版。

（6）选择圆角矩形工具，绘制大小为 290 像素×45 像素，圆角半径为“22 像素”的圆角矩形，设置描边大小为“2 像素”，描边颜色为“#fad483”。置入“金色背景.jpg”图像文件，并为其创建剪贴蒙版。

（7）保存文件，将文件命名为“海鲜盛宴智钻图”。

课后练习

本项目主要介绍了文字的相关操作，如输入点文本、段落文本、路径文本，设置字符格式和段落格式，创建变形文本等。学习本项目的内容，应重点掌握文字在设计中的广泛应用，为编辑图像文字奠定坚实的基础。

练习 1：制作动物保护网站登录页

本练习要求为某动物保护网站制作登录页，用于展示动物保护理念，参考效果如图 8-38 所示。

素材所在位置： 素材文件\项目八\课后练习\网站登录页素材.psd

效果所在位置： 效果文件\项目八\课后练习\动物保护网站登录页.psd

图8-38 动物保护网站登录页参考效果

操作提示如下。

（1）新建大小为 1 920 像素×1 136 像素，分辨率为 72 像素/英寸，名为“动物保护网站登录页”的图像文件。

（2）打开“网站登录页素材.psd”图像文件，将其中的所有内容复制到“动物保护网站登录页.psd”图像文件中，调整至合适的大小和位置。

（3）选择横排文字工具T，输入“DOG GROOM”文字，设置字体为“汉仪超粗圆简”，字体大小为“50 点”，“颜色”为“#ad7b51”，将文字移至画面左上角。

（4）输入“主页”“服务”“联系”文字，设置字体为“方正粗圆简体”，字体大小为“32”，字距为“100”，将文字移至画面右上角的图标右侧。

（5）继续输入“爱护动物，让它们和我们都不孤单！”文字，设置字体为“方正准圆_GBK”，字体大小为“36 点”，单击“字符”面板中的“仿粗体”按钮T对文字进行加粗，然后将文字移至动物图像的下方。

（6）输入“注册/登录”文字，设置字体为“方正粗圆简体”，字体大小为“45 点”，字距为“400”，“颜色”为“#ffffff”，将文字移至圆角矩形中间。

（7）输入“Join Now”文字，设置字体为“方正粗圆_GBK”，字体大小为“268 点”，字距为“0”，“颜色”为“#ad7b51”，将文字移至动物图像的上方。

（8）在横排文字工具T的工具属性栏中单击“创建文字变形”按钮，打开“变形文字”对话框。在“样式”下拉列表框中选择“扇形”选项，选中“水平”单选项，设置“弯曲”为“15%”，单击确定按钮，保存文件。

练习 2：制作传统美食宣传广告

本练习要求制作传统美食宣传广告，文字的排版和颜色需要和谐融入素材图像，激发浏览者对传统美食的想象力，参考效果如图 8-39 所示。

高清彩图

图8-39　传统美食宣传广告参考效果

素材所在位置：素材文件\项目八\课后练习\传统美食.psd、介绍.txt

效果所在位置：效果文件\项目八\课后练习\传统美食宣传广告.psd

操作提示如下。

（1）打开“美食背景.psd”图像文件，选择横排文字工具T，输入“舌尖上的中国”文字，并设置文字格式。

（2）输入“带您发掘<舌尖上的美味>”文字，设置文字格式。选择“带您发掘”文字，设置与“<舌尖上的美味>”文字不一样的文字格式。

（3）创建段落文本，复制“介绍.txt”文本文件中的文字到“美食背景.psd”图像文件中，设置文字的对齐方式为“居中对齐”。

（4）输入“食·扣肉”文字，并设置文字格式。保存文件，完成传统美食宣传广告的制作。

技巧提升

1. 制作 3D 文字

使用文字工具输入文字后，单击工具属性栏中的“从文本创建 3D”按钮3D，或选择【文字】/【创建 3D 文字】菜单命令，将平面文字转换为 3D 文字，可使其具有立体感、透视效果等特点，通过“属性”面板和“3D”面板可以设置 3D 效果，并进行渲染、添加光源、赋予材质等操作。

2. 文字与图框

使用文字工具输入文字后，选择【图层】/【新建】/【转换为图框】菜单命令，保持默认设置不变，单击 确定 按钮可将文字转换为图框，即可以文字形状遮盖图像，同时还能随时替换图像内容。

AIGC 高效设计

1. 编写文案

AIGC 工具可以智能地撰写出高质量的文案内容，包括但不限于标题、名字（如企业名称、角色名字等）、标语、营销文案、宣传语、剧本、诗歌、旅游攻略、故事、法律文书、培训教材等多种场景。

- **AIGC 工具：**文心一言
- **提问语句：**请为《舌尖上的中国》设计美食宣传广告文案，要求体现美食主题和中国传统美食的吸引力，文案在 300 字以内。
- **生成结果：**生成效果如图 8-40 所示

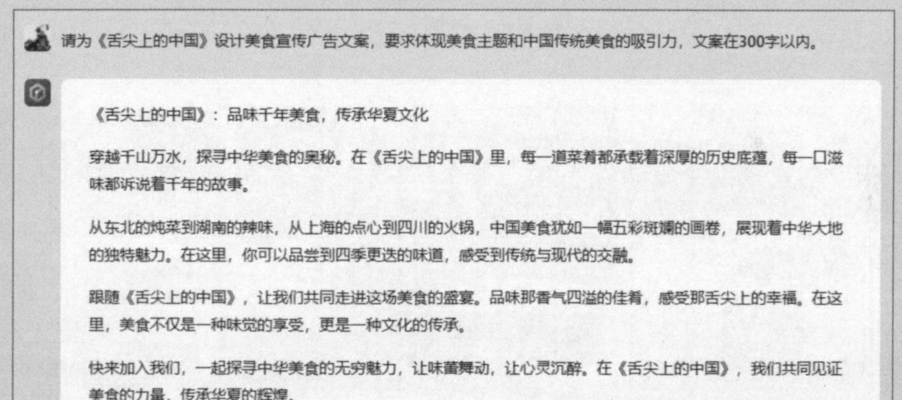

请为《舌尖上的中国》设计美食宣传广告文案，要求体现美食主题和中国传统美食的吸引力，文案在300字以内。
《舌尖上的中国》：品味千年美食，传承华夏文化
穿越千山万水，探寻中华美食的奥秘。在《舌尖上的中国》里，每一道菜肴都承载着深厚的历史底蕴，每一口滋味都诉说着千年的故事。
从东北的炖菜到湖南的辣味，从上海的点心到四川的火锅，中国美食犹如一幅五彩斑斓的画卷，展现着中华大地的独特魅力。在这里，你可以品尝到四季更迭的味道，感受到传统与现代的交融。
跟随《舌尖上的中国》，让我们共同走进这场美食的盛宴。品味那香气四溢的佳肴，感受那舌尖上的幸福。在这里，美食不仅是一种味觉的享受，更是一种文化的传承。
快来加入我们，一起探寻中华美食的无穷魅力，让味蕾舞动，让心灵沉醉。在《舌尖上的中国》，我们共同见证美食的力量，传承华夏的辉煌。
由文心大模型 3.5 生成
重新生成

图8-40 智能生成文案

2. 生成艺术字

使用 AIGC 工具生成艺术字，需要先输入文字描述，然后描述需要生成的风格，如抽象、写实、卡通、印象派等，再添加一些背景、细节词汇，以使艺术字的效果更具特色。

- **AIGC 工具：**文心一格。
- **模式：**AI 创作/艺术字。
- **文字内容/影响比重：**福/5。
- **字体创意：**毛绒绒，彩色。
- **生成结果：**生成效果如图 8-41 所示。

图8-41　智能生成艺术字（一）

- **字体创意：**清晰立体，果冻，夏天，透明质感，彩色气泡，彩虹，多巴胺，蓝天白云，夏日，清爽。
- **生成结果：**生成效果如图 8-42 所示。

图8-42　智能生成艺术字（二）

- **字体创意：**清晰立体，鲜花，浪漫，梦幻，治愈，插画，国潮，花开富贵，清新，鲜艳，明亮。
- **生成结果：**生成效果如图 8-43 所示。

图8-43　智能生成艺术字（三）

3. 版式设计

使用 AIGC 工具可以进行商业报告、杂志、书籍、广告宣传册及新闻稿等的版式设计，在进行版式设计时通常需要描述主题、布局方式、对齐方式、页面内容、图文比例、页数、视图、间距等。

- **AIGC 工具：**IPensoul 绘魂。
- **模式：**文生图/自由创作。
- **关键词：**地理杂志的页面设计，版式设计，文字和图片搭配，图片比文字多，摄影图片，简洁的版面，正面视图，左右对称，2 页，极致细节，高清。
- **生成结果：**生成效果如图 8-44 所示。

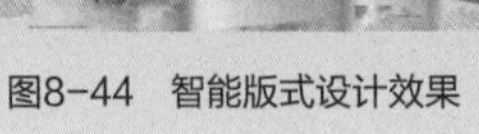

图8-44　智能版式设计效果

项目九

应用滤镜

情景导入

公司最近接到了一个设计景区宣传广告的大项目，不同于原来仅对照片进行调色处理后即可制作广告，这次客户要求风景能以更加独特、更有创意的方式展现，不要过于普通的画面效果。

老洪问米拉：“你觉得怎样才能使摄影画面不普通呢？”

米拉答道：“如何为普通的摄影画面增添创意，我已经有了大致的思路，如水墨化、动漫化、浮雕化等。不过应借助什么辅助工具制作出这些特殊效果，我还不太了解。”

老洪思考后说道：“现在年轻人不是很喜欢用滤镜拍照吗，在实际的设计工作中，设计师也常常用到滤镜，你可以先看看 Photoshop 中有没有合适的滤镜。”

学习目标

- 认识滤镜库、特殊滤镜
- 能够将图像处理成水墨画、动漫场景和油画等效果
- 能够使用滤镜制作水波纹、云彩和光晕等效果
- 掌握应用智能滤镜和外挂滤镜的方法
- 掌握使用 AIGC 工具生成各种风格的图像、一键生成线稿、一键线稿上色的方法

素养目标

- 提升处理图像的效率
- 提升制作风格化图像的能力
- 激发对制作创意效果图像的兴趣
- 厚植家国情怀，坚定文化自信

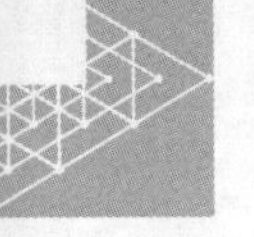

任务一　制作水墨画效果

老洪告诉米拉："Photoshop 的滤镜功能非常强大。在图片中添加滤镜可以制作出更加精美、特别的效果。"米拉听了老洪的建议，准备使用滤镜将一张古镇照片制作成水墨画效果，以锻炼使用滤镜的能力。制作的水墨画的前后对比效果如图 9-1 所示。

素材所在位置： 图像文件\项目九\任务一\古镇.jpg、山.png、文字.psd
效果所在位置： 效果文件\项目九\任务一\水墨画.psd

图9-1　水墨画的前后对比效果

一、任务描述

（一）任务背景

水墨画是用将水和墨调配成不同深浅的墨色所画出的画。中国水墨画以近处写实、远处抽象、色彩微妙、意境丰富著称，水墨在宣纸上的渗透，使水墨画呈现出不同浓淡层次，别有一番"墨韵"。本任务将古镇照片制作成水墨画效果，制作时可以先使用滤镜制作水墨画整体效果，再通过涂抹等工具对照片进行精修处理，最后进行色彩调整，凸显出古镇之美。水墨画的尺寸要求为 1 024 像素×686 像素，分辨率为 72 像素/英寸。

（二）任务目标

- 了解水墨画并找到处理照片素材的方向。
- 能够运用"喷溅"滤镜和"表面模糊"滤镜制作水墨晕染效果。
- 能够灵活运用调色相关命令调整水墨画色调。

二、相关知识

在使用滤镜处理图像前，需要对滤镜有一定的了解。下面详细讲解使用滤镜时需要注意的问题，以及滤镜的使用方法。

（一）认识滤镜

Photoshop 中滤镜的种类繁多，使用不同的滤镜可产生不同的图像效果，但也存在以下局限性。

- 滤镜不能应用于位图、索引和 16 位/通道的图像。某些滤镜只能用于 RGB 图像模式，而不能用于 CMYK 图像模式。

- 滤镜是以像素为单位对图像进行处理的，因此，在对不同像素的图像应用相同参数的滤镜时，产生的效果也会不同。
- 对分辨率较高的图像文件应用某些滤镜时，会占用较多的内存空间，使计算机的运行速度变慢。
- 在对图像的某一部分应用滤镜后，会造成突兀、不自然的情况。

在学习滤镜时，不应该孤立地看待和运用某种滤镜，应针对滤镜的功能特征进行剖析，以达到真正认识滤镜和综合运用滤镜的目的。

（二）滤镜库

在 Photoshop 中应用滤镜效果，可以选择【滤镜】/【滤镜库】菜单命令打开“滤镜库”对话框。可以同时给图像应用多种滤镜，以减少应用滤镜的次数，节省操作时间。滤镜库中整合了“风格化”“画笔描边”“扭曲”“素描”“纹理”“艺术效果”6 组滤镜，如图 9-2 所示。

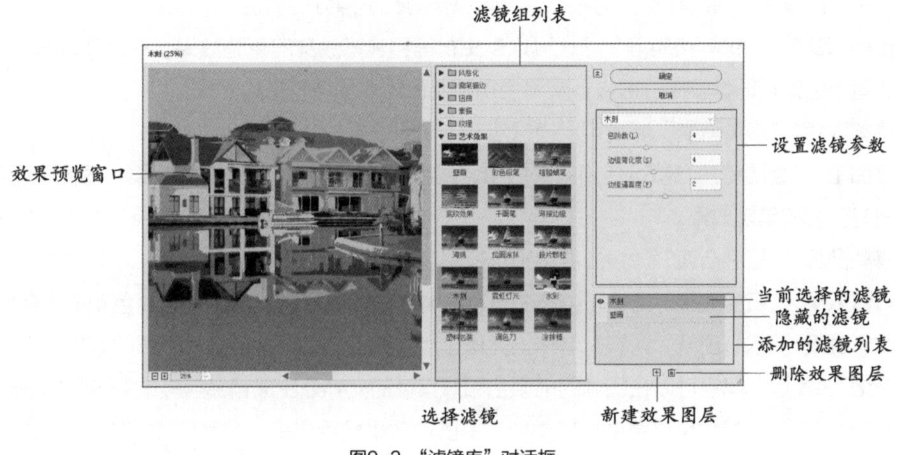

图9-2 “滤镜库”对话框

1.“风格化”滤镜组

使用“风格化”滤镜组可生成印象派风格的图像效果。该组滤镜中的“照亮边缘”滤镜可以自动识别并运用荧光色照亮图像边缘轮廓，图像的其他区域将被填充为深灰色或黑色。

2.“画笔描边”滤镜组

“画笔描边”滤镜组用于模拟用不同的画笔或油墨笔刷勾画图像所产生的绘画效果。该组滤镜提供了 8 种滤镜效果。

- **成角的线条：**“成角的线条”滤镜可以使图像中的颜色按一定的方向流动，从而产生类似倾斜划痕的图像效果。
- **墨水轮廓：**“墨水轮廓”滤镜可以模拟用纤细的线条在图像原细节上重绘图像，从而产生钢笔画风格的图像效果。
- **喷溅：**“喷溅”滤镜可以使图像产生类似笔墨喷溅的自然效果。
- **喷色描边：**“喷色描边”滤镜的效果和“喷溅”滤镜的效果比较类似，可以使图像产生斜纹飞溅的效果。
- **强化的边缘：**“强化的边缘”滤镜可以对图像的边缘进行强化处理。
- **深色线条：**“深色线条”滤镜使用短而密的线条来绘制图像的深色区域，使用长而白的线条来绘制图像的浅色区域。
- **烟灰墨：**“烟灰墨”滤镜模拟蘸满黑色油墨的湿画笔，使图像产生在宣纸上绘画的效果。

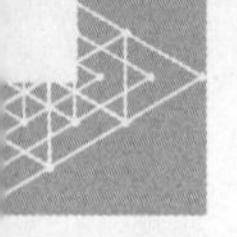

- **阴影线**："阴影线"滤镜可以使图像表面产生交叉状倾斜划痕的效果。

3. "扭曲"滤镜组

滤镜库中的"扭曲"滤镜组提供了 3 种滤镜效果。

- **玻璃**："玻璃"滤镜通过设置扭曲度和平滑度使图像产生玻璃质感。
- **海洋波纹**："海洋波纹"滤镜可以使图像产生一种在海水中漂浮的效果。
- **扩散亮光**："扩散亮光"滤镜可以产生一种弥漫的光照效果，使图像中较亮的区域产生光照效果。

4. "素描"滤镜组

滤镜库中的"素描"滤镜组提供了 14 种滤镜效果。

- **半调图案**："半调图案"滤镜可以使用前景色和背景色将图像以网点效果显示。
- **便条纸**："便条纸"滤镜可以将图像当前的前景色和背景色混合，产生凹凸不平的草纸画效果。其中，前景色作为凹陷部分的颜色，背景色作为凸出部分的颜色。
- **粉笔和炭笔**："粉笔和炭笔"滤镜可以产生粉笔和炭笔涂抹的草图效果；在处理过程中，粉笔使用背景色处理图像较亮的区域；炭笔使用前景色处理图像较暗的区域。
- **铬黄渐变**："铬黄渐变"滤镜可以模拟液态金属的效果。
- **绘图笔**："绘图笔"滤镜可使用前景色和背景色产生一种钢笔画素描的效果，图像中没有轮廓，只有变化的笔触效果。
- **基底凸现**："基底凸现"滤镜主要用来模拟粗糙的浮雕效果。
- **石膏效果**："石膏效果"滤镜可以产生一种石膏浮雕的效果，且图像用前景色和背景色填充。
- **水彩画纸**："水彩画纸"滤镜能制作出类似在潮湿的纸上绘图并且画面浸湿的效果。
- **撕边**："撕边"滤镜可以在图像的前景色和背景色的交界处生成粗糙且撕破的纸片形状效果。
- **炭笔**："炭笔"滤镜可以将图像以类似炭笔画的效果显示出来；前景色代表笔触的颜色，背景色代表纸张的颜色；在绘制过程中，阴影区域用黑色替换炭笔线条。
- **炭精笔**："炭精笔"滤镜可以在图像上模拟浓黑色和纯白色的炭精笔纹理效果；在图像的深色区域使用前景色，在浅色区域使用背景色。
- **图章**："图章"滤镜可以使图像产生类似印章的效果。
- **网状**："网状"滤镜将使用前景色和背景色填充图像，产生一种网眼覆盖的效果。
- **影印**："影印"滤镜可以模拟影印效果，用前景色填充图像的亮区，用背景色填充图像的暗区。

5. "纹理"滤镜组

滤镜库中的"纹理"滤镜组可以在图像中模拟出纹理效果，该组提供了 6 种滤镜效果。

- **龟裂缝**："龟裂缝"滤镜可以使图像产生龟裂纹理效果，从而制作出浮雕状的立体效果。
- **颗粒**："颗粒"滤镜可以在图像中随机加入不规则的颗粒，以产生颗粒纹理效果。
- **马赛克拼贴**："马赛克拼贴"滤镜可以使图像产生马赛克网格效果，还可以调整网格的大小及缝隙的宽度和深度。
- **拼缀图**："拼缀图"滤镜可以将图像分割成数量不等的小方块，把每个小方块内的像素平均颜色作为该小方块的颜色，模拟一种建筑拼贴瓷砖的效果。
- **染色玻璃**："染色玻璃"滤镜可以在图像中产生不规则的玻璃网格，每格用该格的平均颜色来显示。
- **纹理化**："纹理化"滤镜可以为图像添加砖形、粗麻布、画布和砂岩等纹理效果，还可以调整纹理的大小和深度。

6.“艺术效果”滤镜组

滤镜库中的“艺术效果”滤镜组可以模仿传统的手绘图画风格，该组提供了 15 种滤镜效果。

- **壁画：**“壁画”滤镜可以使图像产生类似壁画的效果。
- **彩色铅笔：**“彩色铅笔”滤镜可以将图像用彩色铅笔绘画的方式显示出来。
- **粗糙蜡笔：**“粗糙蜡笔”滤镜可以使图像产生类似用蜡笔在纹理背景上绘图产生的一种纹理浮雕效果。
- **底纹效果：**“底纹效果”滤镜可以根据所选纹理类型使图像产生一种纹理效果。
- **干画笔：**“干画笔”滤镜可以使图像产生一种干燥的笔触效果，类似于绘画中的干画笔效果。
- **海报边缘：**“海报边缘”滤镜可以查找出图像颜色差异较大的区域，并为其边缘填充黑色，使图像产生海报画的效果。
- **海绵：**“海绵”滤镜可以使图像产生类似海绵浸湿的效果。
- **绘画涂抹：**“绘画涂抹”滤镜可以使图像产生类似用手指在湿画上涂抹的模糊效果。
- **胶片颗粒：**“胶片颗粒”滤镜可以使图像产生类似胶片颗粒的效果。
- **木刻：**“木刻”滤镜可以使图像产生类似木刻画的效果。
- **霓虹灯光：**“霓虹灯光”滤镜可以使图像的亮区产生类似霓虹灯的光照效果。
- **水彩：**“水彩”滤镜可以使图像产生类似水彩画的效果。
- **塑料包装：**“塑料包装”滤镜可以使图像产生质感较强并具有立体感的塑料效果。
- **调色刀：**“调色刀”滤镜可以简化图像的色彩层次，使相近的颜色融合，产生类似粗笔画的绘图效果。
- **涂抹棒：**“涂抹棒”滤镜可以使图像产生类似用粉笔或蜡笔在纸上涂抹的效果。

（三）特殊滤镜

在 Photoshop 的“滤镜”菜单下除了基础滤镜外还有一组特殊滤镜，如“自适应广角”滤镜、“Camera Raw 滤镜”滤镜、“镜头校正”滤镜、“液化”滤镜、“消失点”滤镜等。

1.“自适应广角”滤镜

选择“自适应广角”滤镜能调整图像的范围，包括调整图像的透视、完整球面和鱼眼等，使图像产生类似使用不同镜头拍摄的效果。

2.“Camera Raw 滤镜”滤镜

Camera Raw 是 Photoshop 2020 自带的增效工具，使用该滤镜可以调整图像的颜色、色温、色调、曝光、对比度、高光、阴影、白色、黑色、纹理、清晰度、去除薄雾、自然饱和度、饱和度等。选择【滤镜】/【Camera Raw 滤镜】菜单命令，打开“Camera Raw”对话框，如图 9-3 所示。

- **颜色直方图：**从左至右划分为黑色、阴影、曝光、高光、白色区域，峰状图形代表不同颜色在每个区域的分布比例；将鼠标指针移至颜色直方图中某一区域并单击，可左右拖曳鼠标调整该区域的整体占比，将鼠标指针移至曝光区域单击并向右拖曳鼠标，可增加图像的曝光度。
- **滤镜选项卡：**从上至下分别为“编辑”“污点去除”“调整画笔”“渐变滤镜”“径向滤镜”“消除红眼”“预设”选项卡。
- **“更多图像设置”按钮•••：**单击该按钮，在弹出的快捷菜单中可以选择相应的命令来重置图像状态、复位默认参数设置、应用之前的设置、复制与粘贴设置、载入与存储设置等。

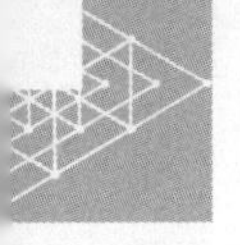

图 9-3 “Camera Raw”对话框

3. “镜头校正”滤镜

“镜头校正”滤镜主要用于修复因拍摄不当或相机自身问题而出现的图像扭曲等问题。选择【滤镜】/【镜头校正】菜单命令，打开“镜头校正”对话框，在“自动校正”选项卡或“自定”选项卡中进行自定义校正设置。其中，几何扭曲用于校正镜头的失真，晕影用于校正由于镜头缺陷造成的图像边缘较暗的现象，变换用于校正图像在水平或垂直方向上的偏移。

4. “液化”滤镜

“液化”滤镜主要用来实现图像的各种特殊效果，可应用于 8 位/通道或 16 位/通道图像。“液化”滤镜可以推、拉、旋转、反射、折叠和膨胀图像的任意区域。创建的扭曲可以是细微的，也可以是剧烈的。

5. “消失点”滤镜

使用“消失点”滤镜在选择的图像区域内进行克隆、喷绘、粘贴图像等操作时，操作会自动应用透视原理，按照透视的角度和比例自适应对图像的修改，大大节约制作时间。

三、任务实施

（一）制作水墨画效果

微课视频

制作水墨画效果

为了达到真实的水墨画效果，需要使用滤镜将古镇图像处理成水墨晕染效果，其具体操作如下。

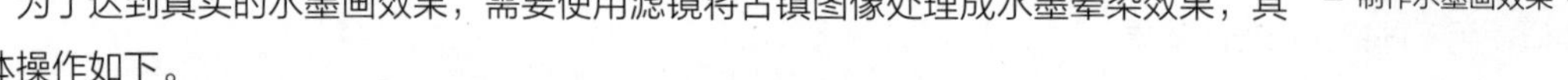

（1）打开“古镇.jpg”图像文件，按【Ctrl+J】组合键复制“背景”图层。

（2）选择【滤镜】/【滤镜库】菜单命令，打开“滤镜库”对话框。在中间列表框中选择“画笔描边”选项，在打开的下拉列表框中选择“喷溅”选项，在右侧设置“喷色半径”“平滑度”分别为“4”“5”，单击确定按钮，如图 9-4 所示。

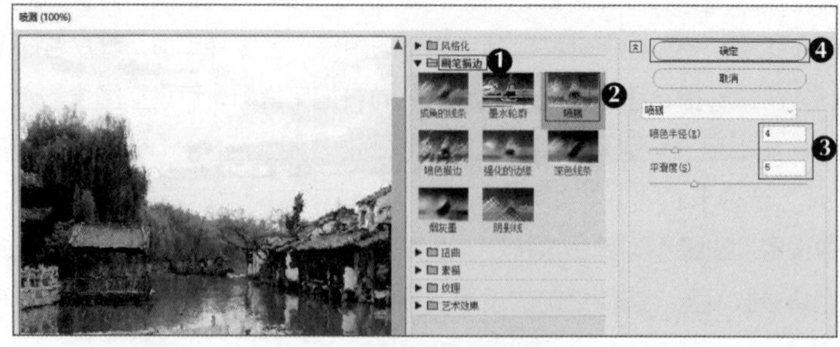

图9-4 设置“喷溅”滤镜

（3）选择【滤镜】/【模糊】/【表面模糊】菜单命令，打开“表面模糊”对话框，设置“半径”“阈值”分别为“10”“15”，单击确定按钮，如图 9-5 所示。返回图像窗口，查看水墨晕染的古镇效果，如图 9-6 所示。

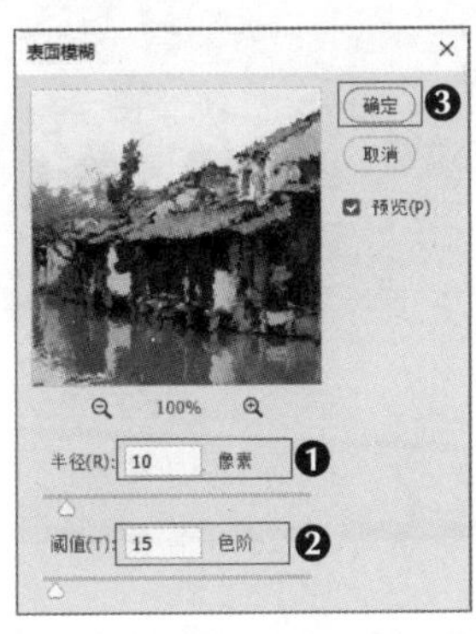

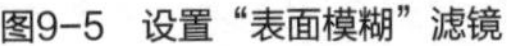

图9-5 设置“表面模糊”滤镜

图9-6 水墨晕染的古镇效果

（4）按【Ctrl+J】组合键复制“图层 1”图层，按【Shift+Ctrl+U】组合键为图像去色，设置“图层 1 拷贝”图层的混合模式为“叠加”，图层不透明度为“50%”，如图 9-7 所示。此时，图层叠加效果如图 9-8 所示。

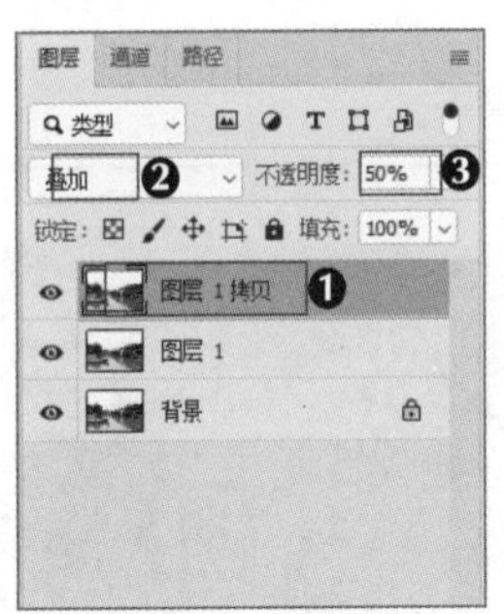

图9-7 设置图层

图9-8 图层叠加效果

（二）调整水墨画细节

为使水墨画效果更加鲜活，可增加水墨画颜色的亮度和饱和度，并添加善水元素和古诗词元素作为装饰，使画面效果更完整，其具体操作如下。

微课视频

调整水墨画细节

（1）在“图层”面板中单击“创建新的填充或调整图层”按钮，在弹出的快捷菜单中选择【曲线】命令，打开“属性”面板，设置图 9-9 所示的曲线。

（2）在“图层”面板中单击“创建新的填充或调整图层”按钮，在弹出的快捷菜单中选择【色相/饱和度】命令，打开“属性”面板，设置“色相”“饱和度”“明度”分别为“-10”“+30”“+4”，如图 9-10 所示。

（3）使用相同的方法选择【亮度/对比度】命令，设置“亮度”和“对比度”分别为“-20”“40”。使用相同的方法选择【色阶】命令，设置“输入色阶”分别为“16”“0.8”“254”。

（4）添加“山.png”图像文件，在“图层”面板中单击“添加图层蒙版”按钮，使用画笔工具涂抹蒙版，制作虚化的山峰效果。设置“图层 3”图层的混合模式为“正片叠底”，图层不透明度为“50%”，如图 9-11 所示。

（5）打开“文字.psd”图像文件，将其中的所有内容复制到“古镇.jpg”图像文件中，并将文字移至画面左上角，最终效果如图 9-12 所示。

（6）按【Ctrl+S】组合键保存文件，并修改文件名为“水墨画”，完成本任务的制作。

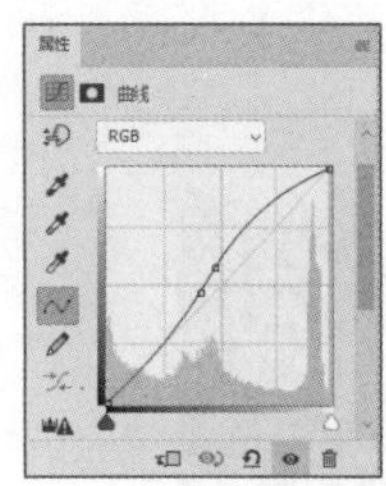
图9-9　设置曲线

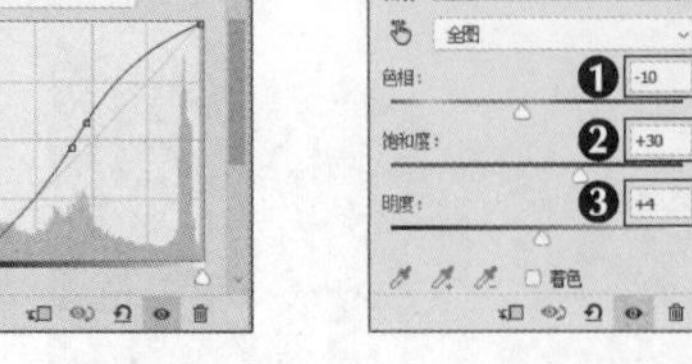
图9-10　设置色相/ 饱和度

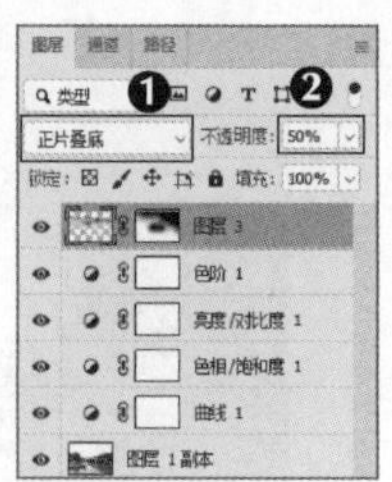
图9-11　设置图层

图9-12　最终效果

任务二　制作动漫场景

了解并练习滤镜的使用后，米拉发现将不同的滤镜组合使用，可以实现更多的效果。接下来米拉准备尝试使用“模糊”滤镜组、滤镜库、“渲染”滤镜组等，将一张风景照片转换为动漫场景效果，从而熟悉制作动漫效果的方法。制作的动漫场景的前后对比效果如图 9-13 所示。

素材所在位置：图像文件\项目九\任务二\风景.jpg

效果所在位置：效果文件\项目九\任务二\动漫场景.psd

图9-13　动漫场景的前后对比效果

高清彩图

一、任务描述

（一）任务背景

写实风格的动漫场景是动漫制作中最常见和流行的场景之一，这种风格的场景在遵循特定时间、环境、透视角度及光照的情况下，对客观现实进行记录、重现，给观者以身临其境的感受。本任务将通过滤镜将一张风景照片转化为动漫场景，要求在光感方面表现出阳光、明快的氛围，在远近方面能增加近处图像的亮度和颜色饱和度，淡化和提亮远处的图像。图片的尺寸要求为 1 024 像素 × 711 像素，分辨率为 72 像素/英寸。

（二）任务目标

- 能够灵活使用滤镜将风景照片转换为动漫场景效果。
- 能够灵活使用滤镜为图像添加光晕，渲染出光照效果。

- 培养综合运用滤镜和调色命令调整图像色调的能力。

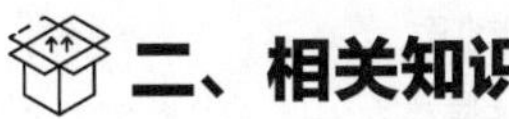

二、相关知识

Photoshop 的“滤镜”菜单提供了多个滤镜组，每个滤镜组还包含多种不同的滤镜。各种滤镜的使用方法基本相同，只需打开需要处理的图像，再选择“滤镜”菜单下相应的滤镜命令，在打开的对话框中进行参数设置，即可完成滤镜的添加。

（一）“风格化”滤镜组

“风格化”滤镜组能对图像的像素进行位移、拼贴及反色等操作。选择【滤镜】/【风格化】菜单命令后，弹出的子菜单中提供了 9 种滤镜。

- **查找边缘：**“查找边缘”滤镜用于标识图像中有明显过渡的区域并强调边缘，与“等高线”滤镜一样，“查找边缘”滤镜在白色背景上用深色线条勾画图像的边缘，对于为图像边缘创建描边非常有用。
- **等高线：**“等高线”滤镜用于查找主要亮区的过渡，并用细线勾画每个颜色通道，得到与等高线图中的线相似的结果。
- **风：**“风”滤镜用于对图像添加刮风的效果，包括“风”“大风”“飓风”等效果。
- **浮雕效果：**“浮雕效果”滤镜用于将选区的填充色转换为灰色，并用原填充色描画边缘，从而使选区显得凸起或压低。
- **扩散：**“扩散”滤镜可根据所选的单选项搅乱选区中的像素，使选区模糊，有类似溶解的扩散效果，当对象是字体时，该效果呈现在边缘上。
- **拼贴：**“拼贴”滤镜用于将图像分解为一系列拼贴（像瓷砖方块），并使每个拼贴上都含有部分图像。
- **曝光过度：**“曝光过度”滤镜用于混合正片和负片图像，形成与在冲洗照片的过程中将照片简单曝光以加亮相似的效果。
- **凸出：**“凸出”滤镜用于将图像转化为三维立方体或锥体，以此来改变图像或生成特殊的三维背景效果。
- **油画：**“油画”滤镜用于使图像快速实现油画效果，还可以调节笔触细节和光线。

（二）“模糊”滤镜组

“模糊”滤镜组主要通过降低图像中相邻像素的对比度，使相邻的像素产生平滑过渡的效果。选择【滤镜】/【模糊】菜单命令后，弹出的子菜单中提供了 11 种滤镜。

- **表面模糊：**“表面模糊”滤镜在模糊图像时可保留图像边缘，用于制作特殊效果及去除图像中的杂点和颗粒。
- **动感模糊：**“动感模糊”滤镜用于通过对图像中某一方向上的像素进行线性位移来产生运动的模糊效果。
- **方框模糊：**“方框模糊”滤镜用于以邻近像素的平均颜色值为基准值模糊图像。
- **高斯模糊：**“高斯模糊”滤镜可根据高斯曲线对图像进行选择性的模糊，以产生强烈的模糊效果，是比较常用的模糊滤镜；在“高斯模糊”对话框中，“半径”数值框可以调节图像的模糊程度，数值越大，模糊效果越明显。
- **进一步模糊：**“进一步模糊”滤镜用于使图像产生一定程度的模糊效果。

- **径向模糊：**“径向模糊”滤镜用于使图像产生旋转或放射状的模糊效果。
- **镜头模糊：**“镜头模糊”滤镜用于使图像模拟摄像时镜头抖动产生的模糊效果。
- **模糊：**“模糊”滤镜通过对图像边缘过于清晰的颜色进行模糊处理来制作模糊效果；该滤镜无参数设置对话框，使用一次该滤镜命令，图像效果会不太明显，可多次使用该滤镜命令，增强模糊效果。
- **平均：**“平均”滤镜通过对图像中的像素平均颜色进行柔化处理来产生模糊效果。
- **特殊模糊：**“特殊模糊”滤镜通过找出图像的边缘及模糊边缘以内的区域来产生一种边界清晰、中心模糊的效果；在“特殊模糊”对话框的“模式”下拉列表框中选择“仅限边缘”选项，模糊后的图像将呈黑色显示。
- **形状模糊：**“形状模糊”滤镜用于使图像按照某一指定的形状作为模糊中心来进行模糊；在“形状模糊”对话框下方选择一种形状后，在“半径”数值框中输入的数值决定形状的大小，数值越大，模糊效果越强。

（三）“模糊画廊”滤镜组

使用“模糊画廊”滤镜组可快速制作照片模糊效果。选择【滤镜】/【模糊画廊】菜单命令后，弹出的子菜单中提供了 5 种滤镜。

- **场景模糊：**“场景模糊”滤镜用于通过在图像中创建多个不同模糊量的模糊点来产生渐变的模糊效果。
- **光圈模糊：**“光圈模糊”滤镜用于在图像中添加一个或多个焦点，并设置焦点的大小、形状、焦点区域外的模糊数量和清晰度等，主要用于模拟浅景深的效果。
- **移轴模糊：**“移轴模糊”滤镜用于定义锐化区域，然后在区域边缘处逐渐变得模糊，主要用于模拟相机拍摄的移轴效果，效果类似于微缩模型。
- **路径模糊：**“路径模糊”滤镜用于沿路径产生运动模糊效果，还可以控制形状和模糊量。
- **旋转模糊：**“旋转模糊”滤镜用于在一个或更多点旋转和模糊图像，还可以设置中心点、模糊大小、模糊角度和模糊区域的形状等。

（四）“扭曲”滤镜组

“扭曲”滤镜组主要用于对图像进行扭曲变形。选择【滤镜】/【扭曲】菜单命令后，弹出的子菜单中提供了 9 种滤镜。

- **波浪：**“波浪”滤镜用于使图像产生波浪扭曲的效果。
- **波纹：**“波纹”滤镜用于使图像产生类似水波纹的效果。
- **极坐标：**“极坐标”滤镜可将图像的坐标从平面坐标转换为极坐标或从极坐标转换为平面坐标。
- **挤压：**“挤压”滤镜用于使图像的中心产生凸起或凹下的效果。
- **切变：**“切变”滤镜用于控制指定的点来弯曲图像。
- **球面化：**“球面化”滤镜用于使选区中心的图像产生凸出或凹陷的球体效果，类似“挤压”滤镜的效果。
- **水波：**“水波”滤镜用于使图像产生同心圆状的波纹效果。
- **旋转扭曲：**“旋转扭曲”滤镜用于使图像产生旋转扭曲的效果。
- **置换：**“置换”滤镜用于使图像产生弯曲、碎裂的效果；“置换”滤镜比较特殊的是参数设置完毕后，还需要选择一个图像文件作为位移图，滤镜根据位移图上的颜色值移动图像像素。

（五）“锐化”滤镜组

“锐化”滤镜组可以使图像更清晰，一般用于调整模糊的照片，但使用过度会造成图像失真。选择【滤镜】/【锐化】菜单命令后，弹出的子菜单中提供了 6 种滤镜。

- **USM 锐化：**“USM 锐化”滤镜用于在图像边缘的两侧分别添加一条明线或暗线来调整边缘细节的对比度，将图像边缘轮廓锐化。
- **防抖：**“防抖”滤镜用于有效减少因抖动产生的模糊，可用于处理没有拿稳相机时拍摄而出现抖动模糊的图像。
- **进一步锐化：**“进一步锐化”滤镜用于增加像素之间的对比度，使图像变得清晰，但锐化效果比较微弱。
- **锐化：**“锐化”滤镜和“进一步锐化”滤镜相同，都是通过增加像素之间的对比度来增加图像的清晰度，其效果比“进一步锐化”滤镜的效果明显。
- **锐化边缘：**“锐化边缘”滤镜用于锐化图像的边缘，并保留图像整体的平滑度。
- **智能锐化：**“智能锐化”滤镜的功能十分强大，可以设置锐化算法、控制阴影和高光区域的锐化量。

（六）“像素化”滤镜组

“像素化”滤镜组主要将图像中颜色相似的像素转化成单元格，使图像分块或平面化，一般用于增加图像质感，使图像的纹理更加明显。选择【滤镜】/【像素化】菜单命令，在弹出的子菜单中提供了 7 种滤镜。

- **彩块化：**“彩块化”滤镜用于使图像中纯色或相似颜色凝结为彩色块，从而产生类似宝石刻画般的效果。
- **彩色半调：**“彩色半调”滤镜用于模拟在图像的每个通道上应用半调网屏的效果。
- **点状化：**“点状化”滤镜用于在图像中随机产生彩色斑点，点与点之间的空隙用背景色填充；“点状化”对话框中的“单元格大小”数值框用于设置点状网格的大小。
- **晶格化：**“晶格化”滤镜用于使图像中颜色相近的像素集中到一个像素的多角形网格中，从而使图像清晰；“晶格化”对话框中的“单元格大小”数值框用于设置多边形网格的大小。
- **马赛克：**“马赛克”滤镜用于把图像中具有相似颜色的像素统一合成更大的方块，从而产生类似马赛克的效果；“马赛克”对话框中的“单元格大小”数值框用于设置马赛克的大小。
- **碎片：**“碎片”滤镜用于将图像的像素复制 4 次，然后将它们平均移位并降低不透明度，从而形成一种不聚焦的“四重视”效果。
- **铜版雕刻：**“铜版雕刻”滤镜用于在图像中随机分布各种不规则的线条和虫孔斑点，从而产生镂刻的版画效果；“铜板雕刻”对话框中的“类型”下拉列表框用于设置铜板雕刻的样式。

（七）“渲染”滤镜组

“渲染”滤镜组主要用于模拟光线照明效果，在制作和处理一些风格照，或模拟在不同的光源下不同的光线照明效果时，可以使用“渲染”滤镜组。选择【滤镜】/【渲染】菜单命令后，弹出的子菜单中提供了 5 种滤镜。

- **分层云彩：**“分层云彩”滤镜产生的效果与原图像的颜色有关，它会在图像中添加一个分层云彩效果，该滤镜无参数设置对话框。
- **光照效果：**“光照效果”滤镜的功能相当强大，可用于设置光源、光色、物体的反射特性等，然后根据这些设置产生光照，模拟 3D 绘画效果。

- **镜头光晕：**“镜头光晕”滤镜可通过为图像添加不同类型的镜头来模拟镜头产生的眩光效果。
- **纤维：**“纤维”滤镜可根据当前设置的前景色和背景色产生一种纤维效果。
- **云彩：**“云彩”滤镜可通过在前景色和背景色之间随机地抽取像素并完全覆盖图像，从而产生类似云彩的效果。

（八）“杂色”滤镜组

“杂色”滤镜组主要用于处理图像中的杂点。选择【滤镜】/【杂色】菜单命令后，弹出的子菜单中提供了 5 种滤镜。

- **减少杂色：**“减少杂色”滤镜用来消除图像中的杂色。
- **蒙尘与划痕：**“蒙尘与划痕”滤镜通过将图像中有缺陷的像素融入周围的像素中，从而达到除尘和涂抹的效果；打开“蒙尘与划痕”对话框，在其中可通过“半径”选项调整清除缺陷的范围；通过“阈值”选项，确定要进行像素处理的阈值，该值越大，去杂效果越弱。
- **去斑：**“去斑”滤镜用于对图像或选区内的图像进行轻微的模糊化和柔化，从而掩饰图像中的细小斑点、消除轻微折痕，常用于去除照片中的斑点。
- **添加杂色：**“添加杂色”滤镜用于向图像中随机添加混合杂点，常用于添加杂色纹理，它与“减少杂色”滤镜作用相反。
- **中间值：**“中间值”滤镜采用杂点和其周围像素的平均颜色来平滑图像中的区域。“中间值”对话框中的“半径”数值框用于设置中间值效果的平滑距离。

（九）“其他”滤镜组

“其他”滤镜组主要用于处理图像的某些细节部分。选择【滤镜】/【其他】菜单命令，弹出的子菜单中提供了 6 种滤镜。

- **HSB/HSL：**“HSB/HSL”滤镜用于快速选择出图像中饱和度偏高或偏低的区域，将其作为蒙版，对蒙版使用“色相/饱和度”命令调整图层可以快速而精准地调整画面的局部饱和度。
- **高反差保留：**“高反差保留”滤镜用于删除图像中色调变化平缓的部分而保留色彩变化最大的部分，使图像的阴影消失而亮点突出；“高反差保留”对话框中的“半径”数值框用于设置处理的像素范围，该值越大，图中保留的原图像的像素越多。
- **位移：**“位移”滤镜可根据在“位移”对话框中设置的值来偏移图像，偏移后留下的空白可以用当前的背景色填充。
- **自定：**“自定”滤镜用于创建自定义的滤镜效果，如创建锐化、模糊和浮雕等滤镜效果；“自定”对话框中有一个 5×5 的文本框矩阵，最中间的值代表目标像素，其余的值代表目标像素周围对应位置上的像素；在“缩放”数值框中输入一个值后，将以该值去除计算中包含的像素的亮度部分；在“位移”数值框中输入要与缩放计算结果相加的值。自定义设置完毕后单击 存储(S)... 按钮，可将设置的滤镜存储到系统中，以便下次使用，如图 9-14 所示。

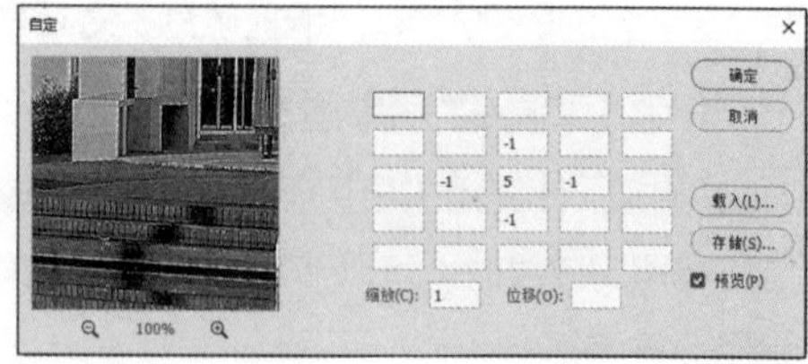

图9-14 “自定”对话框

- **最大值：**“最大值”滤镜用于将图像中的亮区扩大，暗区缩小，产生较明亮的图像效果。
- **最小值：**“最小值”滤镜用于将图像中的亮区缩小，暗区扩大，产生较阴暗的图像效果。

三、任务实施

（一）柔和像素边缘

为了使动漫场景更具有笔触感，可使用画笔进行绘制。而拍摄的风景照片通常边缘锐利、清晰，因此在制作动漫场景前需要降低图像中相邻像素的对比度，使相邻像素平滑过渡，从而产生柔和边缘的效果，其具体操作如下。

（1）打开“风景.jpg”图像文件，按【Ctrl+J】组合键复制“背景”图层。

（2）选择【滤镜】/【模糊】/【特殊模糊】菜单命令，在“特殊模糊”对话框中设置“半径”为“5.0”，“阈值”为“30.0”，“品质”为“高”，单击确定按钮，如图 9-15 所示。

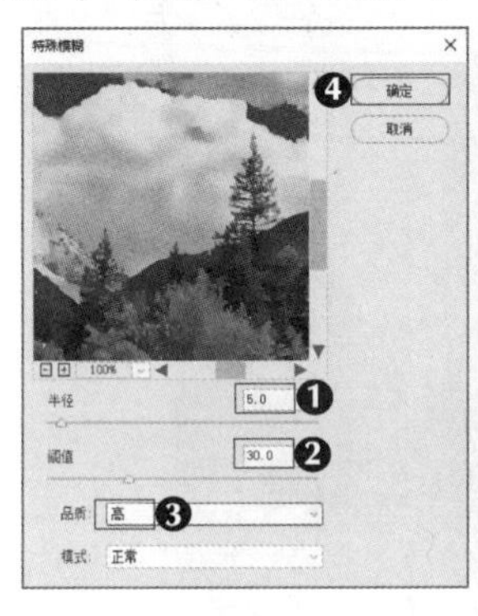

图9-15　添加“特殊模糊”滤镜

（3）选择【滤镜】/【滤镜库】菜单命令，打开“滤镜库”对话框，在中间列表框中选择“艺术效果”选项，在打开的下拉列表框中选择“干画笔”选项，设置“画笔大小”为“2”，“画笔细节”为“10”，“纹理”为“1”，单击确定按钮，如图 9-16 所示。

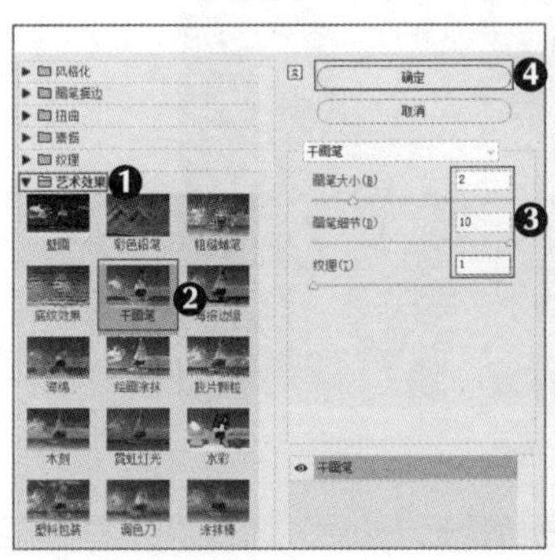

图9-16　添加“干画笔”滤镜

（二）调整动漫色调

在制作动漫场景时，除了需要进行简单的模糊处理外，还需要调整色调，使整体色调偏向清新日系风格，其具体操作如下。

（1）复制“背景”图层，将复制后的图层置于“图层”面板顶层。选择【滤镜】/【滤镜库】菜单命令，在打开的对话框的中间列表框中选择“艺术效果”选项，在打开的下拉列表框中选择“绘画涂抹”选项，设置“画笔大小”为“3”，“锐化程度”为“13”，单击确定按钮，如图 9-17 所示。

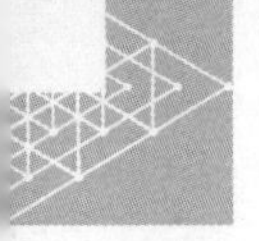

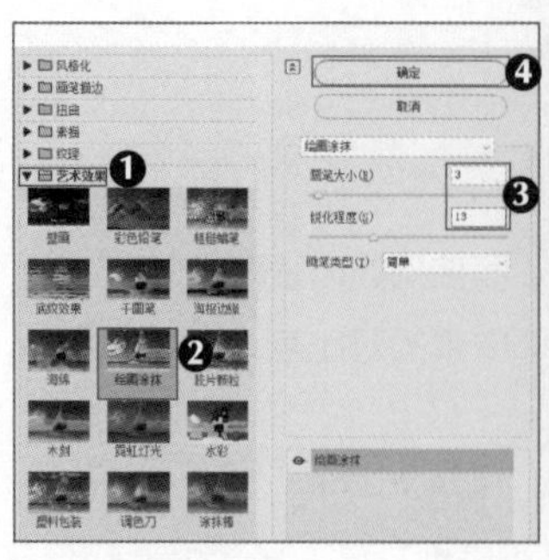

图9-17　添加“绘画涂抹”滤镜

（2）设置“背景 拷贝”图层的混合模式为“线性减淡（添加）”，“不透明度”为“50%”，如图 9-18 所示。

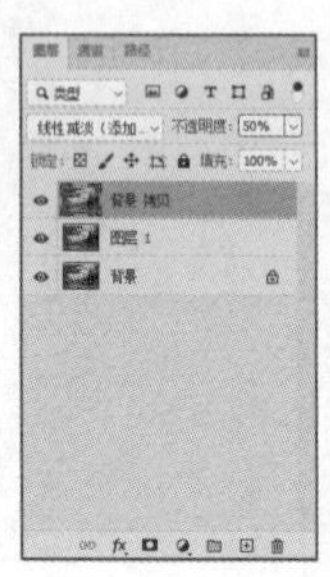

图9-18　更改图层的混合模式和“不透明度”

（3）复制“背景”图层，将复制后的图层置于“图层”面板顶层。按【Shift+Ctrl+U】组合键去色，如图 9-19 所示。

图9-19　复制图层并去色

（4）按【Ctrl+J】组合键复制“背景”图层，将复制后的图层置于“图层”面板顶层，并设置图层混合模式为“线性减淡（添加）”，如图 9-20 所示。

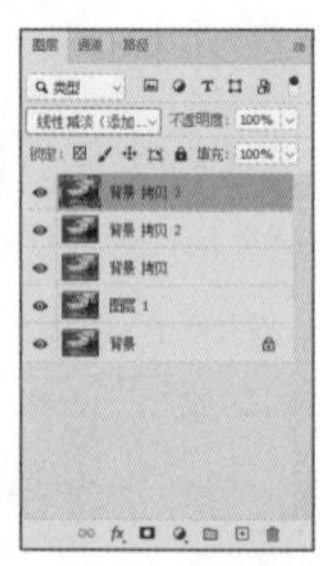

图9-20　复制图层并设置图层混合模式

（5）按【Ctrl+I】组合键反相图像，选择【滤镜】/【其他】/【最小值】菜单命令，打开“最小值”对话框，设置“半径”为“1”，单击确定按钮，如图 9-21 所示。

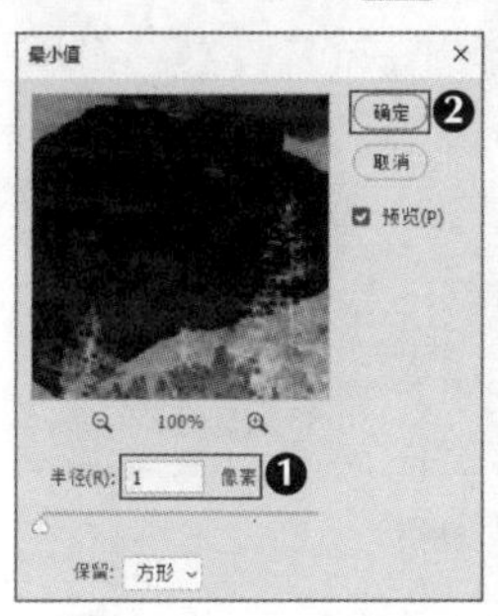

图9-21 添加“最小值”滤镜

（6）按【Ctrl+E】组合键向下合并图层，并设置图层混合模式为“正片叠底”，使图像细节更加清晰，如图 9-22 所示。

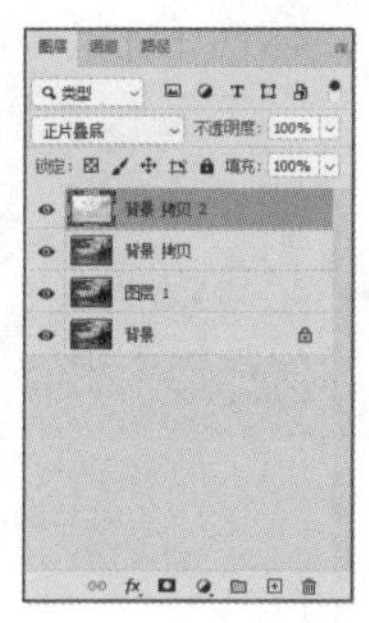

图9-22 合并图层并设置图层的混合模式

（7）选择“图层 1”图层，选择【图像】/【调整】/【可选颜色】菜单命令，打开“可选颜色”对话框。在“颜色”下拉列表框中选择“中性色”选项，设置“青色”为“+20”，“洋红”为“+10”，“黄色”为“-50”，“黑色”为“10”。在“颜色”下拉列表框中选择“白色”选项，设置“黑色”为“-100”，单击确定按钮，如图 9-23 所示。

微课视频

添加镜头光晕

（8）调整色调后的图像效果如图 9-24 所示。

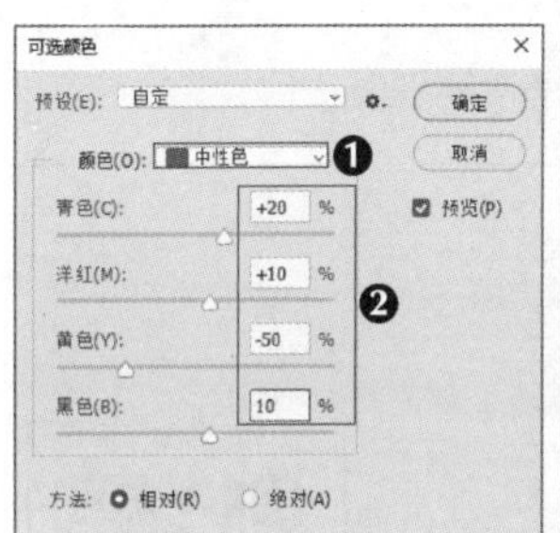
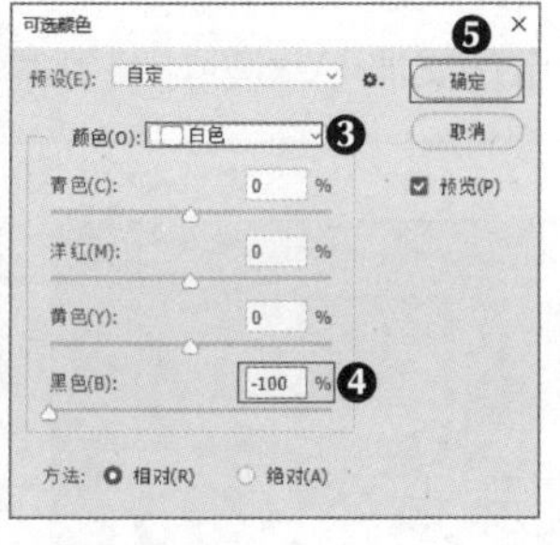

图9-23 设置“可选颜色”参数

图9-24 调色效果

（三）添加镜头光晕

“渲染”滤镜组可以模拟在不同光源下产生的不同光线照明效果。本任务可使用“镜头光晕”滤镜为动漫场景添加光晕，增强阳光效果，其具体操作如下。

（1）选择所有可见图层，按【Shift+Ctrl+Alt+E】组合键盖印可见图层。选择【滤镜】/【渲染】/【镜头光晕】菜单命令，设置“亮度”为“100%”，选中“50-300 毫米变焦”单选项，单击确定按钮，如图 9-25 所示。

图9-25　添加“镜头光晕”滤镜

（2）按【Ctrl+U】组合键打开“色相/饱和度”对话框，设置“色相”为“-5”，“饱和度”为“33”，单击按钮，如图 9-26 所示。

图9-26　设置“色相/饱和度”参数

实训一　制作水中倒影

【实训要求】

本实训要求制作建筑物的水中倒影，要求倒影真实，具有水面荡漾的效果，掌握使用滤镜制作水波纹的方法。制作的水中倒影参考效果如图 9-27 所示。

素材所在位置： 图像文件\项目九\实训一\建筑.jpg

效果所在位置： 效果文件\项目九\实训一\水波.psd、水中倒影效果.psd

图9-27　水中倒影参考效果

【实训思路】

倒影是光照射在平静的水面上形成的虚像，且倒影会随着水面的波动而出现波折。在制作水中倒影时，不仅要体现建筑的真实轮廓，还要体现水面的波动感。

【步骤提示】

本实训要先制作水波效果并保存为 PSD 格式文件，然后将建筑复制并垂直翻转，再将制作好的水波效果置换到倒影中，其步骤如图 9-28 所示。

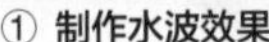

① 制作水波效果

② 打开素材

③ 置换水波效果

图9-28 制作水中倒影的步骤

（1）新建大小为 1 000 像素×2 000 像素，分辨率为 72 像素/英寸的图像文件。

（2）选择【滤镜】/【杂色】/【添加杂色】菜单命令，打开“添加杂色”对话框。设置“数量”为“400%”，选中“高斯分布”单选项，勾选“单色”复选框，单击确定按钮。

微课视频

制作水中倒影

（3）选择【滤镜】/【模糊】/【高斯模糊】菜单命令，打开“高斯模糊”对话框，设置“半径”为“2.0”，单击确定按钮。

（4）打开“通道”面板，选择“红”通道，选择【滤镜】/【风格化】/【浮雕效果】菜单命令，打开“浮雕效果”对话框，设置“角度”“高度”“数量”分别为“180”“1”“500%”，单击确定按钮。选择“绿”通道，选择【滤镜】/【风格化】/【浮雕效果】菜单命令，打开“浮雕效果”对话框，设置“角度”为“-90”，单击确定按钮。选择“蓝”通道，填充颜色“#000000”。

（5）双击“背景”图层，将其转化为普通图层。按【Ctrl+T】组合键进入自由变换状态，在图像上单击鼠标右键，在弹出的快捷菜单中选择【透视】命令。将图像右下角的控制点向外拖到宽度 600%处，使用裁剪工具裁剪图像。

（6）重复使用自由变换操作中的【透视】命令，将下面宽度拖到 600%处，再将高度拖到 50%处，使用裁剪工具裁剪图像。

（7）打开“通道”面板，选择“红”通道，按【Q】键添加快速蒙版。选择渐变工具，设置从黑色到白色的渐变效果，从图像底部向中间填充渐变颜色。按【Q】键退出快速蒙版，这时自动生成选区，为选区填充颜色“#909090”。将文件命名为“水波”，保存文件。

（8）打开“建筑.jpg”图像文件，使用矩形选框工具框选整个建筑，按【Ctrl+J】组合键复制图层，修改复制的图层名称为“倒影”。按【Ctrl+T】组合键进入自由变换状态，垂直翻转图像，使翻转图像与建筑底部对齐。选择裁剪工具，拖曳下面的控制点，将图像完全显示出来。

（9）选择“倒影”图层，单击“锁定透明像素”按钮，锁定透明像素。选择【滤镜】/【扭曲】/【置换】菜单命令，在“置换”对话框中设置“水平比例”“垂直比例”分别为“25”“50”，单击确定按钮，打开“选取一个置换图”对话框。选择刚才制作的“水波.psd”图像文件，单击打开(O)按钮置换水波效果。

（10）完成制作，以“水中倒影效果”为名保存文件。

实训二　制作云彩效果

【实训要求】

本实训要求使用滤镜制作出真实的云彩效果，主要涉及“渲染”滤镜组和“风格化”滤镜组的使用。制作的云彩效果前后的对比如图 9-29 所示。

素材所在位置：图像文件\项目九\实训二\户外.jpg

效果所在位置：效果文件\项目九\实训二\云彩.psd、户外云彩效果.psd

图9-29　云彩效果的前后对比

【实训思路】

在进行平面设计时，常常需要大量的设计素材，但这些设计素材并不容易找到，或者不方便下载。此时，可以利用滤镜制作一些简单的设计素材，既方便又快捷。

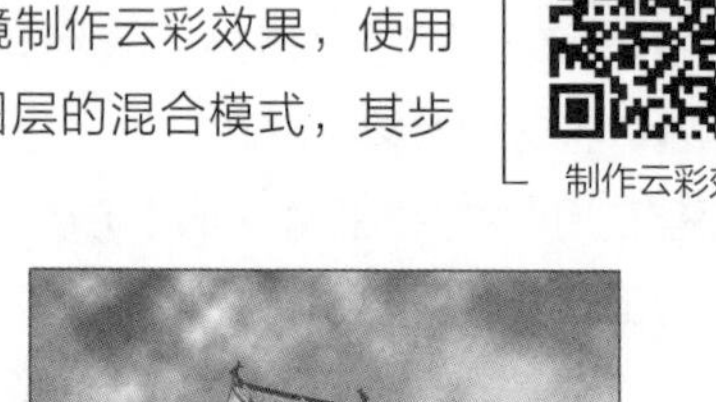

【步骤提示】

本实训需要先绘制蓝天背景，然后使用“分层云彩”滤镜制作云彩效果，使用“凸出”滤镜将图像转化为三维立体效果，最后调整色彩及图层的混合模式，其步骤如图 9-30 所示。

① 制作云彩效果

② 将云彩应用到图像中

图9-30　制作云彩效果的步骤

（1）新建一个大小为 1 500 像素 × 1 000 像素，分辨率为 72 像素/英寸的图像文件。

（2）选择渐变工具，设置渐变颜色为从“#87d0ff ”到“#0089e1”，从图像底部向顶部填充渐变颜色。

（3）新建图层，填充颜色“#000000”。选择【滤镜】/【渲染】/【分层云彩】菜单命令，重复执行一次【分层云彩】命令。

（4）复制“图层 1”图层，选择【滤镜】/【风格化】/【凸出】菜单命令，在打开的对话框中设置“大小”“深度”分别为“2”“30”，选中“随机”单选项，单击确定按钮。

（5）将“图层 1”和“图层 1 拷贝”图层的混合模式均设置为“滤色”。

（6）选择“图层 1 拷贝”图层，选择【滤镜】/【模糊】/【高斯模糊】菜单命令，在打开的对话框中设置“半径”为“3.3”，单击确定按钮，并盖印图层。

（7）打开“户外.jpg”图像文件，将盖印的云彩效果复制到“户外.jpg”图像文件中，复制“背景”图层，将复制后的图层置于“图层”面板顶部。

（8）选择背景像皮擦工具，设置较大的画笔，设置“容差”为“20%”，在天空区域单击并拖曳鼠标进行擦除，直到显示出下一层图层的云彩效果，完成云彩效果的制作。

课后练习

本项目主要介绍了滤镜的基础概念，以及各种滤镜的使用方法。学习本项目的内容时，应重点熟悉各种滤镜的概念，掌握各种滤镜的使用方法，并能综合运用多个滤镜制作出不同的特殊效果。

练习 1：制作水波纹

本练习要求制作圆形的水波纹效果，参考效果如图 9-31 所示。

效果所在位置：效果文件\项目九\课后练习\水波纹.psd

操作提示如下。

（1）新建图像文件，新建图层，填充颜色“#000000”。

（2）使用“镜头光晕”“水波”“波纹”滤镜制作水波纹效果。

（3）反相图像并为波纹去色。

（4）新建图层，填充颜色“#028630”，设置图层的混合模式为“叠加”。

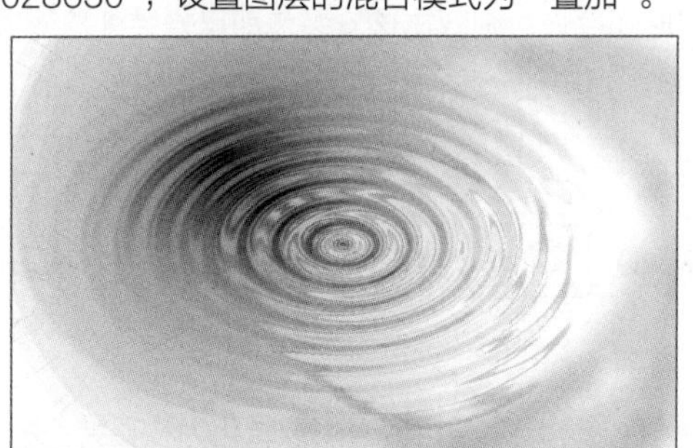

图9-31　水波纹参考效果

（5）选择水波纹图层，调整曲线。

（6）使用“液化”滤镜补全水波纹形状。

（7）新建图层，使用柔边画笔降低不透明度和流量，并补全颜色。

练习 2：制作风景油画

本练习要求将一幅风景画制作成油画效果，参考效果如图 9-32 所示。

素材所在位置： 图像文件\项目九\课后练习\风景.jpg

效果所在位置： 效果文件\项目九\课后练习\风景油画.psd

图9-32　风景油画参考效果

高清彩图

操作提示如下。

（1）打开“风景.jpg”图像文件，选择“油画”滤镜，设置合适的参数。

（2）复制图层，选择“浮雕效果”滤镜，设置合适的参数。为图像去色，设置图层的混合模式为“叠加”。

（3）盖印图层，选择“查找边缘”滤镜，为图像去色，设置图层的混合模式为“叠加”。

（4）调整图像的亮度和对比度。

技巧提升

1. 智能滤镜

智能滤镜能够二次调整画面中的滤镜效果，如编辑滤镜参数、移除或隐藏滤镜等，便于对滤镜进行反复操作。选择【滤镜】/【转换为智能滤镜】菜单命令，或在图层上单击鼠标右键，在弹出的快捷菜单中选择【转换为智能对象】命令，将普通图层转换为智能对象。

2. 外挂滤镜

如果外挂滤镜以安装包的形式存在，则双击该安装包即可安装外挂滤镜；如果没有安装包，则需将滤镜文件夹复制到 Photoshop 安装目录下的“Plug-in”文件夹中。安装完成后，重启 Photoshop，在“滤镜”菜单命令中可看到外挂滤镜。

AIGC 高效设计

1. 生成风格化图像

AIGC 工具能分析并模仿各种艺术风格，将普通图像转化为独具特色的艺术作品。下面以本项目练习 2 的“风景.jpg”图像文件为例，借助 AIGC 工具生成多种艺术风格的图像。

- **AIGC 工具：** Vega AI。
- **模式：** 图像生成/图生图/常规。
- **关键词：** 清澈的湖，附近有绿色的树，中式拱桥，中式古典建筑，极致细节。
- **编辑强度/文本强度：** 0.4/7。

- **风格模型：** 水彩 0.6，水粉 0.7。
- **生成结果：** 生成效果如图 9-33 所示。

图9-33　智能生成风格化图像（一）

- **风格模型：** 国画 0.7，大师水墨画 0.75。
- **生成结果：** 生成效果如图 9-34 所示。

图9-34　智能生成风格化图像（二）

2．一键生成线稿

AIGC 工具可以根据文字描述直接生成线稿，也可以自动分析上传的参考图，快速对图像进行边缘检测、轮廓提取和特征增强等图像处理操作，从而根据参考图生产线稿。

3．一键线稿上色

AIGC 工具可以先理解并识别线稿中的不同区域和轮廓，然后根据这些识别结果自动匹配并应用合适的颜色，从而实现对线稿的快速上色，这不仅简化了传统上色的繁琐过程，提高了上色效率，而且能够根据学习到的规律，为线稿添加更具创意和个性化的色彩。

- **AIGC 工具：** 文心一格。
- **模式：** AI 创作/自定义。
- **关键词：** 线稿，线条艺术，无背景，线条流畅，干净的线条，细线，钢笔素描，卡通少女。
- **生成结果：** 生成效果如图 9-35 所示。

图9-35　使用关键词生成线稿

- **AIGC 工具：** Vega AI。
- **模式：** 图像生成/图生图/线稿生成。
- **风格模型：** 线稿 0.65；手绘速写 0.4。
- **关键词：** 线稿，线条艺术，描边，无背景，线条流畅，干净的线条，钢笔素描，无阴影，只有黑白两色，无灰度，轮廓增强，背景增强。
- **编辑强度/文本强度：** 0.1/7。
- **上传图片：** 上传如图 9-36 所示图片。
- **生成结果：** 生成效果如图 9-37 所示。

图9-36　生成线稿前图片

图9-37　使用图片生成线稿

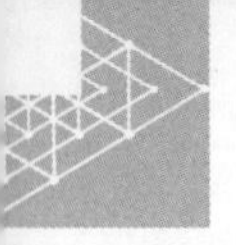

- **AIGC 工具：** IPensoul 绘魂。
- **模式：** 线稿渲染。

- **模型：** 家电/未来家电。
- **上传图片：** 上传如图 9-38 所示图片。

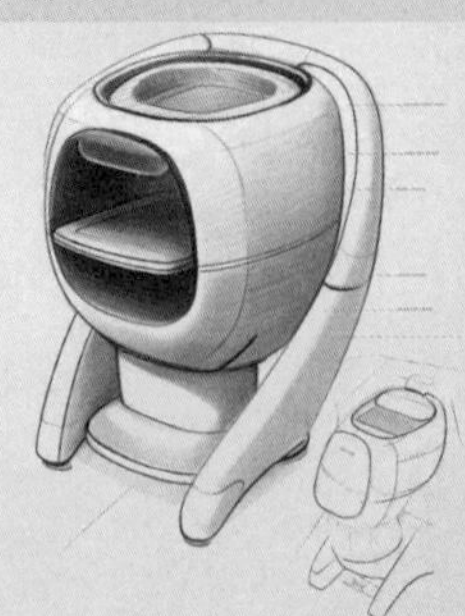

图9-38　家电线稿上色前

- **生成结果：** 生成效果如图 9-39 所示。

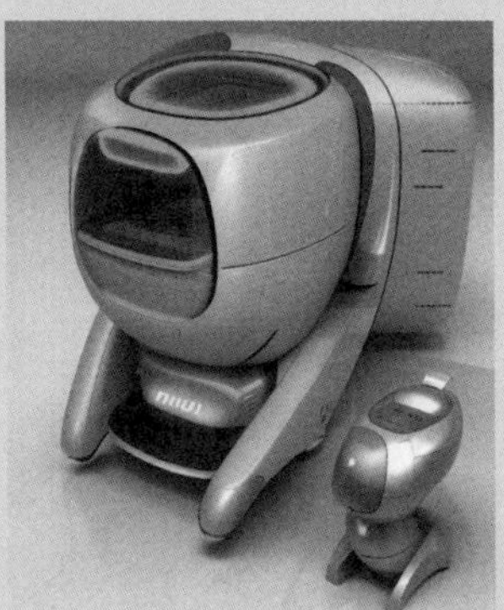

图9-39　家电线稿上色后

- **模型：** 景观/写实景观。
- **上传图片：** 上传如图 9-40 所示图片。

图9-40　景观线稿上色前

- **生成结果：** 生成效果如图 9-41 所示。

图9-41　景观线稿上色后

项目十

综合案例——餐饮品牌形象设计

情景导入

实习期间，米拉已经熟练掌握了各方面的设计知识和软件操作能力，也积累了许多设计经验，公司准备考验米拉的系统化设计能力，评估她是否能从实习期成功转正，成为独当一面的专业设计师。

于是老洪交给米拉一项为某餐饮企业设计品牌形象的任务，该任务包括企业标志设计、VI 系统设计、包装设计、宣传物料设计等，希望米拉能通过自身的努力出色地完成综合设计任务。

学习目标

- 掌握品牌标志的设计方法
- 掌握设计手提袋包装的方法
- 掌握处理摄影照片的方法
- 掌握制作宣传菜单的方法

素养目标

- 激发设计品牌形象的兴趣
- 提升综合设计实力和资源整合能力
- 倡导轻食简约的生活方式

任务一 设计品牌标志

老洪告诉米拉："在进行品牌形象设计前，需要先了解该品牌，如品牌定位、目标用户、产品信息等，然后将这些应用到品牌标志、版式等的设计中。"于是，米拉对"轻食鲜"餐饮品牌进行了详细的调查，发现"轻食鲜"餐饮品牌一直致力于传播轻食理念，打造健康美食；在业务发展方面，"轻食鲜"餐饮品牌以线下餐厅为主，线上订餐为辅。本次品牌形象设计需要先帮助"轻食鲜"完善品牌形象，设计出一个具有可识别性、符合品牌内涵的品牌标志，从而培养设计品牌标志的能力。设计的品牌标志参考效果如图 10-1 所示，下面具体讲解制作方法。

效果所在位置： 效果文件\项目十\任务一\品牌标志.psd

图10-1 品牌标志参考效果

一、任务描述

（一）任务背景

品牌标志以直观的形式向大众传达品牌信息，让大众形成品牌认知、品牌联想和品牌依赖，从而给品牌带来更多价值。本任务将为"轻食鲜"餐饮品牌设计标志，由于该品牌一直秉承严谨的工作态度，向大众提供健康、有机、新鲜、高品质的轻食，所以在设计标志时可以以绿色作为主色调，结合绿叶和餐碗图案，以及温和圆润的字体，表现出对食材、烹饪方式的健康追求。标志的尺寸要求为 20 厘米×20 厘米，分辨率为 300 像素/英寸。

（二）任务目标

- 熟悉矢量图案的绘制与调整方法。
- 熟悉矢量文本的输入与编辑方法。
- 能够有设计性地编辑标志中的图案与文字。
- 灵活运用标尺和参考线保证标志设计的严谨性和精确性。

二、任务实施

（一）绘制标志图案

标志最好为矢量格式，这里可使用 Photoshop 中的钢笔工具组和矩形工具组来绘制"轻食鲜"餐饮品牌的标志，其具体操作如下。

（1）新建大小为 20 厘米 × 20 厘米，分辨率为 300 像素/英寸，名为"品牌标志"的图像文件。

（2）按【Ctrl+R】组合键显示标尺，在标尺上单击鼠标右键，在弹出的快捷菜单中选择【厘米】命令，将标尺的单位从"像素"修改为"厘米"，如图 10-2 所示。

（3）选择【视图】/【新建参考线】菜单命令，打开"新建参考线"对话框，在"取向"栏中选中"垂直"单选项，设置参考线方向。在"位置"文本框中输入"10 厘米"，设置参考线位置，单击 确定 按钮，如图 10-3 所示。

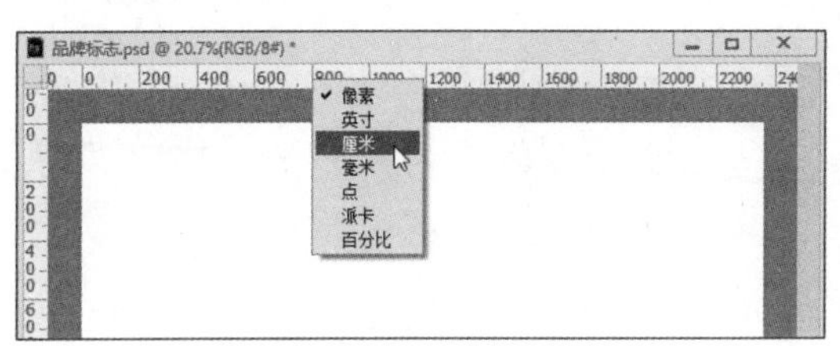

图10-2　修改标尺单位

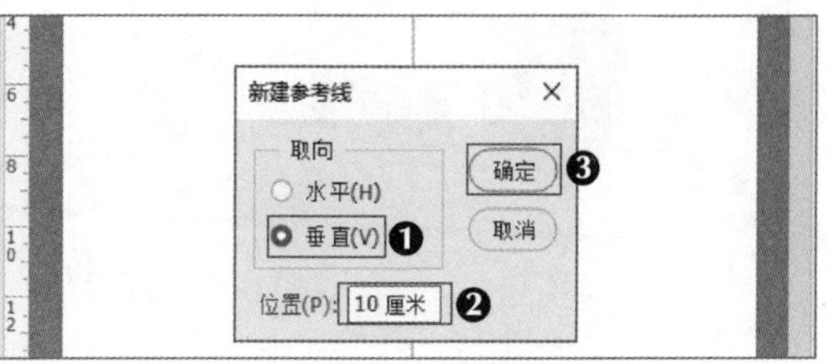

图10-3　创建参考线

（4）选择钢笔工具，在工具属性栏的"路径"下拉列表框中选择"形状"选项。在图像窗口中单击创建一个锚点，然后在其他位置继续单击并拖曳鼠标绘制路径，效果如图 10-4 所示。在绘制过程中可以不断调整锚点和路径，直到形状变得较为对称、圆润。

（5）选择钢笔工具，在工具属性栏的"填充"下拉列表中单击"渐变"按钮，设置"渐变颜色"为"#a7ce53"到"#69ba50"再到"#4db26e"，旋转角度为"-110"，如图 10-5 所示。

（6）此时，可以发现"图层"面板中出现了"形状 1"图层，按【Ctrl+J】组合键复制图层，再按【Ctrl+T】组合键自由变换"形状 1 拷贝"图层。使用相同的方法自由变换"形状 1"图层，如图 10-6 所示，这里以绿叶形状来象征本品牌轻食的特点：绿色、有机、健康。

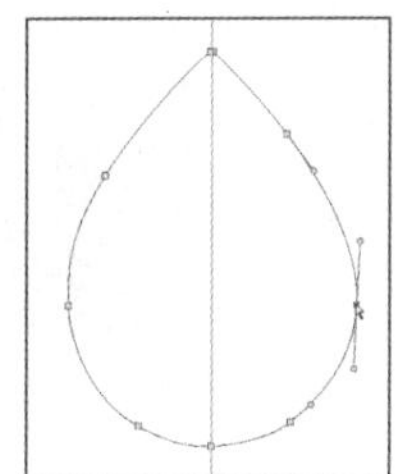

图10-4　绘制路径

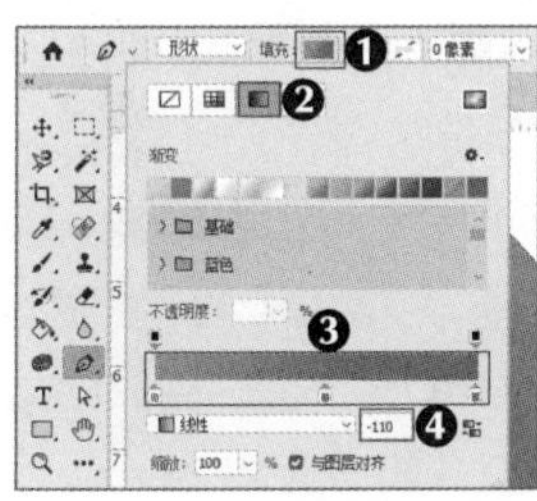

图10-5　填充形状

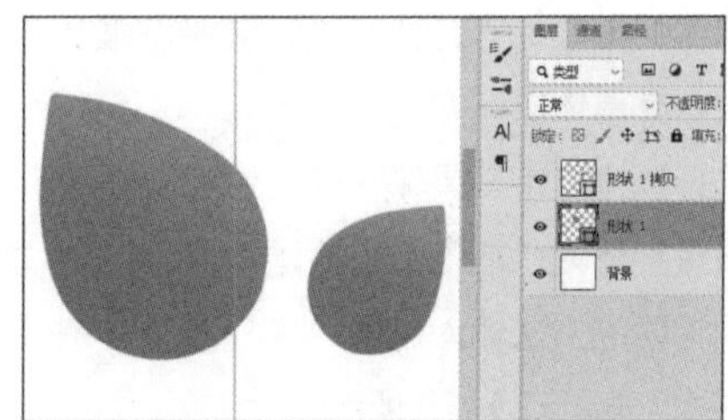

图10-6　复制并变换形状

（7）选择矩形工具，在图像窗口中单击并拖曳鼠标绘制矩形，在工具属性栏中设置填充颜色为"#d1d731"，在"W"和"H"数值框中分别输入"1550 像素"和"80 像素"。完成后单击"图层"面板底部的"添加图层蒙版"按钮，使用橡皮擦工具擦除图像中重叠的部分，露出绿叶形状，如图 10-7 所示。

（8）选择椭圆工具，在工具属性栏中取消填充颜色，设置描边颜色为"#d1d731"，描边宽度为"80 像素"，在图像窗口中以矩形长边为直径绘制一个横向的椭圆。完成后单击"图层"面板底部的"添加图层蒙版"按钮，使用矩形选框工具在图像窗口中的矩形上方创建选区，按【Delete】键删除选区内容，仅保留下半部分的椭圆形状，如图 10-8 所示。

（9）在"5 厘米"和"15 厘米"处分别创建垂直参考线。使用钢笔工具在下半部分椭圆左侧内部绘制路径，并调整锚点，如图 10-9 所示。

（10）在图像窗口的任意位置单击鼠标右键，在弹出的快捷菜单中选择【建立选区】命令，打开"建立选区"

对话框，设置“羽化半径”为“0”，单击确定按钮建立选区，如图 10-10 所示。按【Delete】键删除选区内容，如图 10-11 所示。按【Ctrl+D】组合键取消选择选区，按【Delete】键删除路径。

（11）使用相同的方法删除下半部分椭圆右侧和底部多余的弧形，效果如图 10-12 所示。

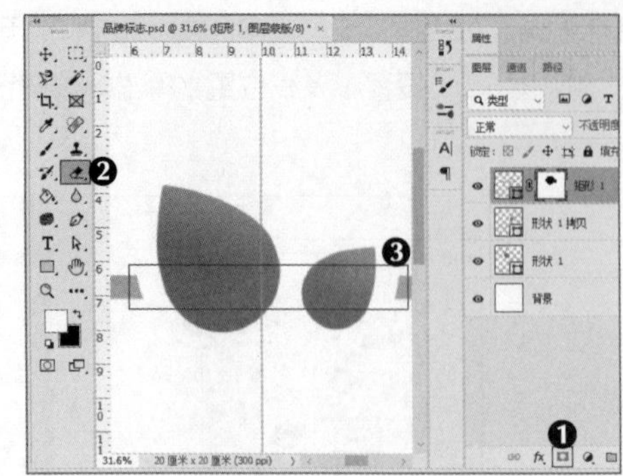

图10-7 添加图层蒙版并擦除重叠部分

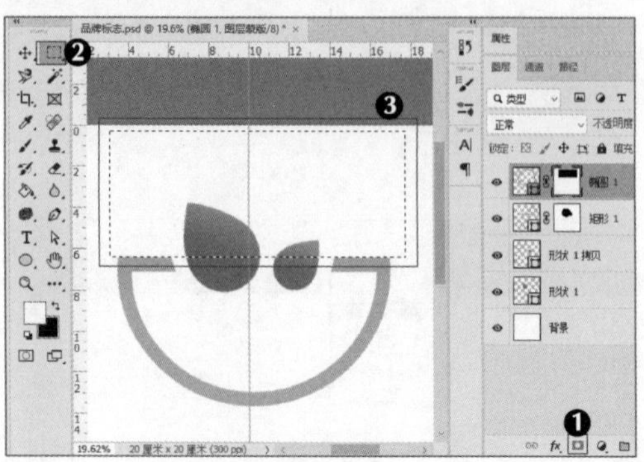

图10-8 添加图层蒙版并删除选区内容

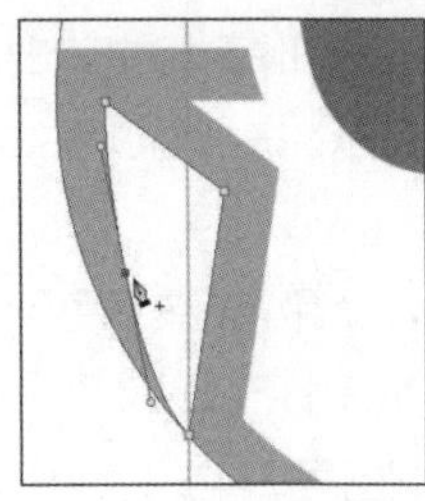

图10-9 绘制路径

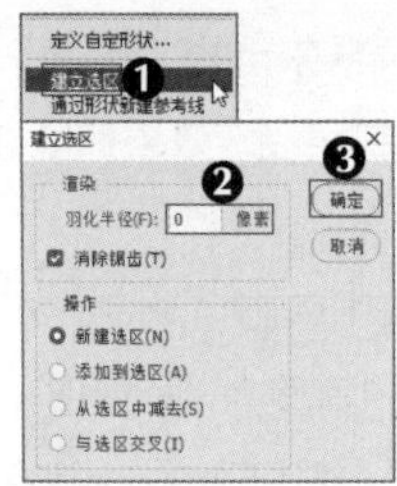

图10-10 建立选区

图10-11 删除选区内容

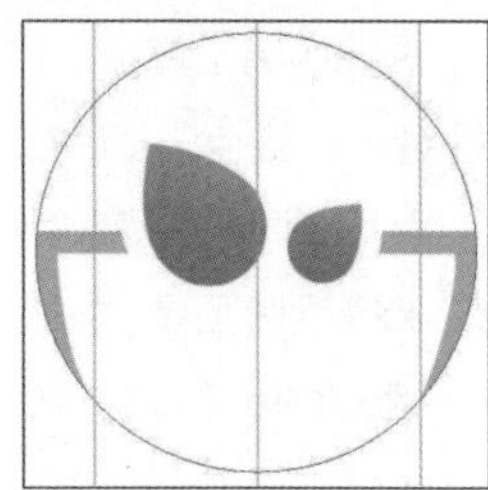

图10-12 删除效果

（二）设计标志文字

单纯的图案标志的代表性往往不够强，可添加品牌名称等文字，使该标志更具有识别性，其具体操作如下。

微课视频 设计标志文字

（1）选择横排文字工具T，在图像窗口中下半部分椭圆的缺口处单击输入“轻”文字，设置字体为“方正粗圆简体”，字体大小为“72 点”，“颜色”为“#6aba51”。使用相同的方法输入“食”“鲜”文字，并使 3 个文字以中间的垂直参考线为轴左右对称，如图 10-13 所示。

（2）使用横排文字工具T在绿叶形状下方输入“ALL FOR HEALTH”文字，选择【窗口】/【字符】菜单命令，打开“字符”面板，设置字距为“200”，“颜色”为“#d1d731”，如图 10-14 所示。

（3）按【Ctrl+T】组合键变换“ALL FOR HEALTH”文字的大小，使文字左右两端刚好对齐左、右两条垂直参考线，如图 10-15 所示。

（4）按【Ctrl+S】组合键保存文件，完成本任务的制作。

图10-13 输入品牌名称

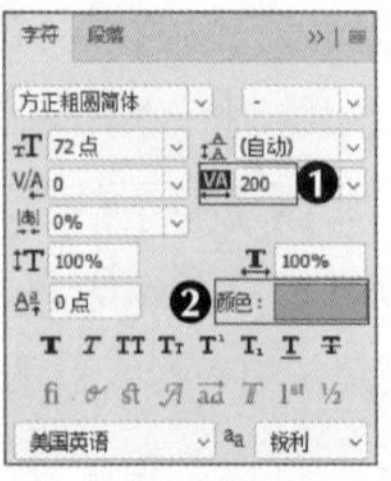

图10-14 设置字符格式

图10-15 对齐文字

任务二　设计手提袋包装

“轻食鲜”餐饮品牌的线下餐厅为顾客提供打包服务，且在线上外卖服务中也需使用具有本品牌特色的手提袋，所以老洪让米拉设计一款便携手提袋。设计的手提袋包装的参考效果如图 10-16 所示，下面具体讲解制作方法。

素材所在位置： 素材文件\项目十\任务二\手提袋包装\
效果所在位置： 效果文件\项目十\任务二\手提袋包装.psd

图10-16　手提袋包装参考效果

一、任务描述

（一）任务背景

手提袋的制作材料主要包括纸质材料、塑料、无纺布等，其中手提袋包装多采用纸作为包装材料。在设计手提袋包装时应清晰、准确地传达品牌信息，宣传品牌，其设计需要符合大众审美需求，展示品牌风格。本任务将为“轻食鲜”餐饮品牌设计一款食物手提袋包装，要求包装简洁大方，便于顾客记忆和识别。尺寸要求为 50 厘米 × 43.5 厘米，分辨率为 150 像素/英寸。

（二）任务目标

- 能够在 Photoshop 中自由地变换图像的大小、位置、角度等。
- 能够使用图层样式打造立体效果。
- 能够在 Photoshop 中选用合适的工具快速抠取图像。
- 能够灵活运用图层的混合模式合成需要的图像效果。

二、任务实施

（一）设计包装平面图

手提袋包装属于立体包装，在设计前需要先在平面中对手提袋包装的每个面进行设计，其具体操作如下。

（1）新建大小为 50 厘米 × 43.5 厘米，分辨率为 150 像素/英寸，名为“手提袋包装”的图像文件。将“素材.psd”图像文件中的“背景”图层复制到新建的图像文件中并调整其大小和位置，然后锁定图层。

（2）新建图层并命名为“正面”，在“正面”图层上单击鼠标右键，在弹出的快捷菜单中选择【转换为智能对象】命令，如图 10-17 所示。

（3）双击“正面”图层的智能对象缩览图，打开新的“正面.psd”图像文件，设置背景色为“#d5e87e”，按【Ctrl+Delete】组合键填充背景色。选择【图像】/【图像大小】菜单命令，打开“图像大小”对话框，设置“宽度”“高度”分别为“24 厘米”“32 厘米”，单击 确定 按钮，如图 10-18 所示。

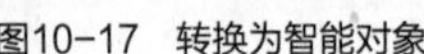

图10-17　转换为智能对象

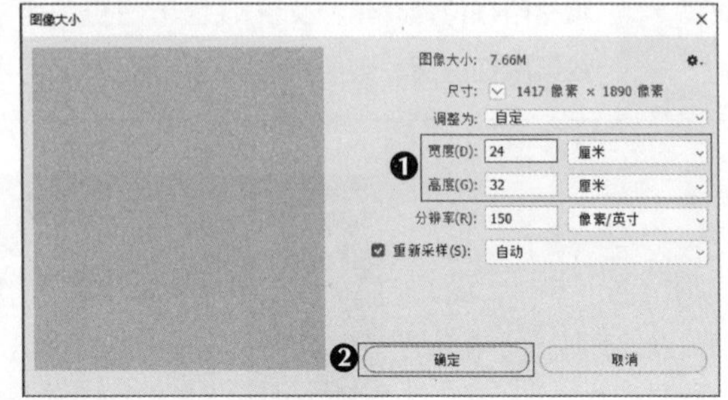

图10-18　设置“图像大小”参数

（4）将“素材.psd”图像文件中的“绿叶”和“餐碗”图层复制到“正面.psd”图像文件中，并调整其大小和位置，将这两个图层的混合模式设置为“划分”，效果如图 10-19 所示。

图10-19　设置混合模式后的效果

（5）打开“手绘 1.jpg”图像文件，使用魔棒工具单击图像的空白区域创建选区，按【Shift+Ctrl+I】组合键反选选区，再按【Ctrl+C】组合键复制选区内的图像。

（6）切换到“正面.psd”图像文件，按【Ctrl+V】组合键粘贴图像，并调整其大小和位置。使用相同的方法将“手绘 2.jpg”和“手绘 3.jpg”中的图像抠取出来，并粘贴到“正面.psd”图像文件中，如图 10-20 所示。

（7）选择直排文字工具，输入“轻食鲜”和“ALL FOR HEALTH”文字。选择【窗口】/【字符】菜单命令，打开“字符”面板，设置字体为“方正粗圆简体”，字距为“500”，“颜色”为“#ffffff”，如图 10-21 所示。按【Ctrl+T】组合键变换文字，并调整至合适的大小和位置，效果如图 10-22 所示。

图10-20　抠取并添加图像

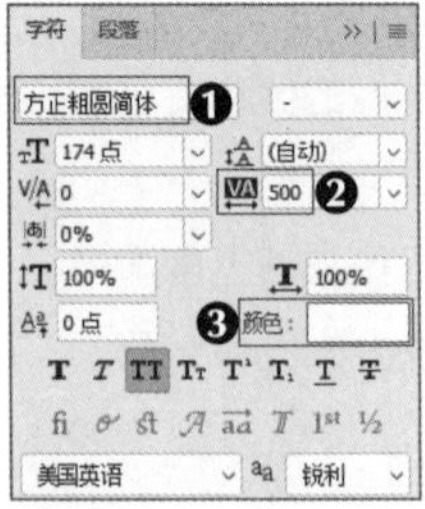

图10-21　设置格式

图10-22　输入直排文字效果

（8）选择横排文字工具，在图像右下角输入“文本.txt”文本文件中对应的文字，在“字符”面板中设置字体为“方正稚艺简体”，字体大小为“12 点”，字距为“50”，“颜色”为“#ffffff”，如图 10-23 所示。

（9）按【Ctrl+S】组合键保存文件，切换到“手提袋包装.psd”图像文件，新建图层并命名为“侧面”，将其转换为智能对象，双击“侧面”图层的智能对象缩览图，打开“侧面.psd”图像文件。选择【图像】/【图像大小】菜单命令，打开“图像大小”对话框，设置“宽度”“高度”分别为“6 厘米”“32

厘米”，单击确定按钮，如图 10-24 所示。

（10）设置前景色为“#ffffff”，背景色为“#d5e87e”，按【Ctrl+Delete】组合键填充背景色。选择画笔工具，设置画笔“大小”为“340 像素”，按住【Shift】键从图像左上方开始向下绘制直线，如图 10-25 所示。

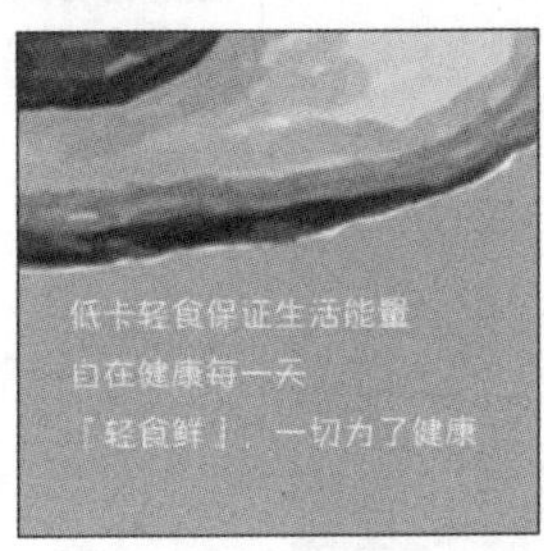

图10-23　输入横排文字效果

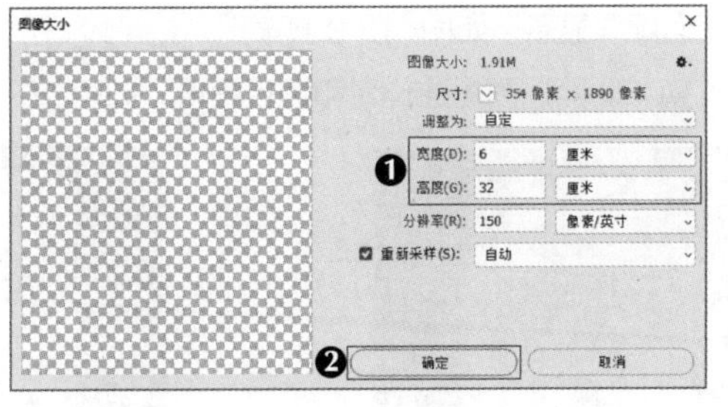

图10-24　设置“图像大小”参数

图10-25　背景效果

（11）将“素材.psd”图像文件中的“品牌标志”“电话”“地址”图层复制到“侧面.psd”图像文件中，调整其大小和位置。双击“品牌标志”图层右侧的空白区域，打开“图层样式”对话框，勾选“颜色叠加”复选框，设置叠加颜色为“#d5e87e”，“不透明度”为“100%”，单击确定按钮，如图 10-26 所示。

（12）在“品牌标志”图层上单击鼠标右键，在弹出的快捷菜单中选择【拷贝图层样式】命令，然后分别在“电话”和“地址”图层上单击鼠标右键，在弹出的快捷菜单中选择【粘贴图层样式】命令，粘贴图层样式后的效果如图 10-27 所示。

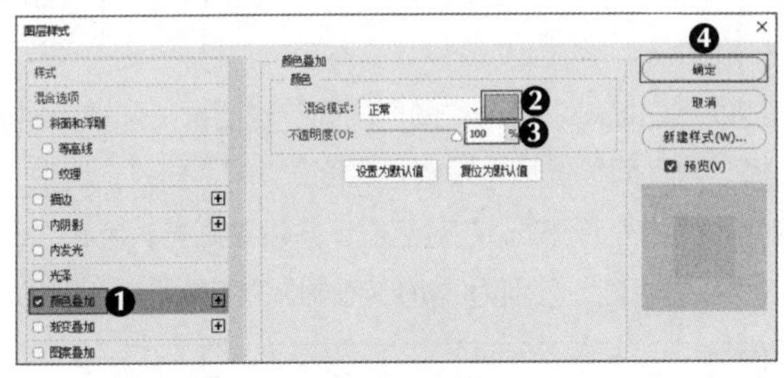

图10-26　设置“颜色叠加”图层样式

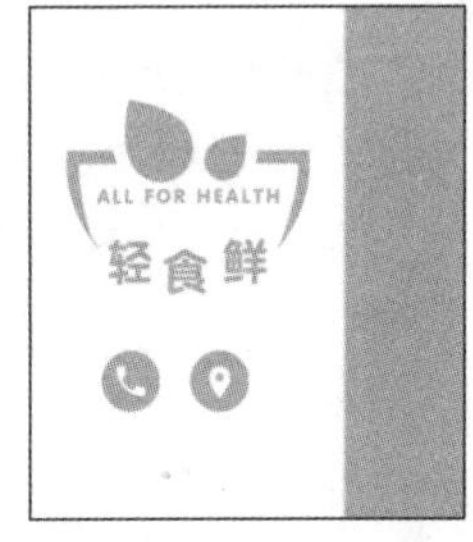

图10-27　粘贴图层样式后的效果

（13）选择直排文字工具，在图像下方输入“文本.txt”文本文件中对应的文字，在“字符”面板中设置字体为“方正准圆_GBK”，字体大小为“12 点”，字距为“100”，“颜色”为“#d5e87e”，文字效果如图 10-28 所示。

（14）按【Ctrl+S】组合键保存文件，切换到“手提袋包装.psd”图像文件，“正面”和“侧面”图层的图像最终效果如图 10-29 所示。

图10-28　输入文字效果

图10-29　包装平面图最终效果

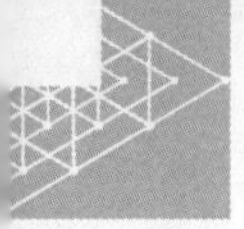

（二）变换手提袋包装

在进行包装效果展示前，需要将其制作为三维立体效果，使用 Photoshop 中的变换功能可以轻松完成，其具体操作如下。

（1）选择“正面”图层，选择【编辑】/【变换】/【扭曲】菜单命令，拖曳图像四周的控制点，使包装正面倾斜显示，如图 10-30 所示。

（2）使用相同的方法变换“侧面”图层的位置和透视角度，如图 10-31 所示。

图10-30　变换“正面”图层

图10-31　变换“侧面”图层

（三）绘制绳子和绳孔

手提袋包装除了纸袋部分外，还需要绳子和绳孔，方便手提，绘制绳子和绳孔的具体操作如下。

（1）选择钢笔工具，在工具属性栏的“路径”下拉列表框中选择“形状”选项，取消填充颜色，设置描边颜色为“#ffffff”，描边大小为“12 像素”，在图像窗口中包装正面的上方绘制绳子，如图 10-32 所示。

（2）在“图层”面板中双击该形状图层右侧的空白区域，打开“图层样式”对话框，勾选“斜面和浮雕”复选框，在“样式”下拉列表框中选择“内斜面”选项，设置“深度”为“74%”，选中“上”单选项，设置“大小”为“4 像素”，“软化”为“7 像素”。在对话框下方设置高亮颜色和“不透明度”分别为“#ffffff”“75%”，阴影颜色和“不透明度”分别为“#000000”“55%”，如图 10-33 所示。

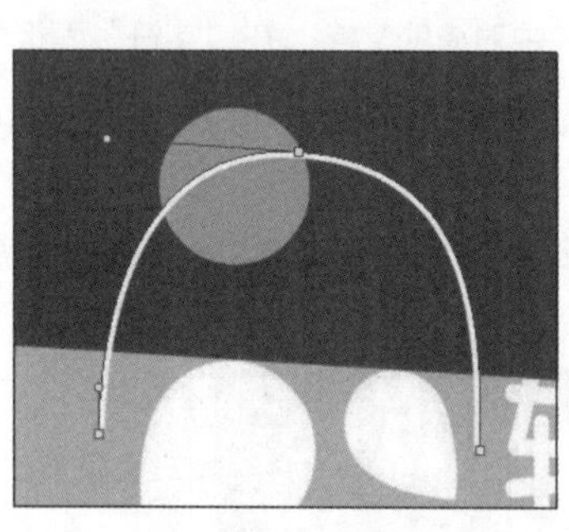

图10-32　绘制绳子

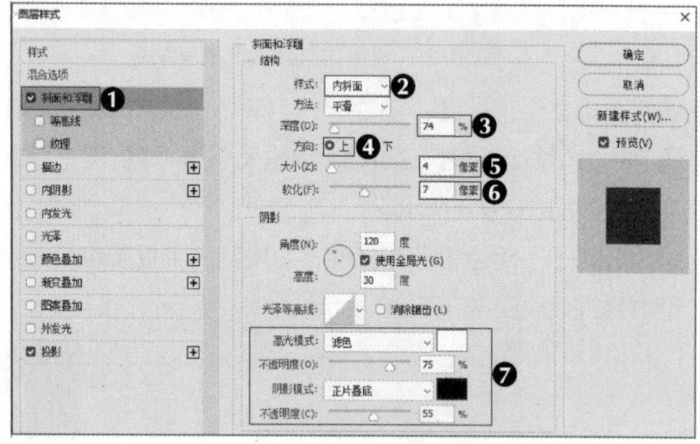

图10-33　设置“斜面和浮雕”图层样式

（3）勾选“投影”复选框，设置颜色为“#000000”，“不透明度”为“14%”，“距离”为“12 像素”，“扩展”为“42%”，“大小”为“27 像素”，单击确定按钮，如图 10-34 所示，效果如图 10-35 所示。

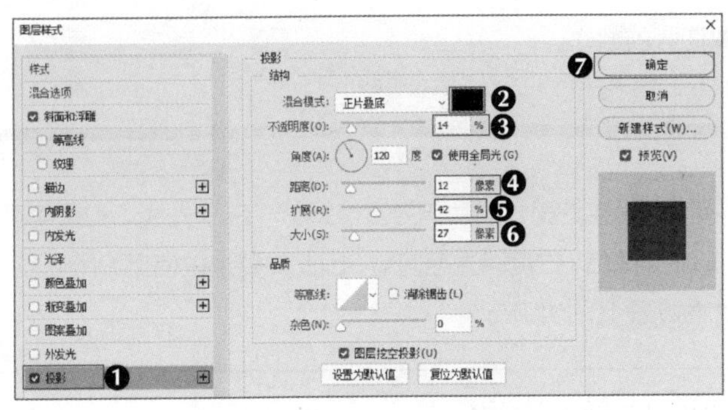

图10-34 设置“投影”图层样式

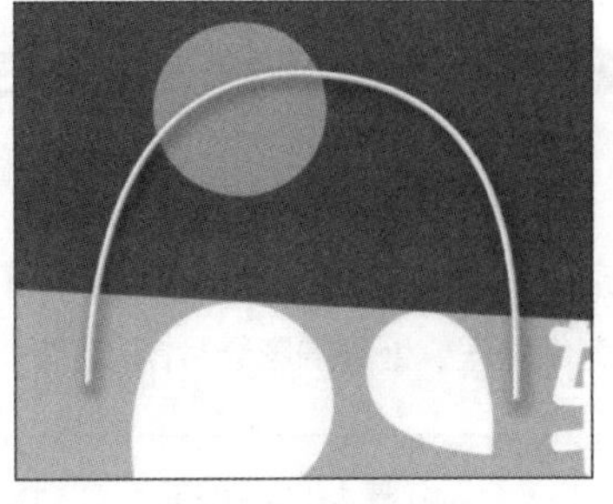

图10-35 绳子效果

（4）选择椭圆工具，在工具属性栏中取消描边颜色，设置填充颜色为“#e9e9e9”，在绳子左侧末端绘制一个圆形，如图 10-36 所示。

（5）在“图层”面板中双击该形状图层右侧的空白区域，打开“图层样式”对话框，勾选“斜面和浮雕”复选框，在“样式”下拉列表框中选择“内斜面”选项，设置“深度”为“200%”，选中“上”单选项，设置“大小”为“6 像素”，“软化”为“2 像素”。在对话框下方设置高亮颜色和“不透明度”分别为“#ffffff”“100%”，阴影颜色和“不透明度”分别为“#000000”“20%”，单击确定按钮，如图 10-37 所示。

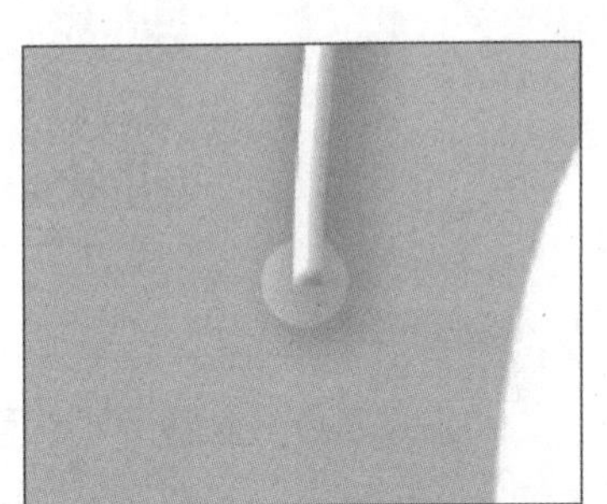

图10-36 绘制图形

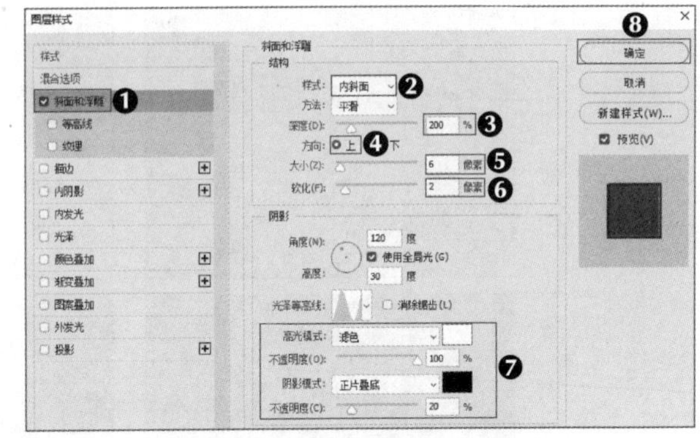

图10-37 设置“斜面和浮雕”图层样式

（6）按【Ctrl+J】组合键复制绘制的绳子和绳孔图层，并调整其大小和位置，效果如图 10-38 所示。

（7）为了使手提袋的转折处效果更加真实，需要在转折处绘制一条高光线。选择画笔工具，设置画笔样式为“柔边圆”，画笔“大小”为“10 像素”。新建图层，在侧面和正面的边缘相接处绘制一条与包装等高的直线，设置图层的“不透明度”为“30%”，手提袋包装的最终效果如图 10-39 所示。

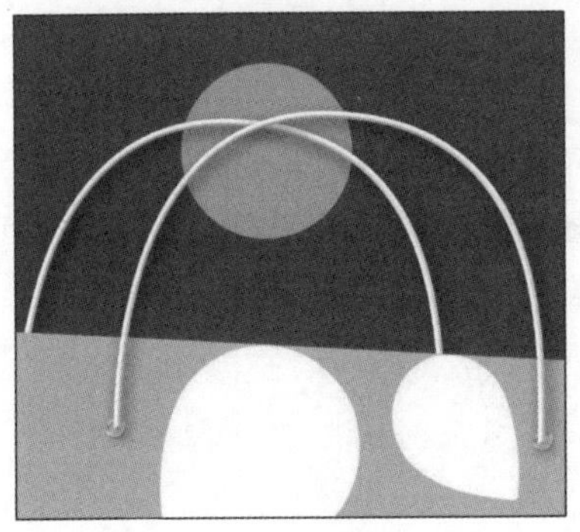

图10-38 复制图层效果

图10-39 最终效果

（8）按【Ctrl+S】组合键保存文件，完成本任务的制作。

任务三　处理摄影照片

“轻食鲜”餐饮品牌在进行宣传前，需要拍摄真实的美食照片作为宣传素材。由于光线、拍摄角度、布景条件等因素的影响，部分摄影照片存在瑕疵、偏色、过度曝光等问题，因此需要米拉使用 Photoshop 进行美化处理。处理摄影照片的前后对比效果如图 10-40 所示。

素材所在位置： 素材文件\项目十\任务三\处理前\
效果所在位置： 效果文件\项目十\任务三\处理后\

图10-40　处理摄影照片前后对比效果

一、任务描述

（一）任务背景

拍摄食物时，对角度、光线、色彩都有很高的要求。角度要以能清晰呈现商品为准，光线尽量选择亮度不太高的自然光，色彩尽量真实。处理摄影照片时，尽量不要对食物本身进行太大的变动，可去除布景中的瑕疵、污渍等，再仔细调色。本任务将处理 3 张食物摄影照片，需要先修复背景中的瑕疵，然后调整色调，可适当增强色彩饱和度以增加食物吸引力。

（二）任务目标

- 能分析出照片存在的问题，找到处理照片的方向。

- 熟练使用修复图像的相关工具。
- 熟练使用调色相关命令美化图像。

二、任务实施

（一）修复照片瑕疵

在调整摄影照片色调前，需要先修复瑕疵，其具体操作如下。

（1）打开“1.jpg”图像文件，选择污点修复画笔工具，在工具属性栏中设置“大小”为“160 像素”，“硬度”为“80%”，在“模式”下拉列表框中选择“正常”选项，选中“内容识别”单选项，在图像窗口中涂抹瑕疵，让斑驳的背景变得平滑，效果如图 10-41 所示。在涂抹过程中，可按【[】键缩小或按【]】键放大画笔。

（2）选择修补工具，在工具属性栏的“修补”下拉列表框中选择“正常”选项，选中“源”单选项，设置“扩散”为“5”，在图像窗口右侧暗沉斑点处创建选区，以图像底部和左侧的较光滑区域为源图像进行修补。在修补过程中，可结合减淡工具对暗沉区域点进行减淡处理，效果如图 10-42 所示。

图10-41　修复效果

图10-42　修补和减淡效果

（二）调整照片色调

修复完瑕疵后，可对照片中的色调问题进行处理，其具体操作如下。

（1）照片中原本白色餐盘的颜色偏黄，可选择【图像】/【调整】/【可选颜色】菜单命令，打开“可选颜色”对话框。在“颜色”下拉列表框中选择“白色”选项，设置“黄色”为“-40%”；在“颜色”下拉列表框中选择“红色”选项，设置“洋红”为“30%”；在“颜色”下拉列表框中选择“黄色”选项，设置“青色”为“30%”，单击确定按钮，如图 10-43 所示。

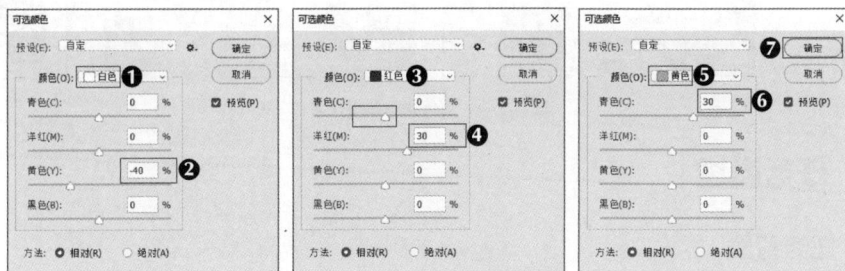

图10-43　设置“可选颜色”参数

（2）选择【图像】/【调整】/【色彩平衡】菜单命令，在打开的“色彩平衡”对话框中设置“色阶”为“0”“0”“+6”，单击确定按钮，如图 10-44 所示。

（3）选择【图像】/【调整】/【自然饱和度】菜单命令，在打开的“自然饱和度”对话框中设置“自然饱

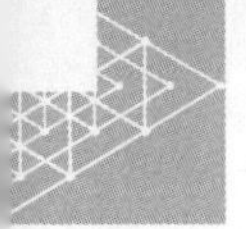

和度”为“80”，单击确定按钮，如图 10-45 所示。

（4）按【Ctrl+S】组合键保存文件，调整照片的最终效果如图 10-46 所示。使用相同的方法处理剩下的摄影照片并保存，完成本任务的制作。

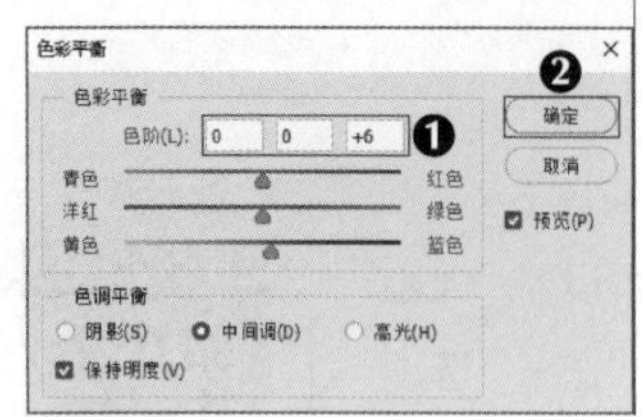

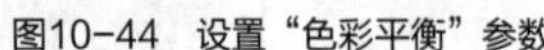

图10-44　设置“色彩平衡”参数

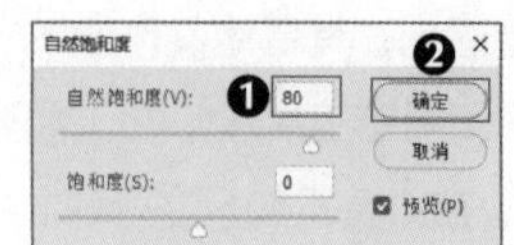

图10-45　设置“自然饱和度”参数

图10-46　最终效果

任务四　制作宣传菜单

“轻食鲜”餐饮品牌未来发展规划是在线下开设多家连锁餐厅，所以需要统一的宣传菜单。于是米拉考虑使用食物照片、品牌标志及一些食材装饰图像，并询问了该餐厅的特色菜品，制作了一份美观的宣传菜单。制作的宣传菜单的参考效果如图 10-47 所示。

素材所在位置：素材文件\项目十\任务四\宣传素材\

效果所在位置：效果文件\项目十\任务四\菜单正面.psd、菜单正面.psd

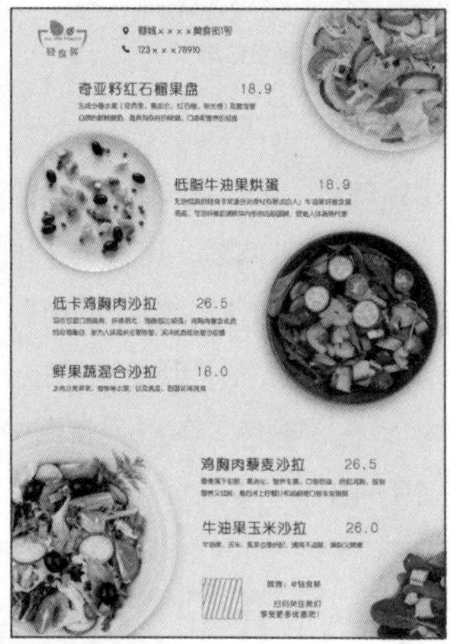

图10-47　宣传菜单最终效果

一、任务描述

（一）任务背景

菜单属于餐厅的宣传工具之一，菜单的大小、颜色、版式、纸质等需要与餐厅的气氛和食物的风格相协调。本任务将为“轻食鲜”餐饮品牌制作一份菜单，该菜单使用标准的 A5 纸张印刷，菜单的正面和背面都要进行细致的构思与设计，要求菜单最终的呈现效果较为美观，可读性强，且能体现出餐厅特色。菜单尺寸要求为 14.8 厘米 × 21 厘米，分辨率为 300 像素/英寸。

（二）任务目标

- 熟练掌握快速划分版式和高效布局图像的方法。
- 提升对图文混排类版面的美观性和可读性的把控能力。

二、任务实施

（一）制作菜单正面

本任务菜单的正面文字不宜过多，可由简约、具有吸引力的图像和关于轻食的简介组成，在布局上可采用居中布局的方式构造视觉焦点，其具体操作如下。

微课视频

制作菜单正面

（1）新建大小为 14.8 厘米×21 厘米，分辨率为 300 像素/英寸，背景颜色为“#f8f8f8”，名为“菜单正面”的图像文件。置入“背景.png”图像文件，并调整其大小和位置。

（2）选择图框工具，在工具属性栏中单击按钮，在图像窗口中绘制一个圆形画框。在“图层”面板中双击画框缩览图，打开“属性”面板，在“插入图像”下拉列表框中选择“从本地磁盘置入-嵌入式”选项，打开“置入嵌入的对象”对话框，选择“1.jpg”图像文件，单击置入(P)按钮完成图像的置入，如图 10-48 所示。

（3）此时，图像窗口的画框中已经出现置入的图像，按【Ctrl+T】组合键调整图像的大小和位置，确保餐盘的大小刚好贴合圆形画框，效果如图 10-49 所示。

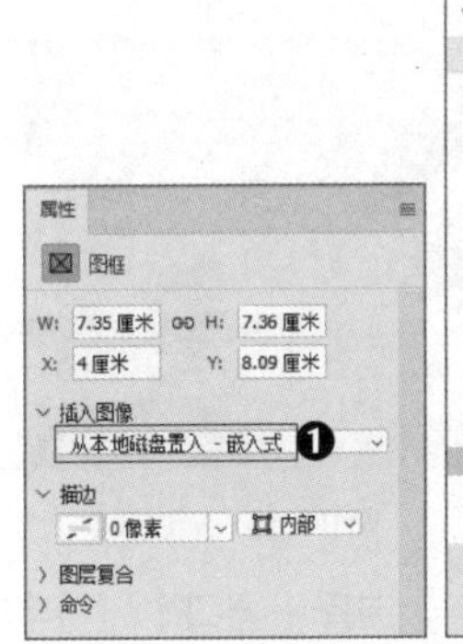

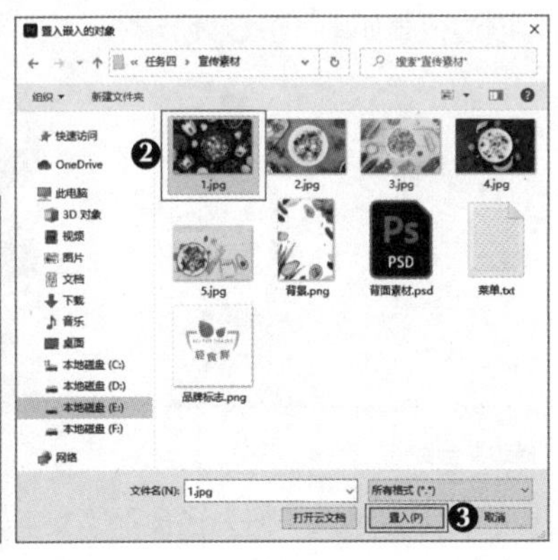

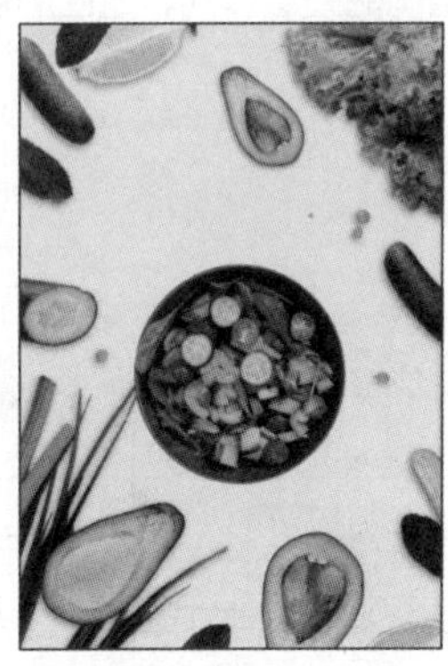

图10-48 在画框中置入图像

图10-49 调整效果

（4）使用椭圆工具绘制一个与餐盘大小相同的黑色椭圆，选择【滤镜】/【模糊】/【高斯模糊】菜单命令，打开“高斯模糊”对话框，设置“半径”为“30 像素”，单击确定按钮，如图 10-50 所示。

（5）在“图层”面板中栅格化“椭圆 1”图层，设置“不透明度”为“70%”，效果如图 10-51 所示。将“椭圆 1”图层移至“1 画框”图层的下方作为餐盘的阴影，效果如图 10-52 所示。

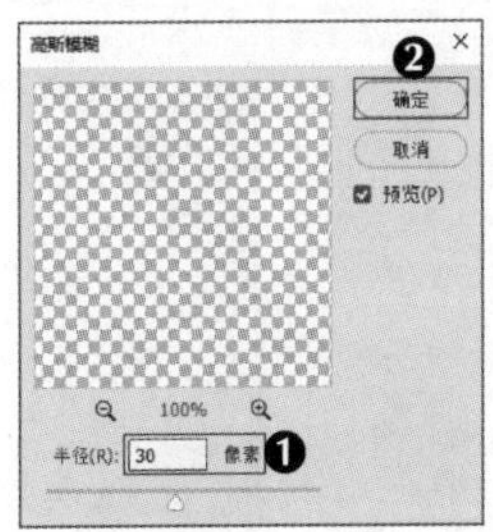

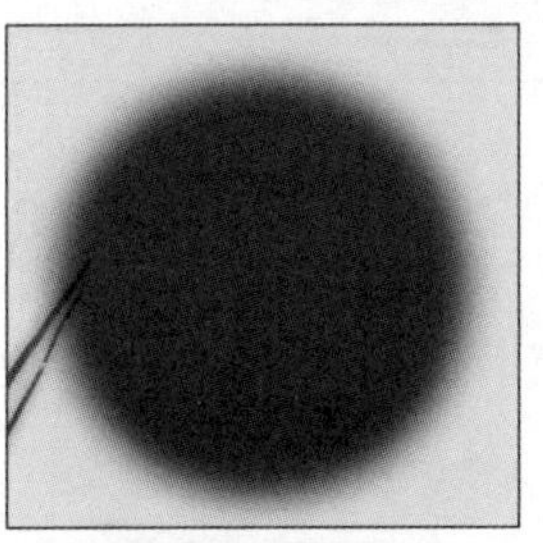

图10-50 设置“高斯模糊”参数

图10-51 椭圆效果

图10-52 阴影效果

（6）置入“品牌标志.png”图像文件，将其移至餐盘上方，并调整其大小和位置。选择【图层】/【图层样式】/【颜色叠加】菜单命令，打开“图层样式”对话框，设置叠加颜色为“#195d24”，“不透明度”为“100%”，单击 确定 按钮，如图 10-53 所示，颜色叠加效果如图 10-54 所示。

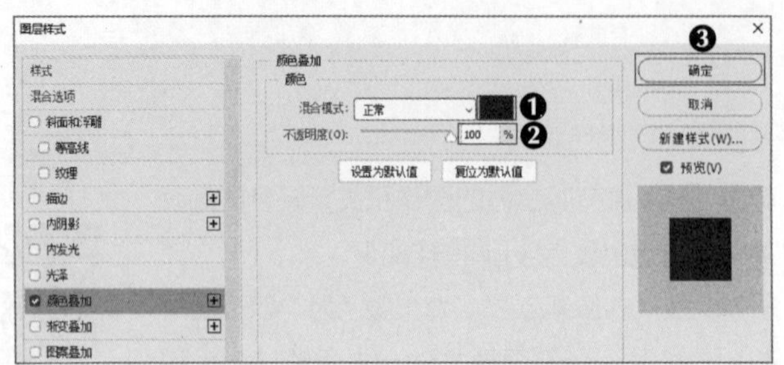

图10-53　设置“颜色叠加”参数

图10-54　颜色叠加效果

（7）选择横排文字工具**T**，在图像左上角分别输入“菜”“单”文字，设置字体为“方正准圆_GBK”，字体大小为“100 点”，“颜色”为“#f8f8f8”，将这两个文字图层移至“背景”图层的下方，形成前后遮挡的效果。

（8）选择“菜”图层，选择【图层】/【图层样式】/【描边】菜单命令，打开“图层样式”对话框，设置“大小”为“5 像素”，在“位置”下拉列表框中选择“居中”选项，设置“不透明度”为“100%”，“颜色”为“#195d24”，单击 确定 按钮，如图 10-55 所示。使用相同的方法为“单”文字图层设置相同的图层样式，返回图像窗口，描边效果如图 10-56 所示。

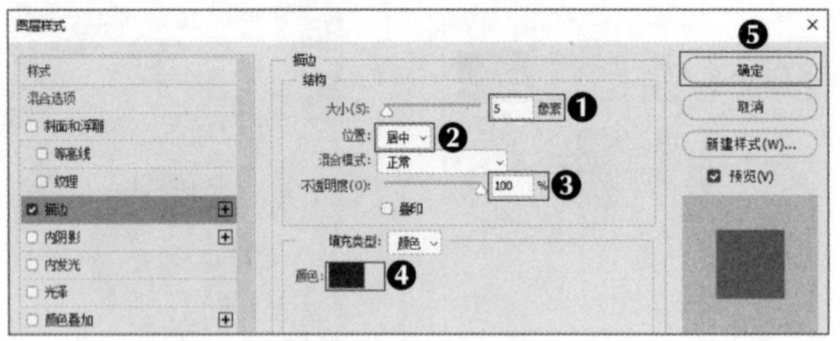

图10-55　设置“描边”参数

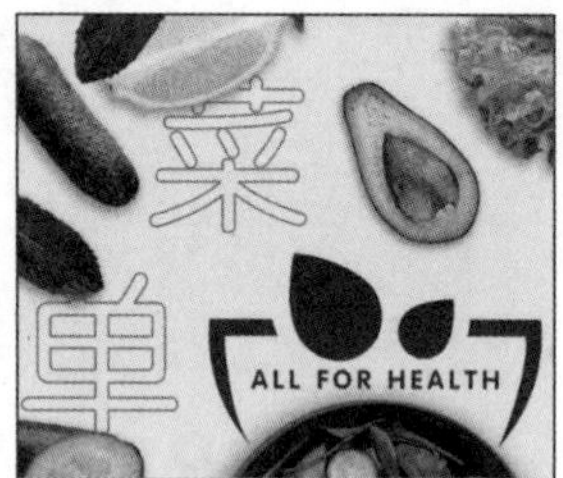

图10-56　描边效果

（9）选择横排文字工具**T**，在餐盘图像的右下方输入“何为轻食？”文字，选择【窗口】/【字符】菜单命令，打开“字符”面板，设置字体为“方正粗圆简体”，字体大小为“18 点”，字距为“100”，“颜色”为“#f8f8f8”，如图 10-57 所示。

（10）选择“何为轻食？”文字图层，选择【图层】/【图层样式】/【描边】菜单命令，打开“图层样式”对话框。设置“大小”为“3 像素”，在“位置”下拉列表框中选择“外部”选项，设置“不透明度”为“100%”，“颜色”为“#195d24”，单击 确定 按钮，如图 10-58 所示。描边效果如图 10-59 所示。

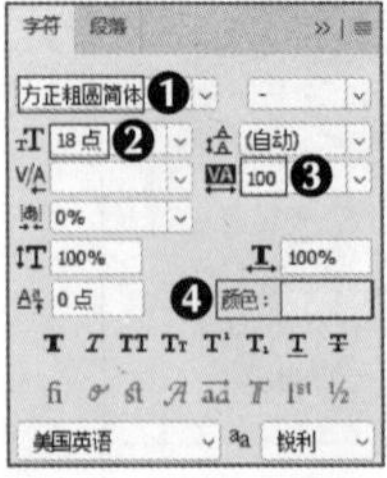

图10-57　设置字符格式

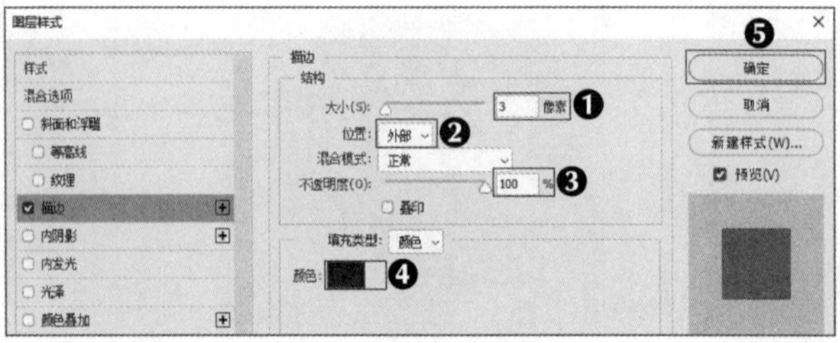

图10-58　设置“描边”参数

图10-59　描边效果

（11）选择横排文字工具，在餐盘图像的下方绘制一个文本框，输入“菜单.txt”文本文件中的对应文字，设置字体为“方正准圆_GBK”，字体大小为“8 点”，字距为“100”，“颜色”为“#305136”，微调该段落文本整体的大小和位置，使其更加美观，效果如图 10-60 所示。

（12）选择直排文字工具，在餐盘图像的右侧绘制一个文本框，输入“菜单.txt”文本文件中的对应文字，微调该段落文本整体的大小和位置，效果如图 10-61 所示。

（13）按【Ctrl+S】组合键保存文件，菜单正面效果如图 10-62 所示。

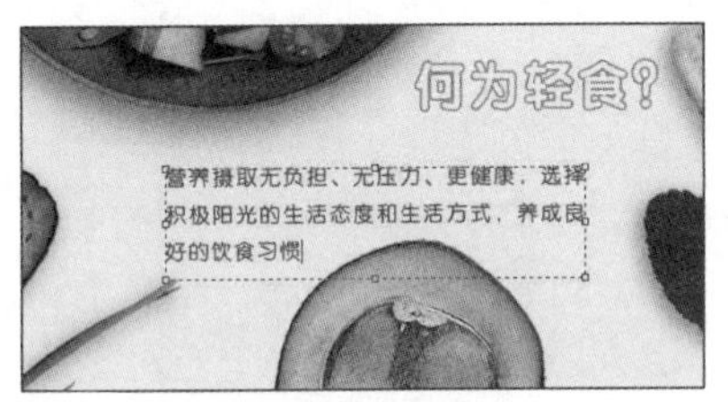

图10-60 输入横排文字效果

图10-61 输入直排文字效果

图10-62 菜单正面效果

（二）制作菜单背面

菜单背面主要用于介绍餐厅特色菜品，这里采用混排的方式对菜品进行展现，使菜单背面更加美观，其具体操作如下。

微课视频

制作菜单背面

（1）新建大小为 14.8 厘米 × 21 厘米，分辨率为 300 像素/英寸，背景颜色为“#f8f8f8”，名为“菜单背面”的图像文件。将“菜单正面.psd”图像文件中的“1 画框”图层和“椭圆 1”图层复制到新建的图像文件中，并调整图像的位置。

（2）使用与创建“1 画框”图层相同的方法，分别置入“2.jpg”“3.jpg”“4.jpg”“5.jpg”图像文件，并进行合适的分散布局，效果如图 10-63 所示。

（3）按【Ctrl+R】组合键显示标尺，从水平标尺上拖曳出多条参考线，划分出顶部、菜品列表、底部，如图 10-64 所示。

（4）选择横排文字工具，在第 2 条参考线下方输入“奇亚籽红石榴果盘 18.9”文字，设置字体为“汉仪细圆简”，字体大小为“13 点”，字距为“100”，“颜色”为“#195d24”，单击“字符”面板下方的“仿粗体”按钮设置粗体效果。

（5）使用横排文字工具在“奇亚籽红石榴果盘 18.9”文字下方绘制一个文本框，输入“菜单.txt”文本文件中对应的文字，设置字体为“方正准圆_GBK”，字体大小为“6 点”，行距为“11”，字距为“-20”，“颜色”为“#606060”，微调该段落文本整体的大小和位置。

（6）使用相同的方法依据参考线输入其他菜品文字，效果如图 10-65 所示。

（7）选择所有菜品文本所在的图层，按【Ctrl+G】组合键创建名为“菜品”的图层组。

（8）置入“品牌标志.png”图像文件，将其移至图像左上角，并调整其大小和位置。选择【图层】/【图层样式】/【颜色叠加】菜单命令，打开“图层样式”对话框，设置颜色为“#195d24”，“不透明度”为“100%”，单击确定按钮，如图 10-66 所示。设置该图层的“不透明度”为“45%”，效果如图 10-67 所示。

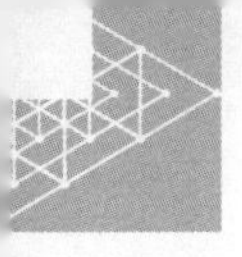

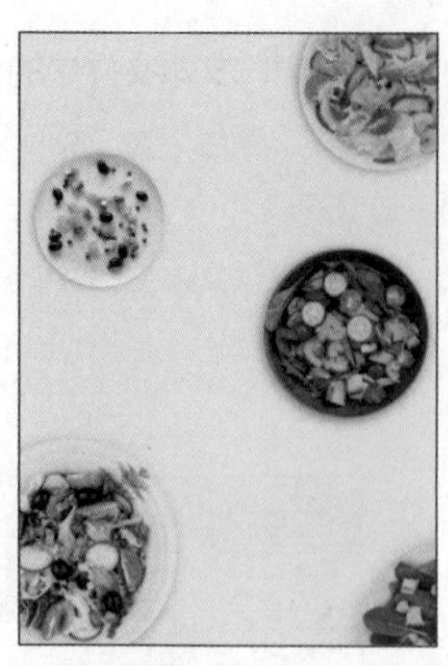

图10-63　置入图框图像

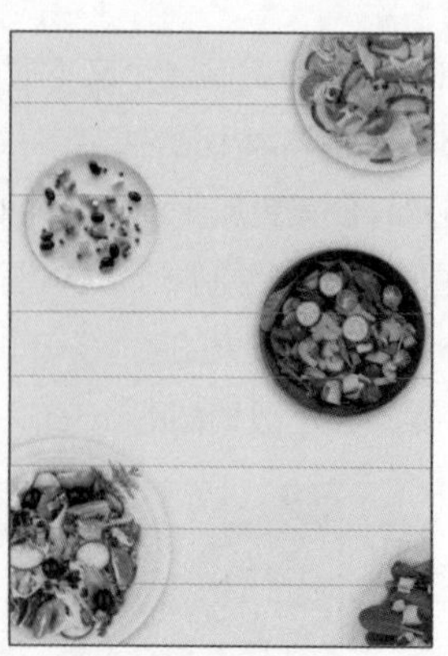

图10-64　添加参考线

图10-65　输入菜品文本

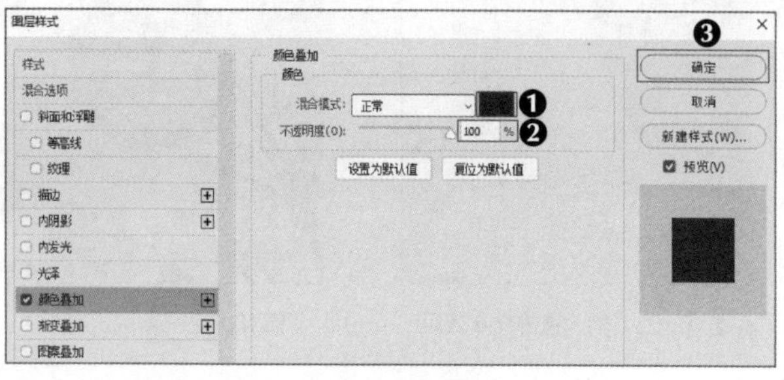

图10-66　设置“颜色叠加”参数

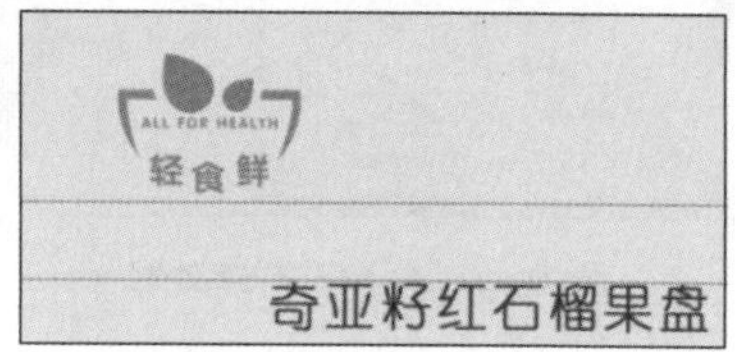

图10-67　品牌标志效果

（9）打开“背面素材.psd”图像文件，将其中的“地址”“电话”图层复制到“菜单背面.psd”图像文件中，并调整其大小和位置，效果如图 10-68 所示。

（10）选择横排文字工具T，在地址图标和电话图标右侧输入“菜单.txt”文本文件中的对应文字，设置字体为“方正准圆_GBK”，字体大小为“9 点”，字距为“-20”，“颜色”为“#48664d”，效果如图 10-69 所示。

图10-68　添加图标

图10-69　输入文字

（11）将“背面素材.psd”图像文件中的“二维码”图层组复制到“菜单背面.psd”图像文件中，调整其大小和位置，并设置该图层组的“不透明度”为“30%”，效果如图 10-70 所示。

（12）选择横排文字工具T，在二维码图像右侧输入“菜单.txt”文本文件中的对应文字，设置字体为“方正准圆_GBK”，字体大小为“7 点”，字距为“100”，“颜色”为“#48664d”，效果如图 10-71 所示。

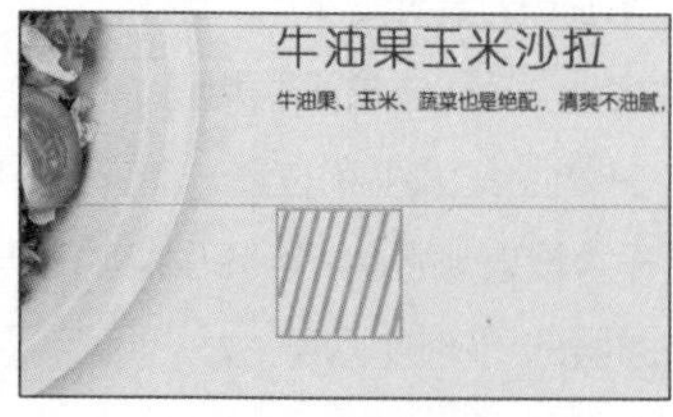

图10-70　添加二维码

图10-71　输入文字

（13）按【Ctrl+S】组合键保存文件，菜单背面效果如图 10-72 所示。

图10-72 菜单背面效果

附录1　拓展案例

本书精选了15个拓展案例供读者自我练习与提高，从而提升读者使用Photoshop处理图像的能力。每个案例的制作要求、素材文件、参考效果，请读者登录人邮教育社区下载本书的配套资源查看。

招贴设计

案例详情

案例详情

案例详情

案例详情

案例详情

界面设计

案例详情

案例详情

案例详情

案例详情

案例详情

网店设计

案例详情

案例详情

案例详情

案例详情

案例详情

附录2　设计师的自我修炼

成长为一名优秀的设计师，需要了解设计的基本概念、设计史的发展、设计形态，运用设计的思维去观察、分析、提炼、重构事物；学习色彩的基础知识，培养对色彩的感知能力和表达能力，加深对色彩关系、色调强调、色彩情感表现等的认知；能够运用平面构成、色彩构成、立体构成的理论和方法，设计出符合功能需求和审美需求的作品。

设计基础

设计色彩

设计构成